猪场

兽药使用与
猪病防治技术

吕惠序　杨赵军　编著

U0387223

化学工业出版社

·北京·

编著者积累四十余年的兽医临床实践经验，结合查阅《兽药典》、《药典》大量资料，理论联系实践，全面系统、深入浅出，精练介绍了养猪用药的基本知识，特别是抗菌药物的合理使用和猪常见病的防治，有很强的针对性和可操作性。本书的主要特点是将常用兽药和常见猪病两者有机地结合在一本书内容里，这样较好地满足了猪场兽医工作人员的学习需求。

　　本书立意新颖、注重实用、通俗易懂、可操作性强，在理论和实用两方面都有其独到之处，是养猪业者、猪场技术人员和农村兽医必备的工具书和提升自我能力的优秀读本，亦可供畜牧兽医院校师生、科研人员、兽医工作者参考。

图书在版编目（CIP）数据

　　猪场兽药使用与猪病防治技术/吕惠序，杨赵军编著.—北京：化学工业出版社，2013.1（2020.11重印）
　　ISBN 978-7-122-15655-6

　　Ⅰ．猪… Ⅱ．①吕…②杨… Ⅲ．①猪病-用药法②猪病-防治 Ⅳ．S858.28

　　中国版本图书馆 CIP 数据核字（2012）第 248047 号

责任编辑：邵桂林　　　　　　　　文字编辑：周　倜
责任校对：吴　静　　　　　　　　装帧设计：关　飞

出版发行：化学工业出版社（北京市东城区青年湖南街 13 号　邮政编码 100011）
印　　装：大厂聚鑫印刷有限责任公司
850mm×1168mm　1/32　印张 10　字数 289 千字
2020 年 11 月北京第 1 版第 13 次印刷

购书咨询：010-64518888　　　　　　售后服务：010-64518899
网　　址：http://www.cip.com.cn
凡购买本书，如有缺损质量问题，本社销售中心负责调换。

定　　价：29.80 元　　　　　　　　　版权所有　违者必究

前　言

　　近几年，猪病特别是猪传染病肆虐，严重困扰养猪业的发展，发病现场的临床诊断尤为重要。另外，目前兽药滥用也触目惊心，浪费大量资源和金钱，猪的耐药性已达到几乎无药可用的地步，也严重危害食品安全。用药人缺乏基本用药知识（"无知者胆大"）是药物滥用的严重原因。猪病防治一类的书籍不少，但都没有专门的章节介绍药物；而兽药方面的专著众多，但涉及猪病防治方面又过于简单，形成脱节。市场迫切需要将药物，尤其是临床使用最多的抗菌药物的基本知识与常见猪病防治完美结合的读物。有鉴于此，我们坚持理论联系实际的指导思想，根据多年的临床实践经验编写了《猪场兽药使用与猪病防治技术》一书。

　　在本书的编写过程中，除了总结以往的诊疗经验外，还参阅了大量国内外有关猪病最新资料和文献，因篇幅所限，不能一一列出，在此谨向各位原作者和编辑们一并致以真诚的谢意。

　　编写本书虽有良好的愿望并认真专注，反复修改，但由于时间仓促，我们专业知识及写作水平有限，书中的疏漏和不妥之处在所难免，敬请专家、同仁及广大读者不吝批评指正。

编著者

2012 年 10 月

目 录

第一部分 兽药使用 / 1

第一部分

兽药使用

第一章

概　　述

一、兽药的定义

兽药是指用于预防、治疗、诊断动物疾病，或者有目的地调节动物生理机能、促进动物生长繁殖和提高生产性能的物质。兽药包括血清制品、疫苗、诊断制品、微生态制品、中药材、中成药、化学制品、抗生素及抗微生物药品、放射性药及外用杀虫剂、消毒剂等，还包括加入饲料中的药物添加剂。

药物超过一定的剂量、使用方法不当或长期使用，对机体能产生毒害使用，也可成为毒物。药物和毒物之间没有明显的界限，在应用时必须加以识别和注意。人们用药的目的，是要发挥药物对机体的有益作用，而避免其毒副作用和不良反应。

如今兽药浩如烟海，任何药物都有利与弊。依据疾病的类型和病情，选择适宜药物，适宜的剂型、给药途径、剂量与疗程等，科学、合理地加以使用，能最大限度地发挥药物的防治等有益作用，达到预期目的。但若使用不当，药物变毒物，反而带来损害，甚至死亡。

二、药物的分类

养猪场必须对兽药的分类和作用有深入的了解，以便科学、合理地加以使用。常用兽药依其作用特点和用途可分为十六大类。

1. 抗生素

（1）青霉素类　青霉素钠、氨苄西林、阿莫西林等。

（2）头孢菌素类　头孢噻呋、头孢喹诺、头孢喹肟等。

（3）β-内酰胺酶抑制剂　舒巴坦、克拉维酸钾。

（4）氨基糖苷类　链霉素、卡那霉素、庆大霉素、新霉素、大观霉素、阿米卡星、安普霉素等。

（5）四环素类　土霉素、金霉素、四环素、多西环素等。

（6）大环内酯类　红霉素、泰乐菌素、乙酰异戊酰泰乐菌素、替米考星等。

（7）氯霉素类　甲砜霉素、氟苯尼考等。

（8）林可胺类　林可霉素等。

（9）多肽类　黏菌素、杆菌肽锌、多维吉尼霉素、恩拉霉素等。

（10）其他抗生素　泰妙菌素、沃尼妙林、黄霉素等。

2. 合成抗菌药

（1）磺胺类药　磺胺嘧啶（SD）、磺胺二甲嘧啶（SM2）、磺胺甲基异噁唑（新诺明、SMZ）、磺胺-5-甲氧嘧啶（磺胺对甲氧嘧啶、SMD）、磺胺-6-甲氧嘧啶（磺胺间甲嘧啶、SMM）、磺胺脒（S克）。

（2）抗菌增效剂　甲氧苄啶（三甲氧苄啶、TMP）、二甲氧苄啶（DVD）。

（3）喹诺酮类药　吡哌酸（PPA）、诺氟沙星（氟哌酸）、培氟杀星、氧氟沙星、环丙沙星、恩诺沙星、沙拉沙星、达氟沙星、二氟沙星、洛美沙星。

（4）其他合成抗菌药　乙酰甲喹（痢菌净）、喹乙醇、洛克沙胂、氨苯胂酸（阿散酸）、博落回、牛至油、小檗碱（黄连素）、乌洛托品等。

3. 消毒防腐药

（1）酚类　苯酚（酚、石炭酸）、甲酚（煤酚皂、来苏尔）、复合酚（菌毒敌）、复方煤焦油酸溶液（农福）。

（2）醇类　乙醇（酒精）等。

（3）醛类　甲醛（福尔马林）、戊二醛、环氧乙烷等。

（4）酸类　醋酸（乙酸）、硼酸。

（5）碱类　氢氧化钠（火碱、烧碱、苛性钠）、氯化钙（生石灰）等。

（6）过氧化物（氧化剂类）　过氯乙酸（过醋酸）、过氧化氢溶液（双氧水）、高锰酸钾等。

（7）表面活性剂　苯扎溴铵（新洁而灭）、氯己定（洗必泰）、癸甲溴铵溶液（百毒杀拜安）、双链季铵盐等。

（8）卤素类　二氯异氰尿酸（优氯净，消毒威）、三氯异氰尿酸、含氯石灰（漂白粉）。

（9）碘与碘化物　碘、碘伏溶液、碘酊、碘甘油、聚维酮碘、碘酸混合溶液（百菌消）、季铵盐络合碘、三碘氧化合物（拜净）。

（10）染料类　甲紫（龙胆紫）。

4. 抗寄生虫药

（1）驱体内寄生虫药　左旋咪唑、芬苯达唑、精制敌百虫、伊维菌素、阿维菌素、多拉菌素。

（2）抗球虫药　托曲珠利、地克珠利、甲苯三嗪酮（百球清）、磺胺二甲嘧啶、磺胺氯吡嗪钠。

（3）体表杀虫药　敌百虫、溴氰菊酯（倍特）、氰戊菊酯（速灭杀丁、杀灭菊酯）、二氯苯醚菊酯（除虫精）、多拉菌素、伊维菌素等。

5. 作用于中枢神经系统药物

（1）中枢神经兴奋药　咖啡因、氨茶碱、樟脑磺酸钠、尼可刹米、士的年。

（2）镇静药与抗惊厥药　氯丙嗪、乙酰丙嗪、地西泮（安定）、硫酸镁、巴比妥、苯巴比妥。

（3）解热镇痛抗炎抗风湿药　对乙酰氨基酚（扑热息痛）、氨基比林、安乃近、阿司匹林。

6. 作用于植物神经系统的药物

（1）拟胆碱药　氨甲酰胆碱、毛果芸香碱、新斯的明。

（2）抗胆碱药　硫酸阿托品、氢溴酸东莨菪碱。

（3）拟肾上腺药　肾上腺素、麻黄碱。

7. 影响组织代谢药物

（1）肾上腺皮质激素类药物　可的松、氢化可的松、泼尼松（强的松）、地塞米松（氟美松）。

（2）维生素

①脂溶性维生素：维生素A、维生素D、维生素E、维生

素 K_1。

② 水溶性维生素：维生素 B_1、维生素 B_2、烟酰胺与烟酸、维生素 B_6、维生素 B_{12}、泛酸、叶酸、维生素 H（生物素）、氯化胆碱、维生素 C。

（3）矿物质　氯化钙、葡萄糖酸钙、碳酸钙、乳酸钙、磷酸氢钙。

（4）微量元素　亚硒酸钠、氯化钴、硫酸铜、硫酸锌、氧化锌、硫酸亚铁、硫酸锰、碘化钾。

8. 作用于消化系统药物

（1）健胃药

① 苦味健胃药：龙胆、大黄、马钱子。

② 芳香健胃药：陈皮、桂皮、小茴香、干姜、大蒜、豆蔻。

③ 盐类健胃药：氯化钠、碳酸氢钠（小苏打）、人工盐。

（2）助消化药　稀盐酸、稀醋酸、乳酸、干酵母、乳酶生、胃蛋白酶。

（3）泻药

① 容积性泻药：干燥硫酸钠（芒硝）、硫酸镁。

② 刺激性泻药：大黄、番泻叶、巴豆、蓖麻油、酚酞。

③ 润滑性泻药：液体石蜡、植物油与动物油。

（4）止泻药

① 保护性止泻药：鞣酸、鞣酸蛋白、次碳酸铋、次硝酸铋、明矾。

② 抑制肠蠕动性止泻药：颠茄酊。

③ 吸附性止泻药：药用炭、白陶土。

9. 作用于呼吸系统药物

（1）祛痰镇咳药　氯化铵、碘化钾、可待因、桔梗酊、复方樟脑酊。

（2）平喘药　氨茶碱、麻黄碱、异丙肾上腺素。

10. 作用于血液循环系统药物

（1）强心药　洋地黄。

（2）止血药　维生素 K_3、肾上腺素缩胺脲。

（3）抗贫血药　硫酸亚铁、右旋糖酐铁（葡聚糖铁）。

（4）血容量扩张药　右旋糖酐。

（5）调节水、电解质及酸碱平衡药　氯化钠、葡萄糖、氯化钾、碳酸氢钠、乳酸钠、口服补液盐。

11. 作用于泌尿系统药物

（1）利尿药　呋塞米（速尿）、醋酸钾。

（2）脱水药　甘露醇、山梨醇。

12. 作用于生殖系统药物

（1）子宫收缩药　垂体后叶素、缩宫素（催产素）。

（2）性激素及促性腺激素

① 雌激素：苯甲酸雌二醇。

② 雄激素：甲基睾丸素、丙酸睾丸酮、苯甲酸诺龙。

③ 促性腺素：孕马血清促性腺激素（孕马血清）、绒毛膜促性腺激素（绒促性素）。

④ 孕激素：黄体酮（孕酮）。

（3）前列腺素　前列腺素 F2a、氯前列醇钠。

13. 解毒药

（1）有机磷中毒解毒药　硫酸阿托品、解磷定。

（2）重金属、类金属中毒解毒药　二巯基丙醇（解砷中毒）。

（3）氰化物中毒解毒药　亚硝酸钠、硫代硫酸钠（大苏打）。

（4）亚硝酸盐中毒解毒药　亚甲蓝（美蓝）。

（5）有机氟中毒解毒药　乙酰胺（解氟灵）。

14. 抗过敏药

苯海拉明、盐酸异丙嗪。

15. 外用药与药用辅料

（1）刺激药　松节油、浓氨溶液、薄荷脑、樟脑。

（2）保护药

① 发敛药：醋酸铅、氧化锌、炉甘石、明矾、硝酸银。

② 黏浆药：淀粉、明胶、火棉胶。

③ 吸附药：滑石粉、白陶土、氧化镁。

④ 润滑药：凡士林、羊毛脂、甘油、软皂。

16. 兽用生物制品

（1）病毒疫苗　猪瘟活疫苗（Ⅰ）、猪瘟活疫苗（Ⅱ）、猪口蹄疫O型合成肽疫苗、猪口蹄疫O型灭活疫苗、猪高致病性蓝耳病活疫苗、猪高致病性蓝耳病灭活疫苗、猪圆环病毒2型灭活疫苗、猪伪狂犬病基因缺失弱毒苗、猪伪狂犬病灭活疫苗、猪传染性胃肠炎、流行性腹泻二联灭活疫苗、猪乙型脑炎活疫苗、猪细小病毒病灭活疫苗、猪衣原体流产油佐剂灭活苗、猪传染性胃肠炎-流行性腹泻-轮状病毒三联弱毒活疫苗。

（2）细菌疫苗　仔猪梭菌性肠炎灭活疫苗、仔猪大肠埃希菌病三价灭活疫苗、仔猪大肠埃希菌病 K88K99 双价基因工程灭活疫苗、猪多杀性巴氏杆菌病灭活疫苗、猪多杀性巴氏杆菌病活疫苗、猪传染性萎缩性鼻炎灭活疫苗、猪传染性胸膜肺炎油乳剂灭活疫苗、猪气喘病活疫苗、猪气喘病灭活疫苗、猪肺炎支原体灭活疫苗、猪败血性链球菌病活疫苗、仔猪副伤寒活疫苗、猪布氏杆菌病活菌苗、破伤风类霉素。

第二节　兽药使用必须遵循的基本原则

在养猪生产中，合理科学使用兽药不仅可促进猪的生长，而且可达到预防保健和治疗疾病的目的。然而，如果使用不当，不但达不到防病的效果，反而会带来一些不良后果，如药物中毒、加剧病原菌耐药性的产生以及药物残留等，既贻误病情，造成经济损失，又会产生公共卫生和食品安全问题。因此，在养猪生产中要正确使用药物，做到既合理又科学。

在保证猪肉品质的前提下，根据药物特性恰当用药可以用最小的投入治愈猪病，确保生产出真正的无公害畜产品。怎样才能在兽医临床上选好药，使之既能达到用药的目的，又能有效避免药物的毒副作用和节省成本呢？"安全、合理、有效"用药是兽医工作者在兽医临床工作中必须遵循的用药原则。

一、安全用药

1. 不使用违禁药物

为确保动物性食品安全，要严格执行《兽药管理条例》和国家农业部第 176 号、193 号、560 号和 1519 公告规定，猪禁用盐酸克仑特罗（瘦肉精）、沙丁胺醇、氯霉素、痢特灵、金刚烷胺等类药物，包括兴奋剂类、性激素类、蛋白同化激素、精神药品、汞制剂类和各种抗生素滤渣等共21类，不得将人用药转为兽用。禁止使用已经淘汰的兽药。

国务院1987年发布第404号令，《兽药管理条例》第六章兽药使用第四十一条规定：禁止在饲料和动物饮水中添加激素类药品和国务院兽医行政管理部门规定的其他禁用药品。经批准可以在饲料中添加的兽药，应当由兽药生产企业制成药物饲料添加剂后方可添加。禁止将原料药直接添加到饲料及动物饮水中或者直接饲喂动物。禁止将人用药品用于动物。

2002年农业部公告第176号《禁止在饲料和动物饮用水中使用的药物品种目录》，规定严格使用如下五大类40种药物。

（1）肾上腺素受体激动剂　①盐酸克仑特罗；②沙丁胺醇；③硫酸沙丁胺醇；④莱克多巴胺；⑤盐酸多巴胺；⑥西马特罗；⑦硫酸特布他林。

（2）性激素　①乙烯雌酚；②雌二醇；③戊酸雌二醇；④苯甲酸雌二醇；⑤氯烯雌醚；⑥炔诺醇；⑦炔诺醚；⑧醋酸氯地孕酮；⑨左炔诺孕酮；⑩炔诺酮；⑪绒毛膜促性腺激素（绒促性素）；⑫促卵泡生长激素。

（3）蛋白同化激素　①碘化酪蛋白；②苯酸诺龙及苯丙酸诺龙注射液。

（4）精神药品　①（盐酸）氯丙嗪；②盐酸异丙嗪；③安定（地西泮）；④苯巴比妥；⑤苯巴比妥钠；⑥巴比妥；⑦异戊巴比妥；⑧异戊巴比妥钠；⑨利血平；⑩艾司唑仑；⑪甲丙氨酯；⑫咪达唑仑；⑬硝西泮；⑭奥沙西泮；⑮匹莫林；⑯三唑仑；⑰唑吡旦；⑱其他国家管制的精神药品。

（5）各种抗生素滤渣　抗生素滤渣。

2002年农业部公告第193号《食品动物禁用的兽药及其化合物清单》，禁止使用21类药物。

（1）兴奋剂类：克仑特罗、沙丁胺醇、西马特罗。

（2）性激素类：己烯雌酚。

（3）具有雌激素样作用的物质：玉米赤霉醇、去甲雄三烯酮、醋酸甲孕酮。

(4) 氯霉素。

(5) 氨苯砜。

(6) 硝基呋喃类：呋喃唑酮、呋喃它酮、呋喃苯烯酸钠。

(7) 硝基化合物：硝基酚钠、硝呋烯腙。

(8) 催眠、镇静类：安眠酮。

(9) 林丹（丙体六六六）。

(10) 毒杀芬（氯化烯）。

(11) 呋喃丹（克百威）。

(12) 杀虫脒（克死螨）。

(13) 双甲脒。

(14) 酒石酸锑钾。

(15) 锥虫胂胺。

(16) 孔雀石绿。

(17) 五氯酚酸钠。

(18) 各种汞制剂：氯化亚汞（甘汞）、硝酸亚汞、醋酸汞、吡啶基醋酸汞。

(19) 性激素类：甲基睾丸酮、苯酸睾酮、苯丙酸诺龙、苯甲酸雌二醇。

(20) 催眠、镇静类：氯丙嗪、地西泮（安定）。

(21) 硝基咪唑类：甲硝唑、地美硝唑。

其中，(1)～(8) 类禁止用于所有用途；(9)～(18) 类禁止用于杀虫剂；(19)～(21) 禁止用于促生长。

2005 年农业部公告第 560 号《兽药地方标准废止目录》中废止的品种有五大类。

第一类，禁用兽药。

(1) β-兴奋剂类：沙丁胺醇。

(2) 硝基呋喃类：呋喃西林、呋喃妥因。

(3) 硝基咪唑类：替硝唑。

(4) 喹噁啉类：卡巴氧。

(5) 抗生素类：万古霉素。

第二类，抗病毒药物：金刚烷胺、金刚乙胺、阿昔洛韦、吗啉

（双）胍（病毒灵）、利巴韦林等。

第三类，抗生素、合成抗菌药及农药。

（1）抗生素、合成抗菌药：头孢哌酮、头孢噻肟、头孢曲松（头孢三嗪）、头孢噻肟、头孢拉啶、头孢唑啉、头孢噻啶、罗红霉素、克拉霉素、阿奇霉素、磷霉素、硫酸奈替米星、氟罗沙星、司帕沙星、甲替沙星、克林霉素（氯林可霉素、氯洁霉素）、妥布霉素、胍哌甲基四环素、盐酸甲烯土霉素（美他环素）、两性霉素、利福霉素等。

（2）农药：井冈霉素、浏阳霉素、赤霉素。

第四类，解热镇痛类等其他药物：双嘧达莫、聚肌胞、氟胞嘧啶、代森铵（农用杀虫剂）、磷酸伯胺喹、磷酸氯喹（抗疟药）、异噻唑啉酮（防腐杀菌）、盐酸地酚诺酯（解热镇痛）、盐酸溴己新（祛痰）、西咪替丁（抑制人胃酸分泌）、盐酸甲氧氯普胺、甲氧氯普胺（盐酸胃复安）、比沙可啶（泻药）、二羟丙茶碱（平喘药）、白细胞介素-2、别嘌醇、多抗甲素（α-甘露聚糖肽）等。

第五类，复方制剂。

（1）注射用的抗生素与安乃近、氟喹诺酮类等化学合成药物的复方制剂。

（2）镇静类药物与解热镇痛药等治疗药物组成的复方制剂。

2010年农业部发布1519号公告，《禁止在饲料和动物饮水中使用的物质》禁用11种物质。

（1）苯乙醇胺A：β-肾上腺素受体激动剂。

（2）班布特罗：β-肾上腺素受体激动剂。

（3）盐酸齐帕特罗：β-肾上腺素受体激动剂。

（4）盐酸氯丙那林：β-肾上腺素受体激动剂。

（5）马布特罗：β-肾上腺素受体激动剂。

（6）西布特罗：β-肾上腺素受体激动剂。

（7）溴布特罗：β-肾上腺素受体激动剂。

（8）酒石酸阿福特罗：长效型β-肾上腺素受体激动剂。

（9）富马酸福莫特罗：长效型β-肾上腺素受体激动剂。

（10）盐酸可乐定：抗高血压药。

（11）盐酸赛庚啶：抗组胺药。

至此，农业部 176 号、193 号及 1519 号公告禁止在饲料和动物饮用水及畜禽水产养殖过程中使用的药物和物质清单主要包括克仑特罗、沙丁胺醇等兴奋剂类，乙烯雌酚等激素类，呋喃唑酮、氯霉素等抗菌药物类，呋喃丹等杀虫剂等 87 种禁用药物和物质。

2. 严格执行国家规定的兽药休药期

避免兽药残留超标也是合理用药必须认真遵守的原则。

休药期应遵守《无公害食品——生猪饲养兽药使用准则》附录中规定的时间，在出栏前及时停药。例如，喹乙醇预混剂用于猪促生长，禁用于体重超过 35 千克的猪，休药期 35 天。乙酰甲喹（痢菌净）休药期 35 天，盐酸二氟沙星注射液休药期长达 45 天。凡附录中未规定休药期的品种，应遵守不少于 28 天的规定，确保猪肉食品安全。

3. 要注意鉴别真假兽药

要购买通过国家验收及有批准文号、生产许可证的药品，不要贪图便宜，购买非法生产、无"三证"的假劣兽药。另外，用药可参考官方《兽药使用指南》，不要轻信不法厂家某某药能治"百病"的虚假广告宣传。选药时从药品的生产批号、出厂日期、有效期、检验合格证等方面着手详细检查，确认无质量问题后才可选用。不要使用过期药物、变质药物、劣质药物和淘汰药物。

二、合理用药

1. 对症正确选药

不同的疾病使用不同的药物，同一种疾病也不能长期使用某一种药物治疗。当发生某种疾病时，要根据流行病学、临床症状、解剖变化、实验室检验结果等综合分析，做出准确的诊断，然后有针对性地选择药物，所选药物要安全、可靠、方便、价廉，达到"药半功倍"的效果，彻底杜绝不明病情而滥用药物，特别是抗菌药物。例如对发生传染性胸膜肺炎的猪，选用氟苯尼考、青霉素、氨苄西林、四环素等治疗有良好效果。对于诸如亚硝酸盐中毒可用特效解毒药小剂量美蓝（亚甲蓝）进行解毒，注射 1% 美蓝溶液，猪 1～2 毫克/千克体重。有机磷中毒可使用阿托品结合解磷定进行解毒。

2. 准确计算药物的剂量，控制药物用量

一般情况下药物的疗效在一定范围内随着剂量的增加而加强。临床用药应杜绝为追求药物疗效，随意增大药物剂量，无视药物的毒副作用的现象。用药时，除应根据《中国兽药典》的配套书《兽药使用指南》的规定用药外，兽医还应根据药物的理化性质、毒性和病情发展的需要临时调整剂量，才能更好地发挥药物的治疗作用。此外，还应熟悉各种药物的剂量单位和国际单位的换算，做到准确计量。用药剂量过小，达不到治病效果；用药剂量过大，则造成药物浪费，还会引起药害。过量使用抗生素，还会使病原微生物产生耐药性，给以后的防治带来困难。

3. 选用最合适的剂型

在确定所选药物后，兽医要根据不同的情况选用不同的药物剂型。如注射剂型、粉剂型、片剂型、软膏剂型、气雾剂型、液体剂型等。因为不同剂型药物吸收的快慢、多少是不同的，其生物利用度、有效血药浓度、疗效也会有所不同。近几年来，新制剂（如缓释剂、包被剂、控释剂、长效制剂、靶向制剂等）不断用于临床，为"准确"用药开创了新的途径。通过这些新剂型、新制剂去改进或提高药物疗效，减少毒副作用和方便使用，从而达到准确用药的目的。

4. 掌握给药时机

一般来说，用药越早效果越好，特别是微生物感染性疾病，及早用药可以迅速、有效地控制病情。但是对于细菌性痢疾造成的腹泻，则不宜过早止泻，因为过早止泻会使病菌无法及时排除，而在猪体内大量繁殖，其结果不但不利于病情好转，反而会引起更为严重的腹泻。一般对症治疗的药物不宜早用，因为早用这些药物如解热药虽然可以缓解症状，但在客观上会损害机体的保护性反应机能，掩盖发病真相，给诊断和防治带来困难。

5. 合理搭配用药，注意配伍禁忌

临床用药时，兽医应根据对因治疗和对症治疗并举的原则，确定何种药物与何种药物搭配，并要明确何种药物是对因的，何种药物是对症的，谁先给，谁后给，如何配制，剂量各为多少，一定要做到心中有数。只有将所选用的药物合理搭配起来，才能达到事半

功倍的效果。在此特别提醒要注意药物之间的配伍禁忌。酸性药物与碱性药物合用会使药效降低或丧失，口服活菌制剂时应禁用抗菌药物和吸附剂，磺胺类药物与维生素 C 合用会产生沉淀，等等。避免使用多种药物或固定剂量的联合用药，因为多种药物治疗极大地增加药物相互作用的概率，也给患畜增加了危险；要慎重使用固定剂量的联合用药，因为它使兽医师失去了根据动物病情变化去调整药物剂量的机会，达不到最佳的用药效果。

现将常用的抗菌药物的配伍简介如下。

（1）β-内酰胺类　β-内酰胺类（青霉素类、头孢菌素类）与β-内酰胺酶抑制剂如克拉维酸、舒巴坦钠合用有较好的保护和协同增效作用，青霉素类与氨基糖苷类呈协同作用，但剂量应基本平衡。青霉素类不能与四环素类、氯霉素类、大环内酯类、磺胺类等抗菌药合用。但例外的是治疗脑膜炎时，因青霉素不易透过血脑屏障而采用青霉素与磺胺嘧啶合用，但要分开注射，否则会发生理化性配伍禁忌。青霉素与维生素 C、碳酸氢钠等也不能同时使用。头孢菌素类不宜与氨基糖苷类合用，因都有肾毒性。

（2）氨基糖苷类　氨基糖苷类与β-内酰胺类配伍应用有较好的协同作用。甲氧苄氨嘧啶（TMP）可增强本品的作用。氨基糖苷类可与多黏菌素类合用，但不可与氯霉素类合用。氨基糖苷类药物之间不可联合应用以免增强毒性，与碱性药物联合应用其抗菌效能可能增强，但毒性也会增大。链霉素与四环素合用，能增强对布氏杆菌的治疗作用。链霉素与红霉素合用，对猪链球菌病有较好的疗效。庆大霉素（或卡那霉素）可与喹诺酮药物合用。链霉素与磺胺类药物配伍应用会发生水解失效。硫酸新霉素一般口服给药，与阿托品类药物应用于仔猪腹泻。

（3）四环素类　四环素类药物与非同类药物如泰妙菌素、泰乐菌素配伍用于胃肠道和呼吸道感染时有协同作用，可降低使用浓度，缩短治疗时间。四环素类与氯霉素类合用有较好的协同作用。土霉素不能与喹乙醇、北里霉素合用。

（4）大环内酯类　大环内酯类与磺胺二甲嘧啶、磺胺嘧啶、磺胺间甲氧嘧啶、TMP 的复方可用于治疗呼吸道病。泰乐菌素可与磺胺类合用。红霉素不宜与β-内酰胺类、林可霉素、氯霉素类、四环素联用。

(5) 氯霉素类 氯霉素类与四环素类用于合并感染的呼吸道疾病具协同作用,与林可霉素、红霉素、链霉素、青霉素类、氟喹诺酮类具有拮抗作用。氯霉素类也不宜与磺胺类、氨茶碱等碱性药物配伍使用。

(6) 林可酰胺类 林可霉素可与四环素或氟哌酸配合应用于治疗合并感染,林可霉素可与壮观霉素合用(利高霉素)治疗慢性呼吸道病。此外,林可霉素可与新霉素、恩诺沙星合用。

(7) 杆菌肽锌 杆菌肽锌可与黏菌素(多黏菌素)、链霉素及新霉素合用。杆菌肽锌禁止与土霉素、金霉素、北里霉素、恩拉霉素等配合使用。

(8) 磺胺类 磺胺类药物与抗菌增效剂(TMP 和 DVD)合用有确定的协同作用。磺胺类药物应尽量避免与青霉素类药物同时使用,因为其可能干扰青霉素类的杀菌作用。液体剂型磺胺药不能与酸性药物如维生素 C、盐酸麻黄素、四环素、青霉素等合用,否则会析出沉淀;固体剂型磺胺药物与氯化钙、氯化铵合用会增加泌尿系统的毒性,并应与 5%碳酸氢钠合用。

(9) 喹诺酮类 喹诺酮类与杀菌药(青霉素类、氨基糖苷类)及 TMP 在治疗特定细菌感染方面有协同作用。喹诺酮类药物+林可霉素可用于治疗支原体合并大肠杆菌感染引起的呼吸道和肠道感染。喹诺酮类药物与氯霉素类、大环内酯类(如红霉素)合用有拮抗作用。喹诺酮类药物可与磺胺类药物配伍应用,合用对大肠杆菌和金黄色葡萄球菌有相加作用。喹诺酮类慎与氨茶碱合用。

三、有效用药

1. 充分考虑药物的特性

内服能吸收的药物,可以用于全身感染类疾病。内服不能吸收的药物,如磺胺脒等,只能用于胃肠道细菌感染。一般的抗菌药物很少能进入脑脊液,只有磺胺嘧啶钠可以进入,因此,治疗脑部感染,如猪链球菌性脑炎,应首选磺胺嘧啶钠。

2. 选择合适的给药途径

正确投药,讲究方法。不同的给药途径可影响药物吸收的速度和数量，影响药效的快慢和强弱。静脉注射可立即产生作用，肌内注射慢于静脉注射，口服最慢。全身感染注射用药好，肠道感染口服用药好。苦味健胃药如龙胆酊、马钱子酊等，只有通过口服的途径，才能刺激味蕾，提高食物中枢的兴奋性，加强唾液和胃液的分泌，发挥药物的疗效；不可使用胃导管不经口腔直接进入胃内，否则起不到健胃作用。

3. 注意药物的有效浓度

肌内注射卡那霉素，有效浓度维持时间为 12 小时，因此可每天注射 2 次；青霉素粉针剂应间隔 4~6 小时重复用药 1 次。

4. 尽量选用效能多样或有特效的药物

如仔猪发生黄痢、白痢时，应尽早选用氟喹诺酮类或庆大霉素；弓形体感染首选磺胺类药物；猪短密螺旋体引起的猪痢疾首选痢菌净；附红细胞体感染时，应尽量选用四环素类和血虫净（三氮脒、贝尼尔）。

5. 注意个体差异

用药时要有明确的指征。临床用药时，要针对病猪的具体情况以及个体差异（如怀孕、过敏）选用最可靠、最安全、最方便易得的药物制剂。反对不顾实际情况滥用药物，尤其是滥用抗生素和激素。孕猪用药一切从保胎原则出发，首先考虑对胎儿有无直接或间接影响，其次对母体有无毒副作用，不用妊娠禁忌药物。

6. 辨证施治，综合治疗

经过综合诊断，查明病因以后，迅速采取综合治疗措施。一方面，针对病原，选用有效的抗生素或抗病毒药物；另一方面，调节和恢复机体的生理机能，缓解或消除某些严重症状，如解热、镇痛、强心、补液等。正确处理对因治疗与对症治疗的关系，两者巧妙地结合将能取得更好的疗效，"治病必求其本，急则治其标，缓则治其本"。例如，对病毒性腹泻一般采取消炎、止泻、补液、防脱水等对症治疗，给予口服液盐有较好的效果。

总之要做到：诊断疾病要准确、采取措施要及时、药物选择要科学、用药群体要明确、用药方法要合理、用后观察要仔细。在按照以上原则用药治疗的同时，加强饲养管理，搞好环境消毒以及猪舍卫生，只有这样才能取得好的治疗效果。

第二章

临床合理使用兽药须知

第一节　养猪科学用药基本知识

为正确使用药物，达到有效防治猪病、提高养猪经济效益的目的，必须掌握养猪科学用药的基本知识。

1. 药物的剂量单位

固体、半固体剂型药物常用剂量单位：千克（kg）、克（g）、毫克（mg）、微克（μg），1 千克＝1000 克，1 克＝1000 毫克，1 毫克＝1000 微克。液体剂型药物常用剂量单位有：升（L）、毫升（mL），1 升＝1000 毫升。

一些抗生素、激素、维生素等药物常用"单位（U）"、"国际单位（IU）"来表示。抗生素多用国际单位表示，有时也以微克、毫克等质量单位表示。

2. 药物的含量表示

用比号"："表示药物剂量与净含量的关系。例如，某生产厂家出品的卡那霉素注射液规格标明 10 毫升：1.0 克，表示 10 毫升药液中含净药量为 1.0 克，每 1 毫升含 0.1 克（100 毫克）。

3. 怎样计算个体给药剂量

当进行猪只个体注射药物治疗时，事先务必弄清楚药物使用说明书对剂量是怎样规定的。如果已标明每千克体重注射多少毫升，则即可照办。但有时只标明每千克体重多少毫克，则要进行换算。

$$剂型用药量（毫升）＝\frac{猪的体重（千克）×剂量率（毫克/千克）}{制剂单位标示量（毫克/毫升）}$$

举例说明：如 10 毫升：1.0 克的卡那霉素注射液，标明肌注一次量为每千克体重 15 毫克，试问：10 千克体重的猪应注射多少毫升？换算方法：首先应明确 10 毫升：1.0 克即 10 毫升含卡那霉素 1 克，1 克＝1000 毫克，每毫升含 100 毫克。再计算 10 千克体重需多少毫升。

$$用药量＝\frac{10 千克×15 毫克/千克}{100 毫克/毫升}＝1.5 毫升$$

即 10 千克体重的猪 1 次应肌注 1.5 毫升。

4. 使用说明书上没标明每千克体重用量是多少怎么办

凡未标明每千克体重用量是多少毫升或多少毫克的，通常指的是 50 千克标准体重的猪的用量，可以除以 50，换算出每千克体重的大体用量。

不少药物，如肾上腺素、安钠咖、阿托品、安乃近等一些"剧药"，多不标明每千克体重用量而只注明"猪"的用量，大家知道了这个最起码的基本知识，换算一下，就可以了。如 0.1％肾上腺素注射液常用来抢救严重过敏性疾病。《兽药使用指南》一书中或生产厂家在"用法与用量"一栏中标明，皮下注射，一次量猪 0.2～1.0 毫升，就是指 50 千克体重的猪的剂量，其他体重的猪可依此换算出大体用量。

再如兽医临床上最常用的解热镇痛药安乃近注射液，厂家标识规格为 10 毫升：3.0 克，用法与用量为肌注，一次量猪 1～3 克。就是指 50 千克重的猪一次可肌注 3.3～10 毫升，其他体重的猪可依此推算出用量。

5. 猪与人用药量有何关系

可以参考如下推算方法，猪是指 50 千克标准体重的猪，一般来说，50 千克猪的用药量是成人的 2 倍。人每千克体重用量乘以 2，就可推算出猪每千克体重的大体用量。

6. 不同投药途径的用药比例如何掌握

假设内服为 1，那么，皮下或肌内注射可为 1/3～1/2，静脉注射为 1/4，气管注射为 1/4。

7. 饮水给药与拌料给药的关系

一般来说，饮水加药量是拌料给药量的 1/2，因为饮水量大约是采食量的 2 倍左右。

第二节 正确诊断，对症下药

治疗猪的疾病，必须首先认识疾病，掌握其发生和发展的规律，综合分析，做出诊断，并进一步确定治疗措施。为此，必须掌握如下 4 个原则。

1. 正确诊断是合理用药的先决条件

猪病能不能治愈，愈后如何，很大程度取决于诊断是否正确。一旦发生疫情，必须对发病原因、病原、病理过程、临床症状及剖检变化等有足够的了解，才能做出正确诊断。为此，要动用一切诊断手段，包括临床、流行病学、病理学及血清学诊断等及时确诊，才能做到对症下药，并决定治疗原则和方法。不确诊而盲目大量胡乱用药，会丧失及早救治时机而加重病情，甚至造成药物中毒死亡。

2. 临床诊断是最基本的方法

通过"问、望、闻、切"四诊来诊断病情。问诊，了解发病时间、发病症状、治疗情况等；望诊，即视诊，察看病猪全身外露部分的情况，通过"察颜观色"，察看体温、精神、吃喝、形态、姿势、步伐、皮毛、眼角、眼睑、耳、四肢、呼吸、粪尿等的变化情况；闻诊，即听声音和嗅气味，如咳嗽声、喘息声、叫声、粪尿气味等；切诊，主要是触诊，即用手直接触摸猪体或某病变部位，借以探测病情。通过仔细而详尽的临床检查，再结合尸体剖检、病理变化和实践经验进行综合分析，就可预测和初步诊断是属于普通病（内科、外科、产科、寄生虫病）还是传染病，是属于哪个系统（呼吸、消化、泌尿、生殖、神经系统等）的疾病。怀疑是传染病，还要结合实验室确诊是何种病毒或细菌病，是单一病原还是混合感染。

3. 用药要有明确的指征

每一种药都有它的适应证，要针对具体病情，并根据药物的适应证，选用疗效高、安全、方便、价廉的药物制剂，做到对症下药，切勿超范围、超剂量、无停药期、不注意配伍禁忌乱用，尤其不能滥用抗生素。有一般常用疗效高的药，就不必用"稀"、"贵"、

"新"药；青霉素类能解决问题的，就不必用头孢类药物；窄谱抗生素有效时，就不用广谱抗生素；一种抗生素能奏效时，就不要两种抗生素联用；必须应用两种抗菌药物时，应选择具有协同作用的药物联用。

4. 要根据抗菌活性正确选用抗菌药物

根据抗菌活性的强弱，临床把抗菌药分为杀菌药和抑菌药两大类。杀菌药是指具有杀灭病原菌作用的药物，如青霉素类、头孢菌素类、氨基糖苷类、多黏菌素类、氟喹诺酮类、抗菌增效剂 TMP＋磺胺类。抑菌药是指仅能抑制病原菌生长繁殖而无杀灭作用的药物，如四环素类、氯霉素类、大环内酯类、泰妙菌素（枝原净）、林可霉素类、磺胺类。但是，抗菌药的杀灭作用和抑制作用不是绝对的，有些抑菌药在高浓度时也可表现为杀菌作用，而杀菌药在低浓度时也仅有抑菌作用。对危急病例要选杀菌药而不要用抑菌药。

第三节　治疗猪病要选择最适宜的给药方法

不同的给药途径影响着药物吸收的快慢、血药浓度的高低和疗效的强弱。要根据病情缓急、用药目的及药物本身性质来确定最适宜的给药方法。静注几乎可立即出现药物作用，以下依次为肌注、皮下注射和内服。危急病例，宜静注或静滴；治疗肠道感染或驱虫时，宜口服；严重消化道感染并发败血症、菌血症时应内服并配合注射给药。青霉素 G、肾上腺素等内服无效，必须注射；氨基糖苷类内服很难吸收，作全身治疗时，必须注射给药。

1. 口服给药

消化道感染应以口服为主。大多数能在胃肠道吸收的药物也可采用口服给药。口服给药的优点是操作方便、安全，缺点是起效慢，剂量较大。此外，胃肠道不易吸收的磺胺脒、新霉素、庆大霉素、吡哌酸、黏杆菌素等也可口服，利用在肠道形成较高浓度的特点，治疗细菌性肠炎、仔猪黄白痢等。若治疗全身性感染疾病，如副猪嗜血杆菌病等以及危急病例，不宜口服而应注射。

2. 注射给药

危重病症及不宜内服的全身用药可注射给药，有静脉、肌内、皮下、腹腔、气管、穴位注射等，操作必须无菌，剂量必须精确。注射给药的优点是疗效快，易控制药量。

（1）静注 其效果最快，最可靠，适用于急症和输液，但油剂、混悬剂不能静注。

（2）肌注 是将药物注入颈部、臀部或后肢内侧肌肉发达部位，显效不如静注快，但在半小时内可表现出疗效。用量大的制剂应分点注射，每点不超过 10 毫升。刺激性大的应深层肌注。

（3）皮下注射 应选耳根后方、肘后、腹股沟处或股内侧皮肤较松弛的皮下（捏起皮肤），显效相对较慢，但持久，适用于疫苗及伊维菌素等注射。

（4）腹腔注射 当仔猪腹泻严重时，为防止脱水死亡，可将抗菌药物及 5% 葡萄糖生理盐水直接注入腹腔。具体方法是倒提后腿，肚皮朝外，在倒数第 2 对乳头，距腹中线左边或右边 2～4 厘米处，垂直刺入腹腔。

（5）后海穴注射 后海穴，又称交巢穴，位于尾根与肛门之间凹陷处。后海穴注射药物治疗腹泻，效果比肌注好，因同时有穴位针灸作用。母猪后海穴注射口蹄疫疫苗比肌注产生的抗体多。而有的疫苗，如传染性胃肠炎与流行性腹泻二联苗必须后海穴注射，肌注无效。

（6）气管注射 在气管的上 1/3 与中 1/3 交界处，自两个软骨环之间刺入，50 千克猪总量不超过 10 毫升，适用于慢性呼吸道疾病如猪气喘病。

3. 混饲与饮水给药

这是目前规模化养猪最常用的群体给药方法，多适用于长期预防性投药。将药物先制成预混剂，然后均匀拌入饲料中喂服；或将能溶于水的药物混入水中饮服，现配现用，当天饮完，剂量为混饲的一半。混饲与饮水给药也要按规定的用量添加，用户因超规定剂量（100 克/吨）添加喹乙醇而发生猪中毒死亡事件屡见不鲜。

4. 皮肤给药

如将 2% 敌百虫溶液或软膏涂入局部皮肤，或用 1：300 倍的速灭杀丁（杀灭菊酯）溶液全身喷雾治疗猪疥螨及体外寄生虫。

5. **黏膜给药**

如用 0.1%高锰酸钾水溶液冲洗已脱出的子宫、阴道或直肠，然后进行整复缝合。

第四节 正确处理对因治疗与对症治疗

根据病情轻、重、缓、急，将对因治疗与对症治疗的关系，巧妙地结合才能取得更好的疗效。我国传统中医理论对此则有精辟的论述："治病必求其本，急则治其标，缓则治其本"，"标本兼治"。

1. **对因治疗**

针对发生疾病的原因进行的治疗称为对因治疗，目的在于消除疾病的原发致病因子，中医称"治本"。一般情况下，首先要对因治疗，即"治本"，选择使用消除病因的药物。例如，猪场最常见的猪气喘病，病因是感染了肺炎支原体，所以要选用枝原净、泰乐菌素、恩诺沙星、林可霉素等敏感药物肌注，彻底杀灭支原体。对因治疗要彻底，用药量要足，首次可加倍，疗程要够，一般用药3～5天。疗程不足或症状改善即停药，一是易复发，二是易诱发耐药性。

2. **对症治疗**

针对疾病的症状进行治疗称为对症治疗，中医称"治标"。为了减缓或消除疾病某些严重的症状，如高热、心跳骤停、呼吸衰竭、脱水、休克、惊厥等，则首先必须要选择解热镇痛、强心利尿、解痉平喘、止血、镇静、止泻、防止酸中毒、调节电解质平衡等维持生命机能的药物对症治疗，为对因治疗争取时间，中医谓之"急则治其标"。一旦症状缓解或改善，可停止对症用药转向对因治疗。如用解热镇痛药可使高热的病猪体温降至正常，但不能从根本上消除引起发热和致病的病因，病因未除，则解热药物作用过后体温又会升高，所以还需要坚持对因治疗，直至痊愈。退烧药只能用于发热病因已明确的前提下，只能用于若不用退烧药会使病情转危的前提下，否则，会干扰治疗性诊断，造成浪费。

3. 标本兼治

任何事情都不能千篇一律。对因治疗与对症治疗是相辅相成的，有些情况下则要对因治疗与对症治疗相结合同时进行，例如，当发生急性肺炎，严重的呼吸困难和高热（41.5℃以上）会影响动物的抵抗力，加重病情，甚至引起死亡，此时，则应同时使用对因和对症治疗的药物，如用敏感抗菌药物杀菌，用安乃近或复方氨基比林退烧，用氨茶碱平喘，用地塞米松帮助杀菌药消炎、抗休克。或再配合维生素 C 以及免疫增强剂和抗病毒的中草药制剂，如黄芪多糖、双黄连、鱼腥草等，这样"标本兼治"可取得最佳疗效。此外，支持性和辅助性治疗也是至关重要的。例如，强心补液，使用抗血清、抗炎药（地塞米松）等可有效地挽救生命。

第五节　要提前预见药物的疗效和不良反应

根据疾病的病理生物学过程和药物的药理作用特点以及它们之间的相互关系，药物的疗效是可以预见的。几乎所有的药物不仅有治疗作用，也有不良反应和毒副作用。

1. 要分析使用药物治疗的利弊

例如，磺胺类药物有其独特的优点：抗菌谱广、价格较低、使用方便等，对大多数革兰阳性菌和部分革兰阴性菌都有效，对衣原体和某些原虫也有效，主要用于各种病菌所致的呼吸道、消化道、泌尿生殖道等全身感染，如猪巴氏杆菌、链球菌病、仔猪水肿病、弓形体病、乳腺炎、子宫炎、败血症、坏死杆菌病、萎缩性鼻炎等，在控制猪感染性疾病中发挥了很大作用，尤其是抗菌增效剂和一些新型磺胺药出现后，有了新的广阔前景，是最常用的防治猪病的药物。首次使用时剂量必须加倍，并要有足够的剂量和疗程，一般应连用 5～6 天。但同时也有不良反应及毒副作用较多、细菌易产生耐药性、用量大等缺点。在临床上应用必须正确、合理，否则会出现诸多弊端。急性中毒多发生于静脉注射其钠盐时速度过快或剂量过大，主要表现为共济失调、肌无力、呕吐、昏迷、厌食和腹泻等。慢性中毒主要由剂量偏大、用药时间过长而引起，主要表现为精神沉郁、食欲减退或废绝、泌尿系统损伤，出现结晶尿、血尿和蛋白尿、尿少或无尿、体温升高等；抑制胃肠道菌丛，导致消化系统障碍；造血机能破坏，出现溶血性贫血、凝血时间延长和毛细血管渗血；仔猪免疫系统抑制、免疫器官出血及萎缩；增重减慢、毛长无光泽、光吃不长等。在发挥药物治疗作用的同时，应该采取措施减少或预防副作用的发生，如配合等量碳酸氢钠，并增加饮水量。副作用严重时，除及时停药外，还应立即内服或静注碳酸氢钠，以促进磺胺类药的排出，同时进行对症治疗。

2. 要制订周密、切实可行的治疗计划

临床用药必须牢记疾病的复杂性和治疗的复杂性，要制订周密、切实可行的治疗计划，这是合理用药的关键，包括选定首选药物（或制剂）和确定给药方案。当有几种药物可供选用时，要综合运用疾病和药物方面的知识，根据病情、药物的动力学特征和药效的强弱来选择。选择抗菌药物治疗感染性疾病时，在用药前要尽可能做药敏试验，能用窄谱抗生素的就不用广谱抗生素。给药方案包括给药的剂量、间隔时间、途径和疗程。同时要认真观察将出现的药效和毒副作用，以便随时调整用药方案。

3. 要掌握药物的药动学特征

药物的作用或效应取决于作用部位的浓度，无论以何种途径给药，药物在动物体内均要发生吸收、分布、生物转化和排泄的动力学过程。每种药物有其特定的药动学特征，如半衰期、生物利用率、表观分布容积等都有所差异。其动力学特征还受疾病类型及过程影响。只有熟悉药物的动力学特征及其影响因素，才能做到正确选药并制定科学、合理的给药方案，达到预期的治疗效果。例如，阿莫西林与氨苄西林的体外抗菌活性很相似，但前者的生物利用率比后者高1倍，血清浓度高1.5～3倍，在治疗全身性感染时，选用阿莫西林的疗效比氨苄西林好；但在胃肠道感染时，因氨苄西林不易吸收，在胃肠道能保持较高的药物浓度，治疗效果较好。

第六节　掌握好妊娠母猪禁用或慎用的药物

母猪妊娠期间，有些药物是不可用的，有些药物是要慎用的。否则，可能会影响胎儿发育，严重的会导致畸形胎、引起流产。因

此，要禁用或慎用下列药物。

1. 禁用子宫收缩药

如缩宫素（又名催产素）注射液、脑垂体后叶素注射液（含催产素和加压素）、马来素酸麦角新碱注射液等。它们能直接收缩子宫平滑肌而可能引起流产。

2. 禁用前列腺素类

如前列腺素 F2a 注射液、氯前列醇钠注射液等。它们能直接刺激子宫平滑肌收缩而可能引起流产或早产。

3. 禁用拟胆碱药

如氨甲酰胆碱注射液、硝酸毛果芸香碱注射液、甲基硫酸新斯的明注射液等，它们能增加子宫平滑肌的活动而可能引起流产。

4. 禁用糖皮质激素（皮质甾体类激素）

如地塞米松磷酸钠注射液（氟美松）、醋酸泼尼松龙注射液（强的松龙）等，孕畜应慎用或禁用。妊娠期间（特别是妊娠早期）使用，可能影响胎儿的发育，甚至导致畸形。妊娠后期大剂量使用会引起流产。

5. 禁用性激素、促性腺激素及促性腺激素释放激素

如丙酸睾丸酮注射液、苯甲酸雌二醇注射液、PG600（内含孕马血清促性腺激素 400 单位＋人绒毛膜促性腺激素 200 单位）、注射用孕马血清促性腺激素、注射用绒促性素、注射用促黄体素释放激素 A3（促排卵素 3 号）、三合激素注射液（内含苯甲酸雌二醇、黄体酮、丙酸睾丸酮）等。以上药物不可用于怀孕母猪，如果使用属于严重错误。

6. 禁用抗病毒药利巴韦林（又名病毒唑）

妊娠母猪每吨饲料添加利巴韦林超过 200 克或每吨饮水中含量超过 60 克，每头猪每天摄入利巴韦林超过 0.5 克，连用 4 天以上即可中毒，表现为全身黄疸、尿液呈酱油色、流产或死亡。

7. 禁用峻泻药

怀孕母猪便秘时，禁用大剂量的硫酸钠、硫酸镁、蓖麻油、中药大黄、芒硝（朴硝）、元明粉（主含硫酸钠）、番泻叶、巴豆等。它们通过刺激胃肠道，反射性间接兴奋子宫平滑肌而可能引起早产或流产。

8. 禁用剧毒农药敌百虫内服或外用驱除体内、外寄生虫

因其安全性小，稍有不慎极易引起中毒或死亡。

9. 禁用抗寄生虫药芬苯哒唑

因能引起畸胎，特别是猪在妊娠 40 天内禁用。

10. 禁用血虫净（贝尼尔）

因其治疗猪附红细胞体病的效果不好，并经常引起母猪流产。

11. 禁用化瘀、行气破滞的中草药

如桃仁、红花、乌头等。

12. 慎用氟苯尼考

因具有胚胎毒性，可导致胚胎畸形和胚胎早期死亡，故母猪妊娠期要慎用。

13. 慎用强力霉素（多西环素）

大剂量长期使用，容易引起乳头阻塞造成不排乳，因此，在母猪怀孕中后期不可连续大剂量使用。

14. 慎用阿散酸

每吨饲料添加阿散酸 250 克可引起母猪死胎或流产。

15. 慎用伊维菌素

伊维菌素注射 3 毫克/千克体重，会引起怀孕后期母猪流产。

第三章
抗生素类药的正确使用

第一节 青霉素类

　　青霉素类抗生素是一大类常用的 β-内酰胺类抗生素，它们在化学性质、作用机理、药理学特征、临床效果等方面具有很多共性。自 20 世纪 40 年代初问世以来，青霉素类抗生素由于杀菌活性强、毒性低、疗效好、价格低廉，在兽医临床上被广泛使用，在防治猪传染病方面发挥了重要作用，是传统的兽医用药。部分基层兽医有许多使用青霉素不当之处，在适应证、用法用量、配伍禁忌等方面存在一些误区，特别是滥用现象十分严重。为此，根据 2010 年版《兽药使用指南》及有关文献，结合笔者多年的临床实践体会，将正确使用青霉素类抗生素的方法综述如下，以供养猪界朋友及同仁参考。

一、分类

　　青霉素类可分为天然青霉素（窄谱青霉素）和半合成青霉素（广谱青霉素）两大类。窄谱的天然青霉素是从青霉菌的培养液中提取制得，又称青霉素 G（苄青霉素），俗称青霉素，抗菌作用最强，可以对抗多数革兰阳性（G^+）菌和少数革兰阴性（G^-）球菌，临床使用最广，是治疗许多敏感菌感染的首选药物。青霉素 G 是一种不稳定的有机酸，难溶于水，临床上常用的为其钠（钾）盐。但青霉素钾刺激性较强，又不宜静注，近年来多用其钠盐。天然青霉素具有杀菌力强、毒性低、使用方便、价格低等优点，但具有不耐酸（不能内服，否则将被胃酸破坏失效）、不耐青霉素酶（易产生耐药性）、抗菌谱窄（主要对抗 G^+ 菌）、容易引起过敏反应等缺点。因此，20 世纪 60 年代以来出现大量半合成耐酸（可内服）的广谱氨基青霉素，如氨苄西林、阿莫西林（羟氨苄西林）等，对许多 G^+ 和 G^- 菌均有效。

二、杀菌机理及药理作用特点

1. 属杀菌性抗生素

其作用机理主要是干扰转肽酶、破坏细菌细胞壁的合成而产生杀菌作用。它能抑制细菌细胞壁的基础成分黏肽的合成，造成细胞壁缺损而失去屏障保护作用，使水分渗入细菌胞浆，导致菌体肿胀、变形，最后裂解而死亡。G^+ 菌的细胞壁主要由黏肽（达 65% ~ 95%）组成，而 G^- 菌细胞壁的主要成分是磷脂（黏肽仅占 1% ~ 10%），由于 G^+ 菌的细胞壁黏肽含量较 G^- 菌高，故对 G^+ 菌作用很强，而对 G^- 菌作用较弱。另外，生长期的敏感菌分裂旺盛，细胞壁处于生物合成期，在青霉素的作用下，黏肽的合成受阻不能形成细胞壁，在渗透压作用下，导致细胞膜破裂而死亡，这一过程发生在细菌细胞的繁殖期，因此，本类药物为繁殖期快效杀菌剂，对已形成细胞壁的或者非生长繁殖的细菌，此时不需要合成细胞壁，则青霉素不起杀菌作用，故临床上应避免将青霉素这类"繁殖期杀菌药"与抑制细菌生长繁殖的"快效抑菌药"（如氟苯尼考、四环素类、红霉素等）合用，尤其是在治疗脑膜炎或需迅速杀菌的严重感染时，因后者能迅速抑制蛋白质合成，使细菌处于生长抑制状态，导致青霉素不能充分发挥干扰细胞壁合成的作用，降低其杀菌效能。顺便指出的是，由于支原体无细胞壁，所以青霉素类对支原体无效。临床上有人用青霉素去治疗没有混合感染的、体温不高、吃食正常、仅表现咳嗽和气喘（腹式呼吸）的单纯猪支原体肺炎（俗称猪气喘病）是错误的，应选择氟喹诺酮类抗菌药或泰妙菌素、泰乐菌素、林可霉素、卡那霉素等。

2. 细菌的青霉素结合蛋白（PBPs）是本类抗生素的作用靶位

近年来研究发现，PBPs 存在于细菌胞浆膜上，在细菌细胞壁合成过程中起着合成酶的作用，当青霉素与之紧密结合后也抑制了细菌细胞壁的早期合成，它先改变细菌形态，最终导致细菌死亡。不同种类的细菌有不同的 PBPs，与青霉素的亲和力也存在差异，这就是不同细菌对青霉素类表现不同敏感性的原因。大多数 G^- 杆菌对青霉素耐药，除了 PBPs 的不同外，其外膜结构特殊，使青霉素难以进入，即使有少量药物进入，也可被存在于外膜间隙的青霉素酶破坏，这也是耐药的一个原因。青霉素也常常与其他抗生素合用，可以破坏膜的完整性，以便使青霉素进入体内。

3. 属时间依赖性抗生素

青霉素类药物血清中浓度超过最小抑菌浓度（MIC）的维持时间是影响药效的最关键因素。当药物浓度达到较高水平后，再增加浓度并不能增加其杀菌作用，不是剂量越大越好，而应通过增加给药次数来提高疗效。另外，青霉素杀菌作用的速率比氨基糖苷类和氟喹诺酮类（后二者属浓度依赖性抗菌药）慢，因此，只有频繁给药以使血中药物浓度高于其对病原体的最小抑菌浓度（MIC），才能获得最佳的杀菌效果。青霉素钠肌注后半小时便能达血药峰浓度，消除半衰期不超过 2 小时，对多数敏感菌的有效血药浓度仅可维持 6～8 小时，因此，对急性病例，每天应注射 3～4 次，一般情况下，至少每日 2 次，那种加大剂量每天只注射 1 次的做法是错误的。

4. 容易产生耐药性

由于青霉素在兽医临床上长期、广泛应用，病原菌对青霉素的耐药性十分普遍，尤其是金黄色葡萄球菌。耐药细菌能产生青霉素酶，使青霉素水解而失去抗菌作用。现已发现多种青霉素酶抑制剂，如克拉维酸（棒酸）、舒巴坦等，与广谱青霉素合用（或制成复方制剂）可用于对青霉素耐药的细菌感染，能明显扩大对抗 G^+ 和 G^- 菌的抗菌谱，并增强抗菌效果。

三、药物相互作用

（1）青霉素与氨基糖苷类合用，两者都是杀菌剂，青霉素属繁殖期杀菌剂，后者属静止期杀菌剂，青霉素能破坏细菌细胞壁的完整性，有利于氨基糖苷类进入细菌体内发挥作用，可提高后者在菌体内的浓度，故呈现协同（$1+1>2$）作用。可分别肌注，但不能混合于同一针管或同瓶滴注，否则导致两者抗菌活性降低。

（2）青霉素不宜与红霉素、四环素类、氯霉素类（如氟苯尼考）等快效抑菌药合用，因为快效抑菌药对青霉素的杀菌活性有干扰作用。

（3）重金属离子（尤其是铜离子、锌离子、汞离子）、醇类（如酒精）、酸、碱、碘（如碘酊）、氧化剂（如高锰酸钾）、还原剂、呈酸性的葡萄糖注射液或四环素注射液等可破坏青霉素的活性，属配伍禁忌。

（4）青霉素钠水溶液与一些酸性、碱性、氧化剂、还原剂药物溶液（如头孢噻吩、氯丙嗪、林可霉素、去甲肾上腺素、土霉素、四环素、磺胺嘧啶钠及磺胺药钠盐、碳酸氢钠、阿托品、B 族维生素及维生素 C）不宜混合，否则可产生浑浊、絮状物或沉淀，使青霉素减效或失效。青霉素一定要单独注射。为贪图省事，用磺胺嘧啶钠或安乃近稀释青霉素或与其他药物混合注射的做法是错误的。

四、不良反应

青霉素的毒性低、安全范围广，在抗重症感染时，可作为紧急用药，较大剂量反复使用，主要的不良反应如下。

① 过敏反应，包括严重的过敏性休克。猪主要表现为注射不久即出现不安、流涎、挣脱、奔跑、心跳加快、呼吸困难、发绀、肌肉震颤、大小便失禁、站立不稳、抽搐等症状，应立即肌注 0.1% 肾上腺素（1～2 毫升）抢救，对于临床无改善者，30 分钟后重复注射一次。

② 大剂量静脉滴注，可致青霉素脑病，出现抽搐等神经症状。

③ 二重感染。可诱发耐青霉素金黄色葡萄球菌、G^- 杆菌或念珠菌等感染。用药期间，如出现严重的持续腹泻，可能是假膜性肠炎，应立即停药。

五、常用品种的临床应用

1. 注射用青霉素钠（钾）

（1）作用与用途　青霉素适用于治疗或预防敏感菌所致的各种局部和全身性的感染。有些急性传染病综合征特别适宜用青霉素治疗，如各种呼吸道感染、乳腺炎、子宫炎、肺炎、败血症、脓肿等。为以下感染的首选药物：①链球菌感染，如急性败血症、乳腺炎、肺炎、脑膜炎、关节炎、淋巴结炎、中耳炎、产褥热等；②葡萄球菌感染，如各种化脓性疾病、蜂窝织炎、乳腺炎、子宫炎、呼吸道感染、败血症、渗出性皮炎等；③猪丹毒；④破伤风（宜与破伤风抗毒素合用）；⑤钩端螺旋体。此外，也可用于治疗猪放线杆菌病、化脓性隐秘杆菌病、李氏杆菌病、多杀性巴氏杆菌病（猪肺疫）、C 型产气夹膜梭菌病（又名魏氏梭菌，引起仔猪红痢）等。在手术和术后，为了预防炎症的发生，青霉素也作为首选药物。

（2）用法与用量　肌注，一次量，体重 50 千克以上，每千克体重 4 万单位；体重 50 千克以下，每千克体重 5 万单位，每 8～12 小时注射一次，连用 2～3 天。临用前用灭菌注射用水稀释溶解，具体方法是：每 50 万单位青霉素钠溶解于 1 毫升灭菌注射用水。对危急病例，可用生理盐水稀释至每毫升含 1 万单位的溶液静脉注射或滴注（禁用 5％葡萄糖注射液稀释，否则将破坏其活性），严禁将碱性药液（如碳酸氢钠等）与其配伍。

（3）注意事项

① 本品不耐酸，内服无效。

② 青霉素钠（钾）水溶液易分解失效，因此要现配现用。如果一次用不完，可储存在冰箱保鲜层（4～8℃）当日用完。

③ 慎用大剂量青霉素钾静脉注射，防止出现高钾血症。

④ 不应随意加大剂量。大剂量或超大剂量静脉滴注青霉素类抗生素，可干扰凝血机制而造成出血或引起中枢神经系统中毒，导致动物抽搐、大小便失禁、甚至瘫痪等症状。也可使耐药菌迅速产生分解青霉素的 β-内酰胺酶。所以应严格掌握正确的剂量，不要随意加大剂量来对待抗药菌，而应换用其他有效的抗菌药物或联合用药。

2. 注射用氨苄西林钠（氨苄青霉素、氨苄西林）

（1）作用与用途　用于各种敏感菌引起的全身性感染，如大肠杆菌、沙门菌、巴氏杆菌、嗜血杆菌属、葡萄球菌、链球菌、脑膜炎球菌、化脓性隐秘杆菌等引起的肺部、肠道、尿路感染和败血症、乳腺炎、子宫炎、猪传染性胸膜肺炎、副猪嗜血杆菌病等。

（2）用法与用量　肌注、静注，一次量，每千克体重 10～20毫克，2～3 次/天，连用 2～3 天。

（3）注意事项

① 对青霉素酶敏感，不宜用于耐青霉素的 G^+ 菌感染。

② 现用现配，当日用完。

③ 本品与庆大霉素等氨基糖苷类或头孢菌素类联用可引起协同作用，用于严重感染，但不能混合在同一针管内使用。

④ 本品还与下列药物有配伍禁忌：氨基糖苷类、林可霉素、氟苯尼考、泰妙菌素、土霉素、四环素、金霉素、多黏菌素、红霉素、氯丙嗪、碳酸氢钠、葡萄糖酸钙、氯化钙、肾上腺类、B 族维生素、维生素 C、磺胺类药物。

⑤其他同注射用青霉素钠。

3. 注射用舒巴坦钠-氨苄西林钠

（1）作用与用途　同注射用氨苄西林钠，主要用于敏感菌引起的肺部、肠道、尿路感染和败血症。

（2）用法与用量　肌注，一次量，每千克体重 10 毫克，2 次/天，连用 3～5 天。

（3）注意事项　同注射用氨苄西林钠。

4. 阿莫西林可溶性粉（羟氨苄青霉素）

（1）作用与用途　适用于 G^+ 菌和 G^- 敏感菌所致的呼吸系统、泌尿系统、皮肤及软组织等全身感染。如巴氏杆菌病（猪肺疫）、大肠杆菌病（仔猪黄痢和白痢、仔猪水肿病）、沙门菌病（仔猪副伤寒）、嗜血杆菌、葡萄球菌、链球菌感染等。

（2）用法与用量　以阿莫西林计。内服，一次量，每千克体重 20 毫克，2 次/天，连用 5 天。猪混饲，每吨饲料 200～300 克，连续用药 5～10 天。

5. 注射用阿莫西林钠（羟氨苄青霉素）

（1）作用与用途　主要适用于对青霉素敏感的 G^+ 菌和 G^- 敏感菌引起的呼吸道、消化道、泌尿生殖道等感染，如大肠杆菌病、副伤寒、猪肺疫、传染性胸膜肺炎、副猪嗜血杆菌病、萎缩性鼻炎、细菌性肺炎、败血症、链球菌病、葡萄球菌病及多种细菌引起的皮炎和软组织感染均有显著疗效。与地塞米松合用治疗乳房炎、子宫炎、肾盂肾炎及泌乳障碍综合征等疗效极佳。

（2）用法与用量　静注或肌注，一次量，每千克体重 10～15

毫克，2次/天，连用3～5天。

（3）注意事项　阿莫西林与喹诺酮类、氨基糖苷类抗菌药物联合应用，有协同或相加作用。但与四环素类、氟苯尼考、大环内酯类及林可霉素联用，可能发生拮抗作用。其他参见注射用氨苄西林钠。

第二节　头孢菌素类

头孢菌素类为半合成广谱抗生素，又称先锋霉素类抗生素，其化学结构中含β-内酰胺环，与青霉素类共称为β-内酰胺类抗生素。头孢菌素与青霉素相比，具有抗菌谱广、耐青霉素酶、疗效高、过敏反应少等优点，在抗感染治疗中，占有十分重要的地位。目前头孢菌素已从第一代发展到第四代，同时其抗菌范围和抗菌活性也在不断扩大和增强。

一、分类

根据开发年代、抗菌谱、抗菌作用、对β-内酰胺酶的稳定性以及对革兰阴性（G^-）杆菌抗菌活性的差异，可将头孢菌素分为第一、二、三、四代。

第一代头孢菌素的抗菌谱与广谱青霉素（氨苄西林、阿莫西林）相似。虽对青霉素酶稳定，但仍可被多数G^-菌产生的β-内酰胺酶所分解。因此，主要用于革兰阳性（G^+）菌（链球菌、产酶葡萄球菌等）和少数G^-菌（大肠杆菌、嗜血杆菌、沙门菌等）的感染治疗。常用的有注射用头孢噻吩（先锋霉素Ⅰ）、头孢唑啉（头孢霉素Ⅴ）以及内服用的头孢氨苄（先锋霉素Ⅳ）、头孢拉定（Ⅵ）、头孢羟氨苄等，需要注意的是，该类产品对肾脏毒性较大。

第二代头孢菌素对G^+菌的活性与第一代相似或稍弱，但抗菌谱较广，对G^-菌的抗菌活性增强，如头孢西丁等。

第三代头孢菌素的抗菌谱更广，对G^-菌（包括肠杆菌属、铜绿假单胞菌及厌氧菌）的作用比第二代进一步加强，但对金黄色葡萄球菌的活性不如第一代和第二代头孢菌素，如头孢噻肟、头孢曲松（头孢三嗪）、头孢噻呋、头孢喹诺等，对脑部感染亦有效，其中头孢噻呋和头孢喹诺为动物专用。

20 世纪 90 年代以后又有不少新头孢菌素问世，统称为第四代，抗菌谱比第三代更广，对 β-内酰胺酶稳定，对金黄色葡萄球菌等 G^+ 菌的作用有所增强，多数品种对铜绿假单胞菌有较强的作用。目前，医用头孢菌素有 30 多种，注射用主要品种有头孢吡肟（马斯平、头孢匹美）等，与氨基糖苷类抗生素有协同作用，适用于各种严重感染，如呼吸道感染、泌尿系统感染及败血症等，但价格昂贵，兽医临床应用不多，现多用于乳腺炎等局部感染的治疗。

头孢喹肟是动物专用的第一个第四代头孢菌素类抗生素，与第三代头孢菌素相比，抗菌谱更广，对 G^+ 球菌作用增强。较易穿透细菌的细胞外膜，特别是 G^- 杆菌的细胞外膜，比第三代头孢菌素的穿透力更强，因此能有更多的药物进入细菌体内。同时本品不容易被 β-内酰胺酶所水解，所以对产生这种酶的细菌有效，加强了抗菌能力。

除此之外，头孢喹肟抗菌谱广，克服了前三代头孢类抗生素对 G^+ 菌作用强、对 G^- 菌作用相对弱的缺点，对 G^+ 和 G^- 菌均有很强的杀灭作用，而且对铜绿假单胞菌有很强的抗菌活性。

小提示：头孢菌素类代的划分主要是根据产品问世年代的先后和药理性能的不同，这种分类并不表示第四代产品就比第三代产品好，第一、二代产品就属于淘汰产品，而是各有不同用途。

二、杀菌机理

本类抗生素属杀菌性抗生素，其作用机理与青霉素相似，也是通过与细菌细胞壁上的青霉素结合蛋白结合而抑制细菌细胞壁的合成，从而导致细菌死亡，为繁殖期杀菌剂。生长期的敏感菌分裂旺盛，细胞壁处于生物合成期，在本品的作用下，黏肽的合成受阻不能形成细胞壁，在渗透压的作用下，细胞膜破裂而导致死亡。

三、作用特点

头孢菌素具有杀菌作用强、抗菌谱广、对厌氧菌有高效杀菌作用、对胃酸和 β-内酰胺酶较稳定、耐青霉素酶、临床疗效高、毒性低、过敏反应比青霉素少等优点。对多数耐青霉素的细菌仍敏感，但与青霉素之间存在部分交叉耐药现象。头孢菌素与青霉素类、氨基糖苷类合用有协同作用。

四、常用品种的临床应用

1. 注射用头孢噻呋

（1）作用与用途　本品为半合成的第三代动物专用头孢菌素，具有广谱杀菌作用。一些研究者所做的头孢噻呋对兽医临床分离的数千株病原菌的抑菌实验结果表明，本药是抗菌活性最强的药物之一。对 G^+ 菌、G^- 菌（包括产 β-内酰胺酶菌）及一些厌氧菌均有效。敏感菌主要有多杀性巴氏杆菌、溶血性巴氏杆菌、胸膜肺炎放线杆菌、副猪嗜血杆菌、大肠杆菌、沙门菌、链球菌、葡萄球菌等，但支气管败血波氏杆菌、某些铜绿假单胞菌、肠球菌、衣原体耐药。本品抗菌活性比氨苄西林强，对链球菌的活性比氟喹诺酮类强。兽医临床主要用于 G^+ 和 G^- 菌感染，如猪胸膜肺炎放线杆菌、副猪嗜血杆菌、多杀性巴氏杆菌、大肠杆菌、猪霍乱沙门菌及链球菌等引起的感染及呼吸道病（猪细菌性肺炎）。注射本品后，15 分钟内可迅速被吸收，并有消除半衰期长的特点，对传染性胸膜肺炎及副猪嗜血杆菌病的疗效较阿莫西林、林可霉素-大观霉素（利高霉素）显著，建议首选。

（2）用法与用量　肌注，一次量，每千克体重 3～5 毫克，1次/天，连用 3～5 天。

（3）注意事项

① 与氨基糖苷类抗生素联用对某些特定菌有协同作用，但不能混合于同一注射器内，要分别肌注。

② 有一定肾毒性，肾毒性可因并用庆大霉素等而增强，对肾功能不全者要调整剂量。

③ 不宜与四环素类、氟苯尼考、大环内酯类、林可霉素等速效抑菌剂联用，以免发生拮抗作用，特别是在急性感染的微生物快速增殖时。

④ 现用现配。

⑤ 局部注射可能出现疼痛，应作深部肌注。

⑥ 可能引起胃肠道菌群紊乱或二重感染。

2. 5%盐酸头孢噻呋混悬注射液（商品名：辉瑞"速解灵"）

（1）作用与用途　主要用于猪呼吸道、消化系统和泌尿生殖系统细菌性感染。

（2）用法与用量　以头孢噻呋计。肌注，一次量，每千克体重3～5毫克，1次/天，连用3天。

（3）注意事项

① 使用前充分摇匀，不宜冷冻。第一次使用后需在14天内用完。

② 其他参见注射用头孢噻呋。

3. 注射用头孢噻呋钠

（1）作用与用途　主要用于猪各种敏感菌引起的全身感染，呼吸道、消化道、泌尿生殖道及皮肤、软组织感染，对肺部感染疗效确切，亦可用于治疗乳房炎和子宫炎。

① 全身感染：脑炎、胸膜肺炎、菌血症、败血症、皮肤、软组织化脓等重度感染。

② 烈性感染：猪链球菌、猪丹毒、猪肺疫等各种严重感染性疾病所引起的发热、败血症、全身肿胀、四肢关节炎等。

③ 呼吸道感染：猪传染性胸膜肺炎、副猪嗜血杆菌病、猪肺疫等引起的呼吸困难、咳嗽、气喘、缺氧发绀、肺及胸腔纤维素渗出，鼻端、耳朵发紫或呈腹式呼吸等症。

④ 泌尿生殖系统感染：乳房炎、阴道炎、子宫炎、产后感染、肾盂肾炎、产后泌乳障碍综合征等。

⑤ 外科手术感染及各种病毒性疾病引起的继发感染：如断奶仔猪多系统衰竭综合征（PMWS）、呼吸道病综合征（PRDC）等。

⑥ 消化系统感染：食欲下降，呕吐，腹泻，拉灰白或黄绿色、血红色粪便且恶臭。

（2）用法与用量　肌注，一次量，每千克体重10～20毫克，1次/天（重症病例追加一次），连用3～5天。

（3）注意事项

① 临用前用注射用水或生理盐水溶解，现用现配。

② 由于本品药物浓度高，稀释时应反复振摇，使其完全溶解。外界温度偏低时，可采用水溶法温热本品，使其迅速溶解。

③ 本品毒性低，使用安全范围大，在抗重症感染时，可作为紧急用药，较大剂量反复使用。

④ 本品静脉注射不宜过快，浓度不宜过高。

4. 头孢噻呋晶体注射液（商品名：辉瑞"易速达"）

（1）作用与用途　防治猪场细菌性呼吸道病，对由蓝耳病、圆环病毒病等引起的继发感染有效，一针注射，药效维持 7 天以上。

（2）用法与用量

① 治疗：由链球菌、胸膜肺炎放线杆菌、副猪嗜血杆菌、巴氏杆菌等引起的疾病，每 20 千克体重肌内注射 1 毫升。

② 保健：仔猪出生后 7～10 天，肌注 0.2 毫升；仔猪断奶时注射 0.3 毫升；断奶后视情况，按照每 20 千克体重肌注 1 毫升，进行群体保健或个体治疗。

5. 头孢喹诺混悬注射液（商品名：法国"施美芬"）

（1）作用与用途　为第三代动物专用头孢菌素，其抗菌谱广，抗菌活性强，其独特的分子结构使其能够快速地透过细菌细胞壁，完成抗菌作用，对各种 G^+ 菌、G^- 菌与链球菌、葡萄球菌、巴氏杆菌、副猪嗜血杆菌、胸膜肺炎放线杆菌、沙门菌、大肠杆菌等细菌性疾病有效，尤其适用于防治呼吸道混合感染，而且对铜绿假单胞菌有很强的抗菌活性。其动力学特点优良，吸收快，达峰时间短，生物利用率较高，可以在肺、乳腺等组织达到较高的组织浓度。并且毒性低，在动物的可食组织中残留较少。

（2）用法与用量　肌注，猪每千克体重 0.1 毫升，1 次/天，连用 3 天。

6. 注射用硫酸头孢喹肟

（1）作用与用途

① 头孢喹肟是世界上第一个动物专用第四代头孢菌素类抗生素，通过抑制细胞壁的合成达到杀菌效果，具有广谱的抗菌活性，对青霉素酶与 β-内酰胺酶稳定。对大多数 G^+ 和 G^- 菌，包括耐氨基糖苷类和耐第三代头孢菌素的菌株均有效。其抗菌作用保持了与第三代相似的抗 G^- 杆菌的作用，对 G^+ 菌的作用优于第三代头孢菌素。体外抑菌试验表明本品可抑制常见的 G^+ 和 G^- 菌，包括大肠杆菌、巴氏杆菌、沙门菌、变形杆菌、嗜血杆菌、化脓放线菌、芽孢杆菌属的细菌、棒状杆菌、金黄色葡萄球菌、链球菌、梭状芽

孢杆菌、梭杆菌属的细菌、放线杆菌和猪丹毒杆菌。

②本品口服不吸收。

③猪每千克体重肌内或皮下注射头孢喹肟2毫克，15～60分钟内，血药浓度达到峰值，血药峰浓度为5微克/毫升，血清除半衰期$t_{1/2}$为9小时。

④主治各种敏感菌所引起的呼吸道、消化道、泌尿道及软组织感染，对肺部感染疗效确切，亦可用于治疗乳房炎及子宫炎等。对全身感染、烈性感染、呼吸道感染、泌尿生殖系统感染、外科手术感染及各种病毒性疾病引起的继发感染、消化系统感染与注射用头孢噻呋钠相同。

（2）用法与用量　临用前，将本品用无菌注射用水或生理盐水稀释，现配现用。摇匀后肌注或静注。以头孢喹肟计，每千克体重5～10毫克，1次/天（重症病例可追加一次），连用3天。

（3）注意事项　本品不宜与氨基糖苷类、甲硝唑、氨苄西林、氨茶碱置于同一针管混合注射，因可能发生理化性质相互作用而减效。其他同注射用头孢噻呋钠。

第三节　氨基糖苷类

氨基糖苷类（氨基环醇类）曾称氨基糖甙类，是由链霉菌或小单孢菌产生或经半合成制得的一类水溶性的碱性抗生素。由链霉菌产生的有链霉素、新霉素、卡那霉素等，由小单孢菌产生的有庆大霉素、小诺霉素等，半合成品有阿米卡星（丁胺卡那霉素）等。它们在化学结构、抗菌活性、药理特点和毒性方面具有共性。由于抗菌活性强，至今仍是对革兰阴性（G^-）菌严重感染唯一有效和不可缺少的药物，在兽医临床上被广泛使用，在防治猪传染病方面发挥了重要作用。

一、分类

窄谱氨基糖苷类，包括链霉素和双氢链霉素，主要对抗需氧G^-菌。第一代广谱氨基糖苷类，包括卡那霉素、新霉素，抗菌谱比链霉素宽，对几种G^+菌和许多需氧G^-菌都有效，但不抗铜绿假单胞菌。第二代广谱氨基糖苷类以庆大霉素为代表，包括小诺霉素、阿米卡星，共同特征是对第一代品种无效的铜绿假单胞菌和部分耐药菌也有较强的抑杀作用。

二、杀菌机理及药物作用特点

　　氨基糖苷类的抗生素可作用于细菌蛋白质合成的多个重要环节，主要作用位点是与膜相关的细菌核糖体，它们通过与细菌核糖体 30S 亚基上的受体结合而抑制蛋白质合成的全过程，包括起始阶段、肽链延伸阶段、肽链终止阶段，可使细菌细胞膜通透性增强，导致细胞内钾离子、腺嘌呤、核苷酸等重要物质外漏，引起死亡。同时，高浓度的氨基糖苷类可能引起非特异性的膜毒性，甚至导致细菌细胞溶解。本类抗生素在敏感菌体内的积蓄是通过一系列复杂的步骤来完成的，包括需氧条件下的主动转运系统，故对厌氧菌无作用。本类抗生素对静止期细菌的杀灭作用较强，为静止期杀菌药，常用于控制敏感需氧 G⁻ 菌引起的局部和全身性感染，如败血症、肺炎、胃肠炎、尿道炎、皮肤和伤口等感染。

三、本类抗生素的共同特点

1. 属杀菌性抗生素

　　抗菌谱较广，对大多数需氧 G^- 杆菌，如大肠杆菌、巴氏杆菌、沙门菌、肠杆菌属、变形杆菌属等有强大的杀菌作用，对 G^+ 菌作用较弱，但对金黄色葡萄球菌（包括耐药菌株）较敏感。对链球菌作用较差，仅仅是中等程度敏感或者完全耐受。对多数厌氧菌、真菌、立克次体、病毒等无效。高浓度时呈杀菌作用；在低浓度下，所有氨基糖苷类仅有抑菌作用。严重感染时，可与青霉素类、头孢菌素类或氟喹诺酮类联合用药。

2. 均为有机碱

　　能与酸形成盐，制剂常为硫酸盐，其水溶性好，性质稳定，在碱性环境中抗菌作用较强，当 pH 值超过 8.4 时，抗菌作用反而减弱。

3. 杀菌作用呈浓度依赖性

　　近几年研究表明，本类药的抗菌活性依赖于细菌细胞外抗生素的有效浓度，其杀菌速率、杀菌持续时间及杀菌作用强度与药物浓度呈正比关系。在治疗 G^- 菌感染时，如果使血药峰浓度（c_{max}）

与最小抑菌浓度（MIC）的比值维持在 8～10 时，可达到最大杀菌率。在日剂量不变的情况下，单次给药可获得较一日多次给药更大的血药峰浓度，使 c_{max}/MIC 增大，从而明显提高抗菌活性和疗效，并可降低适应性耐药和耳、肾毒性的发生率，减少毒副作用和灌药、注射应激，所以多数情况下可采取每日只注射 1 次的办法，但剂量要按日剂量计算。对免疫抑制性疾病导致的混合感染，每日 2 次注射是有益的。

4. 具有明显初次接触效应及抗生素后效应（PAE）

即细菌与一定浓度的本类抗生素初次接触后，有强大的抗菌效应，只需要与细菌短时间接触就能杀死它们。当抗生素浓度下降至低于 MIC 或消失时，其对细菌生长仍有持续性抑制效应，幸存下来的细菌通常不能很快繁殖。同时，还能与机体免疫细胞产生协同杀菌作用，因此，处于 PAE 下的细菌更容易被白细胞吞噬。本类抗生素的 PAE 达 4～8 小时，PAE 也具浓度依赖性。高抗生素血药浓度加上 PAE，可大大提高抗生素的杀菌效力并能相应延长抗菌作用时间（可达 24 小时），故一般每日可 1 次给药。

5. 氨基糖苷类与青霉素类、头孢菌素类联合使用常呈协同作用

β-内酰胺类抗生素导致的细胞壁损伤，可增加细菌细胞对氨基糖苷类的摄取，因为细胞壁的损伤使药物更易接近细胞膜。其联用一般仅限于严重或混合感染以及致病菌不明的感染，但不能混合也不能同时注射，应先用 β-内酰胺类抗生素 30 分钟后再用本类抗生素。

6. 与氟喹诺酮类药物联用呈协同抗菌作用

但肾毒性增加，需减少剂量。

7. 内服极少吸收，只可作为肠道感染用药

由于脂溶性差，正常的胃肠道内服很难吸收（但肠炎时可有效地增加吸收），肠道内浓度较高，可作为肠道感染用药。口服庆大霉素或新霉素与阿托品、莨菪碱等药物合用，治疗仔猪白痢及腹泻效果好。

8. 治疗全身性感染必须注射给药

注射给药吸收迅速而完全，肌注后 0.5～1 小时内产生血药峰浓度，为避免血药浓度过高而导致不良反应，一般不主张静脉给药。本类药物在体内不被代谢，大部分以原形经肾脏排出，在尿中有较高浓度，适用于泌尿系统感染。由于不易通过血脑屏障，故不适用于脑部感染。腹腔内给药后吸收快速而大量，对脱水严重的危重病例，可将庆大霉素注射液加在5%葡萄糖氯化钠注射液20～40毫升中，进行腹腔注射。

9. 细菌对本类药物易产生耐药性

长期使用可逐渐产生耐药性，不同的氨基糖苷类品种间存在着部分或完全交叉耐药性，其耐药机制主要是因为细菌产生钝化酶，钝化或分解抗生素，其次是细菌细胞内染色体基因突变。

10. 严格掌握剂量及疗程

由于本类抗生素有不同程度的毒副作用，故应用时应特别注意，剂量要准确，不适宜长期给药。

11. 效价单位以质量计算

即1克（1000毫克）等于100万国际单位，1毫克等于1000国际单位。

四、毒副作用及不良反应

1. 肾毒性

本类抗生素主要经肾排泄，肾皮质药物浓度可超过血药浓度10～50倍，肾皮质内药物蓄积浓度越高，对肾毒性越大，其损害程度与剂量大小及疗程长短呈正比。主要损害近曲小管上皮细胞，表现为蛋白尿、血尿、尿频，严重时出现肾功能减退甚至无尿，肾毒性的早期变化或证据能在3～5天内被发现，更明显的体征要在7～10天内才能出现。为此，应尽量避免与肾毒性药物（如本类药物之间及多黏菌素、杆菌肽等）合用，同时应给病猪足量饮水。常用剂量下，各类损害发生率依次为：新霉素＞卡那霉素＞庆大霉素＝阿米卡星＞链霉素＞小诺霉素。

2. 耳毒性

损害第8对脑神经，可表现为前庭功能失调及耳蜗神经损害。前庭的损伤导致呕吐、眼球震颤、共济运动失调和翻正反射消失等。发生率依次为新霉素＞卡那霉素＞链霉素＞阿米卡星＞庆大霉素。由于氨基糖苷类能透过胎盘进入胎儿体内，故孕猪注射本类药物可能引起新生仔猪的听觉受损或产生肾毒性。

3. 神经肌肉阻滞作用

本类药物可抑制乙酰胆碱的释放，并与钙离子络合加重神经肌肉传导的阻滞作用，症状为肌肉无力与麻痹、四肢瘫痪、心肌抑制和呼吸衰竭与暂停。新霉素、链霉素和卡那霉素较常发生，此毒性反应常被误诊为过敏性休克，抢救时应立即静注钙制剂或新斯的明解救。

4. 过敏反应

偶尔引起皮疹、血管神经性水肿、发热等，也可引起过敏性休克，尤其是链霉素。一旦发生，应静注钙剂或肌注肾上腺素、地塞米松急救。

5. 内服的毒副作用

可能损害肠绒毛而影响肠道对脂肪、蛋白质、糖、铁等的吸收。亦可引起肠道菌群失调，发生厌氧菌或真菌的二重感染。

6. 其他形式的毒副作用

包括白细胞减少、贫血、中枢神经系统的紊乱，甚至惊厥。

五、药物相互作用及使用注意事项

1. 本类药物与 β-内酰胺类抗生素联用有较好协同作用但不能混合注射

作为"繁殖期杀菌剂"的青霉素类、头孢菌素类，能破坏细菌细胞壁，有利于"静止期杀菌剂"的氨基糖苷类抗生素进入细胞体内而发挥杀菌作用，是处理混合感染、危重感染、免疫抑制感染以及致病菌不明感染联合用药的常用品种。常用的有：庆大霉素、卡那霉素、链霉素等与青霉素、氨苄西林钠、阿莫西林、头孢噻呋、头孢喹肟等联用，相互协同，增强疗效。如青霉素＋庆大霉素＋地塞米松治疗猪链球菌病、猪急性乳腺炎以及敏感细菌混合感染的疗效较高；氨基糖苷类与青霉素或氨苄西林联用治疗猪李氏杆菌病，与头孢菌素类联用治疗肺炎杆菌；庆大霉素与阿莫西林联用治疗铜绿假单胞菌等。但用药剂量应基本平衡，过大剂量的青霉素或其他半合成青霉素均可使氨基糖苷类活性降低。另外，本类药物体外与

β-内酰胺类抗生素配伍时可使前者灭活，因此不宜与含有青霉素类、头孢菌素类抗生素的溶液混合应用。切记，联用不等于可以混合注射，如庆大霉素在静脉输液中与阿莫西林混合，则会使庆大霉素血浓度显著降低而减效，尤其是对肾病严重的病猪，这可能是因为氨基糖苷类的氨基与 β-内酰胺环之间形成无生物活性的酰胺，使庆大霉素被灭活。可分别肌注，或庆大霉素肌注，阿莫西林静注。

2. 抗菌增效剂甲氧苄氨嘧啶（TMP）可增强本类抗生素的作用

TMP 抗菌谱较广，抗菌作用较强，对多数 G^+ 菌和 G^- 菌均有抗菌作用，以 1：5 与某些抗生素配伍合用，如 TMP＋庆大霉素、TMP＋阿米卡星有明显协同作用，既可拓展抗菌谱，减少耐药菌株产生，又可降低两者用量，提高疗效。

3. 本类药物在碱性环境中抗菌作用较强

可与碱性药物（如碳酸氢钠、氨茶碱等）联用，可增强抗菌效力，但毒性也相应增强。碱性药物与庆大霉素联合应用于静脉滴注时，则应分开进行，以免中毒。

4. 氨基糖苷类药物之间不可联用

本类抗生素对肾脏及第 8 对脑神经都具有不同程度的毒性及神经肌内阻滞作用。如果用庆大霉素，就不能再同时联用卡那霉素或阿米卡星或链霉素等，只能用本类抗生素中的一种，但可以与没有药理性配伍禁忌的其他类抗生素或抗菌药联用。

5. 应尽量避免与其他有潜在肾、耳毒性的药物合用

多黏菌素、甘露醇、右旋糖酐可能加强本类药物的肾毒性，与头孢菌素、红霉素等联合应用可能会增强本类药物的耳毒性。

6. 配伍禁忌

临床应用时应尽量不与 Ca^{2+}、Mg^{2+}、Na^+、MH_4^+、K^+ 等阳离子以及维生素 C 配合使用，以免抑制本类药物的抗菌活性。药敏试验时，培养基中应注意这些阳离子的浓度。与磺胺类或双黄连注射液混用将产生浑浊与沉淀。

六、常用品种的临床应用

氨基糖苷类抗生素主要用于敏感需氧革兰阴性（G^-）杆菌所

致的全身感染，但严重感染需与 β-内酰胺类抗生素或氟喹诺酮类联合应用。目前兽医临床上常用的有以下几种。

1. 硫酸链霉素

（1）作用与用途　本品内服极少吸收，只对肠道感染有效。治疗急性全身感染多采用肌注。临床上主要用于治疗各种革兰阴性菌引起的局部和全身急性感染，如呼吸道感染（肺炎、支气管炎）、泌尿道感染、巴氏杆菌引起的猪肺疫、猪放线菌病、钩端螺旋体病、细菌性胃肠炎、仔猪黄白痢、乳腺炎、子宫炎、败血症、膀胱炎等以及皮肤和伤口感染。

（2）制剂及用法用量　注射用硫酸链霉素的效价单位以质量计算，即1克（1000毫克）链霉素等于100万国际单位。肌注，一次量，每千克体重10～15毫克，2次/天；或每千克体重20～30毫克，1次/天，连用2～3天。临用前用灭菌注射用水适量使其溶解，现用现配。

2. 硫酸卡那霉素

（1）作用与用途　内服用于治疗敏感菌所致的肠道感染，如仔猪白痢、仔猪副伤寒等。肌注用于需氧 G^- 菌和耐青霉素的金黄色葡萄球菌等敏感菌所致的各种严重感染，如败血症、呼吸道感染、泌尿生殖道感染、乳腺炎、皮肤和软组织感染等，对猪气喘病及萎缩性鼻炎有改善症状的功效。

（2）制剂及用法用量　硫酸卡那霉素注射液或注射用硫酸卡那霉素。肌注，一次量，每千克体重10～15毫克，2次/天；或每千克体重20～30毫克，1次/天，连用3～5天。

（3）注意事项　本品耳毒性、肾毒性较大，仅次于新霉素，细菌易耐药，限制了临床应用。

3. 硫酸庆大霉素（又称正泰霉素、艮他霉素）

（1）作用与用途　用于治疗 G^- 菌和 G^+ 敏感菌引起的败血症、呼吸道感染、胃肠道感染（包括腹膜炎）、泌尿生殖系统感染、乳腺炎、子宫炎及皮肤、软组织等严重感染。内服不吸收，用于肠道感染。主要用于猪巴氏杆菌病（猪肺疫）、仔猪白痢、猪链球菌病等的全身治疗。对于严重全身感染或大肠杆菌性、金黄色葡萄球菌性或链球菌性乳腺炎，本品可与青霉素、头孢菌素、地塞米松等联用，治愈率较高。

（2）制剂及用法用量　硫酸庆大霉素可溶性粉（片）、硫酸庆大霉素注射液。本品效价以质量计算，1克（1000毫克）等于100万单位，1毫克=0.1万单位。内服，一次量，每千克体重仔猪5毫克，2次/天。肌注，一次量，每千克体重2~4毫克（0.2万~0.4万单位），2次/天；或每千克体重4~8毫克，1次/天，连用2~3天。

4. 硫酸庆大霉素-小诺霉素

（1）作用与用途　用于 G^- 和 G^+ 敏感菌感染，如败血症、呼吸道感染、消化道感染、泌尿生殖道感染，对猪气喘病也有一定疗效。

（2）制剂及用法用量　肌注，一次量，每千克体重1~2毫克，2次/天，连用2~3天。

5. 硫酸阿米卡星（丁胺卡那霉素）

（1）作用与用途　主要用于各种敏感菌引起的菌血症、败血症、呼吸道感染、腹膜炎以及各种感染。尤其适用于 G^- 杆菌中对卡那霉素、庆大霉素或其他氨基糖苷类耐药菌株所引起的感染。也可子宫灌注，治疗子宫内膜炎和子宫蓄脓。

（2）制剂及用法用量　注射用硫酸阿米卡星，肌注，一次量，每千克体重10~15毫克，2次/天，连用2~3天；或1次/天，剂量加倍。

6. 硫酸新霉素（弗氏霉素）

（1）作用与用途　通常内服或局部给药。内服给药后很少吸收，在肠道内呈现抗菌作用，主要用于治疗 G^- 菌所致的胃肠道感染，如仔猪白痢等。局部用药对葡萄球菌和 G^- 杆菌引起的皮肤创伤、眼和耳感染及子宫内膜炎等有良好疗效。

（2）用法与用量

① 内服，一次量，每千克体重7~12毫克，2次/天，连用3~5天。

② 局部用药：0.5%新霉素滴眼液，滴入眼睑，3次/天，连用3~5天；0.5%~2%硫酸新霉素溶液、软膏，搽患处，3次/天。

③ 混饲：3~8周龄，以硫酸新霉素计，每吨饲料添加77~

150 克，一般连用 5～7 天。

④ 亦可自配硫酸新霉素、甲溴东莨菪碱溶液。取硫酸新霉素可溶性粉（规格，100 克：32.5 克）80 克，东莨菪碱片（5 毫克/片）25 片，口服补液盐 13.75 克，凉开水 500 毫升。此溶液每 1 毫升含新霉素 50 毫克与东莨菪碱 0.25 毫克，用于治疗 G^- 菌引起的仔猪腹泻。内服，一次量，仔猪体重 5 千克以下用 1 毫升，仔猪体重 5～10 千克用 2 毫升，2 次/天，连用 2～3 天。

⑤ 自制新霉素软膏：取硫酸新霉素可溶性粉（规格，100 克：32.5 克）10 克，凡士林 90 克，搅拌均匀制成软膏涂擦，用于仔猪渗出性皮炎。

7. 盐酸大观霉素（壮观霉素、奇放线菌素）

（1）**作用与用途**　用于治疗 G^- 菌、支原体及支原体与细菌的合并感染。主要用于防治仔猪大肠杆菌、沙门菌、巴氏杆菌、支原体感染。

（2）**药物相互作用**　本品可与林可霉素合用，对 G^+ 菌和 G^- 菌均有高效抗菌作用，并可显著增强对支原体的抗菌活性，主要用于控制大肠杆菌、沙门菌引起的猪下痢、细菌性肠炎、支原体病及支原体与细菌合并感染。

（3）**不良反应**　本品毒性相对较小，很少引起肾及耳毒性。但同其他氨基糖苷类一样，可引起神经肌肉阻断作用，注射钙剂可解救。

（4）**用法与用量**　内服，一次量，仔猪每千克体重 20 毫克，2 次/天，连用 3～5 天。肌注，一次量，每千克体重 10 毫克，2 次/天，连用 3～5 天。

（5）**注意事项**　本品不能与氟苯尼考或四环素合用，呈拮抗作用。

8. 硫酸安普霉素（阿普拉霉素、阿布拉霉素）

（1）**作用与用途**　用于治疗 G^- 菌引起的肠道感染及密螺旋体、支原体感染。

（2）**制剂及用法用量**　硫酸安普霉素可溶性粉，口服，每千克体重 20～40 毫克，1 次/天，连用 5 天。注射用硫酸安普霉素，肌注，一次量，每千克体重 20 毫克，2 次/天，连用 3 天。以硫酸安普霉素计，可溶性粉混饮，每千克体重 12.5 毫克，连用 7 天；硫酸安普霉素预混剂，混饲，每吨饲料 80～100 克，连用 7 天。

（3）注意事项　本品遇铁锈易失效，混饲机械要注意防锈；也不宜与微量元素制剂相混合；饮水给药必须当天配制。

9. 盐酸林可霉素、硫酸大观霉素可溶性粉

（1）规格　1000 克：林可霉素 222 克与大观霉素 444 克。

（2）作用与用途　林可霉素对革兰阳性菌和支原体有抑制作用，大观霉素对革兰阴性菌和支原体有抑制作用。本品对 G^+ 菌和 G^- 菌均有抗菌作用，抗菌活性和范围比单用一种明显扩大和增强，对支原体也有明显效用。用于防治大肠杆菌及沙门菌引起的感染、支原体肺炎、猪呼吸道病综合征（PRDC）和密螺旋体性痢疾等。

（3）用法与用量

① 以本品计，内服，一次量，每千克体重 10 毫克，2 次/天，连用 3 天为一疗程；

② 混饮，每升水 150 毫克，现配现用。

③ 混饲，每吨饲料分别添加本品：乳猪，1000 克，全期添加；断奶仔猪，500～1000 克，断奶前后连用 2 周；生长育肥猪，250～500 克，连用 1～2 周；怀孕母猪，250～500 克，产前 1 周、产后 1 周，连用 2 周。

10. 盐酸林可霉素、硫酸大观霉素预混剂

（1）规格　100 克：林可霉素 2.2 克与大观霉素 2.2 克。

（2）作用与用途　同盐酸林可霉素、硫酸大观霉素可溶性粉，用于防治猪沙门菌及大肠杆菌性肠炎、猪气喘病和密螺旋体性痢疾等，疗效较泰乐菌素强。

（3）用法与用量　以本品计，混饲，每吨饲料 1000～2000 克，连用 2 周。怀孕猪产前 7～10 天至产后 7～10 天，连续饲喂，可减少母猪产后乳腺炎、子宫炎及泌乳障碍综合征（PPDS）和仔猪死亡。

第四节　四环素类

四环素类抗生素是从链霉菌培养液中提取或经半合成而制得的

抗菌特性和抗菌谱相似的一类碱性广谱抗生素，因分子结构中有 4 个环而得名，故称四环素族。除对大多数革兰阳性（G^+）菌和阴性（G^-）菌有抑制作用外（高浓度时有杀菌作用），还对立克次体、衣原体、支原体、附红细胞体、螺旋体、放线菌及某些原虫等均有抑制作用，故称广谱抗生素。但对铜绿假单胞菌、变形杆菌、棒状杆菌、克雷伯菌通常是耐药的，对真菌、病毒无效。

一、分类

四环素类可分为天然品和半合成品。天然品包括金霉素、土霉素和四环素；半合成品有多西环素（又称强力霉素）等。按抗菌活性由强至弱依次为多西环素＞金霉素＞四环素＞土霉素。本类药物对 G^+ 菌的作用优于 G^- 菌。金霉素对葡萄球菌等 G^+ 菌的作用较四环素强，土霉素对一般细菌的作用比不上四环素，而四环素对大肠杆菌及变形杆菌等 G^- 菌的作用较好。

二、杀菌机理及药理作用特点

1. 本类药物属快效抑菌剂

四环素抗生素作用机理与氨基糖苷类相似，能更有效地对抗繁殖中的细菌。药物进入菌体后，可逆性地与细菌核糖体 30S 亚基上的受体结合，阻止肽链延长从而抑制蛋白合成，使细菌的生长繁殖迅速受到抑制。此外，亦可改变细菌细胞膜通透性，导致胞内核苷酸和其他重要成分外漏，迅速抑制 DNA 的复制。

本类药对葡萄球菌、溶血性链球菌、破伤风梭菌等 G^+ 菌作用较强，但不如青霉素类和头孢菌素类；对大肠杆菌、沙门菌、巴氏杆菌和布氏杆菌等 G^- 菌作用较强，但不如氨基糖苷类和氯霉素类。主要用于治疗全身和局部感染，如支原体肺炎（猪气喘病）、猪嗜血支原体病（猪附红细胞体病）、巴氏杆菌病（猪肺疫）、大肠杆菌病（仔猪黄痢、仔猪白痢、水肿病）、急性呼吸道感染、细菌性肠炎、子宫炎、坏死杆菌病等。

2. 细菌对本类抗生素产生颇为严重的耐药性

四环素类早在 20 世纪 60～70 年代即广泛应用。由于兽医临床上的滥用，一些常见病原菌的耐药率很高，因而目前其临床疗效有所降低。细菌通过降低对药物的主动转运和增强主动外排而对本类药物耐药，还可通过一种胞浆蛋白在蛋白质合成过程中保护核糖体而耐药。天然的四环素类药物之间存在交叉耐药性，但与半合成的四环素类药物之间交叉耐药性不明显。

3. 均为酸碱两性化合物

可与碱或酸结合成盐，在碱性环境中易降解失效，在酸性环境中则较稳定，故临床上一般用其盐酸盐，水溶液具明显酸性。注射剂遇中性及碱性溶液时发生分解而失效，遇生物碱则沉淀而失效，因此不要与其他药物混合使用。

四环素、土霉素等盐类，口服能吸收，但不完全，为60%～80%；而土霉素碱吸收更差；金霉素吸收较差，仅为35%；强力霉素可充分被吸收，约90%。

三、毒副作用及不良反应

1. 局部刺激作用

本类药物的盐酸盐水溶液为强酸性，有较强的刺激性，内服后对消化道黏膜有直接刺激，引起厌食、呕吐、腹泻等症状；肌注可引起局部肿胀、疼痛、炎症和坏死；静注可引起静脉炎。这些刺激性，以金霉素最强，土霉素次之，四环素最轻。除土霉素外，本类药物不宜肌注，静脉注射宜用稀溶液，缓慢滴注。不同土霉素制剂对组织的刺激强度相差较大，浓度为20%的长效土霉素对组织的刺激性特别强，其长效作用与其在注射部位缓慢释放有关。

2. 长期或大剂量用药可引起二重感染

四环素较常见，由于肠道菌群紊乱和正常菌群减少，轻者出现维生素缺乏症，重者引起真菌繁殖或由于细菌产生耐药性致使葡萄球菌、大肠杆菌、沙门菌等趁机大量繁殖，从而继发二重感染，严重者引起败血症而死亡。在用药期间，如出现腹泻、肺炎或原因不明的发烧时，应立即考虑到二重感染的可能性，应立即停药。

3. 四环素易透过胎盘和进入乳汁

与钙结合，影响胎儿、仔猪的骨骼、牙齿生长，因此怀孕和哺乳母猪禁用。

4. 本类药物对肝、肾细胞有毒效应

长期或过量使用（尤其是金霉素）或大剂量静注，可致严重的

肝损害，肝肿大、变性、坏死等。同时，可引起剂量依赖性肾脏功能改变。为此，肝、肾功能严重不良的禁用本类药。

5. 抗代谢作用

可引起氮血症，而且可因类固醇类药物的存在而加剧，还可引起代谢性酸中毒及电解质失衡。

四、药物相互作用及注意事项

（1）四环素属快效抑菌药，可干扰青霉素类和头孢类抗生素对繁殖期细菌的杀菌作用，应避免同用。

（2）与泰乐菌素等大环内酯类或多黏菌素合用呈协同作用。

（3）与氟苯尼考或抗菌增效剂 TMP 合用，呈相加作用。

（4）能与二价、三价阳离子等形成络合物而难吸收，本类药物是络合剂，当它们与含钙、镁、铝等抗酸药及白陶土、含铁的药物（包括中草药）同服时，会形成不溶性络合物而减少吸收，造成血药浓度降低。

（5）注意事项：①不宜与碳酸氢钠同服，同服后，吸收减少，活性降低；②不宜与氨茶碱等生物碱混合注射，否则将分解失效；③土霉素不能与喹乙醇合用；④禁与 B 族维生素混用并应避光保存；⑤不要用林格液稀释粉针，防止与钙离子结合。

五、常用品种的临床应用

1. 土霉素（氧四环素）

（1）作用与用途　可用于防治大肠杆菌引起的仔猪黄痢和白痢、沙门菌引起的仔猪副伤寒、多杀性巴氏杆菌引起的猪肺疫、支原体引起的支原体肺炎（猪气喘病）、猪附红细胞体病及敏感菌引起的急性呼吸道及泌尿道感染。对放线菌病、钩端螺旋体病等也有一定疗效。还可局部用于坏死杆菌所致的坏死、子宫蓄脓、子宫内膜炎等。亦常用作饲料药物添加剂，除可一定程度地防治疫病外，还能改善饲料利用率和促生长。

（2）用法与用量

① 土霉素片（粉），内服，一次量，每千克体重 10～20 毫克，2～3 次/天，连用 3～5 天。

② 土霉素注射液，肌注，一次量，每千克体重 10～20 毫克

（效价），1 天/次，连用 2～3 天。

③ 20%长效土霉素注射液，肌注，一次量，每千克体重 20 毫克，一般每 2 天注射一次，重症每天一次，连用 3～5 次。

④ 注射用盐酸土霉素，静注，一次量，每千克体重 5～10 毫克，2 次/天，连用 2～3 天。

⑤ 盐酸土霉素粉（以有效成分计），每吨饲料添加：促生长 50～100 克，防病 100～200 克，治疗 200～400 克，连用 7～10 天。

⑥ 20%饲用土霉素钙，混饲，每吨饲料添加 250～500 克，连用 7～10 天。

（3）注意事项

① 肌注要分点深部肌内注射，一个部位不要超过 10 毫升。

② 本品不可与青霉素类、头孢素类、氟喹诺酮类等快效杀菌药联用，以免使后者减效。

③ 不宜与其他药物混合注射，以免产生沉淀或降效。

2. 四环素

（1）作用与用途　可用于治疗某些 G^+ 和 G^- 菌、支原体、立克次体、螺旋体、衣原体等感染。

（2）用法与用量

① 四环素片，内服，一次量，每千克体重 10～25 毫克，2～3 次/天，连用 3～5 天。

② 注射用盐酸四环素，静注，一次量，每千克体重 5～10 毫克，2 次/天，连用 2～3 天。

（3）注意事项

① 禁忌快速静注，防止引起突然虚脱。

② 其他同土霉素的注意事项②、③。

3. 盐酸金霉素（盐酸氯四环素）

（1）作用与用途　用于治疗肺炎、出血性败血症、乳腺炎、钩端螺旋体和急性细菌性肠炎等。

（2）用法与用量

① 内服，一次量，每千克体重 10～20 毫克，2 次/天，连用 2～3 天。

② 注射用盐酸金霉素，静注，一次量，每千克体重 5～10 毫克，临用时用专用溶剂（甘氨酸钠）稀释。

③ 混饲，4 月龄以内猪，每吨饲料添加 15％饲料级金霉素预混剂 200～500 克，用于促生长；80％泰妙菌素（枝原净）预混剂 125 克＋15％金霉素预混剂 2000 克，于仔猪断奶后饲喂 10～14 天，有利于控制呼吸道疾病综合征及增生性肠炎等。

4. 盐酸多西环素（盐酸强力霉素、脱氧土霉素）

（1）作用与用途　用于治疗 G^+、G^- 菌和支原体引起的感染性疾病，如巴氏杆菌病、布氏杆菌病、大肠杆菌病、沙门菌病、猪螺旋体病、猪支原体肺炎、猪附红细胞体病等。本品对呼吸道感染除有抗菌作用外，还有一定祛痰、镇咳、平喘等对症治疗作用。

（2）用法与用量

① 盐酸多西环素片，内服，一次量，每千克体重 3～5 毫克，1 次/天，连用 3～5 天。

② 注射用盐酸强力霉素粉针，静注，一次量，每千克体重 5 毫克，用 5％葡萄糖注射液配制成 0.1％以下浓度，缓慢注入，不可漏于皮下，1 次/天，连用 3～5 天。

③ 长效盐酸多西环素注射液，肌注，一次量，每千克体重 10 毫克，1 次/天，连用 3～5 天。

④ 混饲，盐酸强力霉素粉（以有效成分计），每吨饲料添加 150～200 克，连用 5～7 天。或与有协同作用的其他抗生素联用。

第五节　大环内酯类

大环内酯类是由链霉菌产生或半合成的一类弱碱性抗生素，因具有 14～16 元环内酯结构，故称大环内酯类抗生素。主要对革兰阳性（G^+）菌、某些革兰阴性（G^-）球菌及支原体有良好抗菌作用。自 1952 年发现红霉素以来，已有竹桃霉素、螺旋霉素、吉他霉素、麦迪霉素、交沙霉素及它们的衍生物问世。近年来又开发出罗红霉素、阿奇霉素和克拉霉素等新品种。动物专用品种有泰乐菌素、替米考星、乙酰异戊酰泰乐菌素（又名泰万菌素、万乐霉素）、泰拉霉素等。大环内酯类对很多临床常用抗生素的耐药菌株有较好疗效，毒性低，无严重的不良反应。但本类抗生素之间有不完全的交叉耐药性。

一、抗菌特性与抗菌机理

1. 属高效抑菌剂

抗菌谱和抗菌活性基本相似，抗菌谱同青霉素且较其抗菌谱广，主要对多数 G^+ 菌、G^- 球菌、厌氧菌及军团菌、支原体、衣原体、螺旋体有良好作用，对 G^+ 菌比 G^- 菌更有效。对多数 G^+ 菌如链球菌、金黄色葡萄球菌、肺炎球菌、丹毒杆菌、李氏杆菌、棒状杆菌等有较强的抗菌作用；对 G^- 菌中的巴氏杆菌、布氏杆菌、嗜血杆菌属、放线菌属、流感杆菌等也有一定的作用，肠杆菌种（铜绿假单胞菌、大肠杆菌、克雷伯菌等）的大部分菌株耐药。在兽医临床上主要用于控制猪痢疾、猪增生性肠炎等消化系统感染，肺炎支原体以及耐青霉素的金黄色葡萄球菌、链球菌等敏感菌所引起的肺炎、败血症、蜂窝织炎、子宫炎、乳腺炎、化脓性皮炎、细菌性肠炎、尿道感染、关节炎等全身或局部严重感染，以及猪肺疫、猪丹毒等。不易通过血脑屏障。

2. 抗菌机理

本类药物与细菌核糖体的 50S 亚基可逆性结合，阻断转肽作用和 mRNA 位移，从而抑制细菌蛋白质合成而发挥抑菌作用。这种作用基本上被限于快速分裂的细菌和支原体，属生长期速效抑菌剂。抗菌机理相同而同属于生长期速效抑菌剂的还有氟苯尼考、林可霉素及泰妙菌素，由于它们之间能互相竞争作用位点而不宜联用。

3. 属时间依赖性抗生素

即药物浓度高于最小抑菌浓度（MIC）的维持时间是影响药效最关键的因素。当药物浓度达到较高水平后，再增加浓度，并不能增加其杀菌作用，投药原则是将间隔时间缩短，而不必增大每次剂量。为此，注射用药必须每日至少 2 次，同时有很强的抗生素后效应。

4. 替米考星及其换代产品乙酰异戊酰泰乐菌素可作为防治猪呼吸道病综合征（PRDC）的首选药物

（1）具有更适宜防治 PRDC 的抗菌谱。研究表明，当前各种常用抗生素制剂对能引发 PRDC 的各种病原体显示有效谱以泰万菌素、替米考星居首位，其对猪肺炎支原体（MH）、猪胸膜肺炎放线杆菌（APP）、多杀性巴氏杆菌（PM）、副猪嗜血杆菌（HP）、沙门菌（SC）和猪放线菌均有抑菌作用，四环素族抗生素主要对 APP、MH 和 PM 有效，不如泰万菌素、替米考星有效面广；而青霉素类抗生素对这些病原体的有效性较低。

（2）吸收性和体内分布显示出防治 PRDC 的突出优点。将泰万菌素、替米考星添加到饲料或饮水中投给猪均易吸收，要比青霉素类、四环素类和头孢霉素类更好吸收。同时，大环内酯类为弱碱性物质，通过血液易移行到 pH 值偏酸的肺组织和巨噬细胞内，细胞内的浓度可能为血浆浓度的 20 倍，对呼吸道感染有显著疗效。

（3）最新研究显示出泰万菌素、替米考星可抗病毒和提高机体的免疫防御功能。除对一些病原体呈直接抗菌作用外，还能协同巨噬细胞产生杀菌作用。蓝耳病病毒和 2 型圆环病毒同时感染能减少猪体内的巨噬细胞数量，同时降低其免疫功能，此时投给泰万菌素、替米考星则会协助吞噬细胞，使其免疫功能接近正常。同时，能促使嗜中性粒细胞恢复正常功能状态（细胞凋亡的炎症抑制），并能防止炎症加剧，这一功能对防止再感染也很重要。此外，还能作为免疫介质，调节机体免疫机能。由于其独特的作用机制，在治疗 PRDC 方面表现出显著的优越性。

（4）对 PRDC 的两个主要代表性病原体 MH 和 PRRSV 的有效作用强。MH 是 PRDC 的主要病原，最主要危害是破坏纤毛，使免疫功能失常。替米考星及其换代产品能杀灭 MH，获得良好早期治疗效果。泰万菌素、替米考星同时对 PRRSV 有抑制效应，用它来控制与 PRRSV 感染相关的 PRDC，可取得良好效果。

5. 细菌对本类药物易产生耐药性

细菌耐药主要机制是一些细菌能合成甲基化酶，将位于核糖体 50S 亚基上的 23S rRNA 上的腺嘌呤甲基化，导致大环内酯类抗生素不能与其结合。本类药物和林可胺类抗生素的作用部位相同，所以耐药菌对这两类抗生素常同时耐药。

二、不良反应

（1）具有刺激性。肌注可引起剧烈疼痛、肿胀、硬结，静注可引起静脉炎及静脉周围炎。

(2) 泰乐菌素可能引起直肠黏膜水肿，伴随腹泻的肛门突出及肛门红斑、瘙痒等。

三、药物相互作用

(1) 大环内酯类不能与林可霉素、氟苯尼考、泰妙菌素联用。大环内酯类与林可胺类（如林可霉素）、氯霉素类（如氟苯尼考）、泰妙菌素（枝原净）因作用机理相同，能互相竞争相同的核糖体50S甲基的结合位点，不宜同时使用。

(2) 大环内酯类之间不宜同时使用。因作用机理相同而互相竞争作用位点。

(3) 与青霉素类、头孢菌素类合用表现为拮抗作用。本类药物属生长期速效抑菌药，能使繁殖期快效杀菌药失去作用，故不宜同用。

(4) 注射用的制剂不能与其他药物制剂混合注射。

(5) 与四环素类抗生素合用呈协同作用。

四、常用品种的临床应用

1. 红霉素

(1) 作用与用途　主要用于治疗对青霉素耐药的金黄色葡萄球菌和其他敏感菌导致的各种感染，如肺炎、败血症、子宫炎、乳腺炎等。对猪支原体肺炎也有一定疗效。红霉素还用作青霉素过敏者的替代品或其他抗生素无效的微生物感染。

(2) 用法与用量

① 注射用乳糖酸红霉素，静注，一次量，每千克体重3～5毫克，2次/天，连用2～3天。注意：不宜肌注。仔猪过量使用红霉素可导致死亡。

② 硫氰酸红霉素（高力霉素），肌注，一次量，每千克体重2毫克，2次/天，连用3～4天。

2. 吉他霉素（北里霉素、柱晶白霉素）

(1) 作用与用途　主要用于防治猪支原体病、革兰阳性菌（包括耐药金黄色葡萄球菌等 G^+ 菌）及钩端螺旋体等导致的感染以及弧菌性痢疾等。也用于促进猪生长和提高饲料利用率。

（2）用法与用量　内服，一次量，每千克体重 20～30 毫克，2次/天，连用 3～5 天。吉他霉素预混剂（正典"五体通治"），以吉他霉素计，混饲，每吨饲料，促生长 5～50 克（2 月龄内），治疗80～300 克，连用 5～7 天。

（3）注意事项　治疗时连续使用不得超过 5～7 天。

3. 泰乐菌素

（1）作用与用途　酒石酸泰乐菌素胃肠道吸收良好，主要在肠道吸收。其磷酸盐口服吸收较少。皮下或肌内注射吸收迅速。用于支原体及 G^+ 菌和螺旋体感染。主要用于防治猪支原体病，如支原体肺炎（猪气喘病）和支原体关节炎，以及敏感革兰阳性菌引起的感染性疾病，如肠炎、肺炎、乳腺炎、子宫炎等，也可用作猪的促生长剂。

（2）用法与用量

① 泰乐菌素注射液，肌注，一次量，每千克体重 10 毫克，2次/天，症状消失后继续给药 1 天，每个注射点不超过 5 次。主要用于猪气喘病等。

② 注射用酒石酸泰乐菌素，皮下注射或肌注，每千克体重 10毫克，2 次/天，连用 5 天。

③ 8.8％磷酸泰乐菌素预混剂，以本品计，混饲，每吨饲料400～800 克，主要用于猪促生长。

④ 磷酸泰乐菌素、磺胺二甲嘧啶预混剂，以泰乐菌素计，混饲，每吨饲料 100 克，连用 5～7 天。主要用于防治支原体及敏感G^+ 菌感染，也用于预防猪痢疾。

（3）注意事项　仔猪过量服用泰乐菌素，可引起休克和死亡。不建议与其他药物混合注射给药。

4. 替米考星

（1）作用与用途　本品易吸收，可作为药物饲料添加剂用于猪。特别是药物在肺组织的浓度高，对治疗以肺炎为主体的 PRDC非常有利，在防治呼吸道感染疾病方面效果更为明显。主要用于防治由胸膜肺炎放线杆菌、巴氏杆菌、支原体等感染引起的猪肺炎以及由支原体和蓝耳病病毒引起的呼吸道混合感染。此外能有效防治乳腺炎。

（2）用法与用量

① 20%替米考星预混剂（回盛"支乐静"），以替米考星计，混饲，每吨饲料 200～400 克，连用 15 天。注意：本品仅用于治疗，不用作促生长剂。

② 20%磷酸替米考星预混剂，以替米考星计，混饲，每吨饲料 200～400 克，连用 15 天。饮水，200 毫克/升，连续使用 3～5天。注意：本品仅用于治疗，不用作促生长剂；不得用于浓缩料或含膨润土的饲料，因膨润土会影响替米考星的药效。

5. 乙酰异戊酰泰乐菌素（又名泰万菌素、万乐霉素）

（1）作用与用途　主要用于治疗支原体及敏感革兰阳性菌引起的感染性疾病，如猪气喘病、链球菌性肺炎、呼吸道病综合征等，也可用于防治猪增生性肠炎。此外，具有三大功能抑制蓝耳病，一是，对支原体最敏感的抗生素之一，控制好支原体可以减轻蓝耳病对机体的损伤；二是，本品使用后能激活免疫机能，增加吞噬细胞数量来杀灭病原体，显著增强非特异性免疫力，猪体整体健康程度提高；三是，抑制蓝耳病病毒的复制。蓝耳病病毒是一种有囊膜的RNA 病毒，复制发生在细胞浆里。蓝耳病病毒需要在较低的 pH值下（即酸性环境）才能进入细胞。本品可以提高细胞内的 pH值。pH 值提高后防止了蓝耳病病毒的脂质囊膜与内体膜的结合，则可以防止病毒进入细胞浆，从而防止了蓝耳病病毒的复制及扩散。

（2）用法与用量

① 20%乙酰异戊酰泰乐菌素预混剂（腾骏"骏安"），对于保育猪前、中期经常发病，母猪出现繁殖障碍的猪场，可采用如下预防和控制措施，以本品计，混饲，种公、母猪（包括后备母猪）：每月 7 天，每吨饲料 250 克，控制支原体及细菌性疾病，防止疾病在母猪群中循环传染给仔猪；怀孕母猪：产前 5 天至产后 7 天，每吨饲料 250 克（也可外加强力霉素 200 克），切断细菌性疾病的垂直传播；保育猪：断奶当天至断奶后 7 天，每吨饲料 500 克，或断奶后 8 天至转群，每吨饲料 250 克，防止呼吸道和肠道疾病。

防治猪增生性肠炎，可在 10～12 周龄猪群中混饲，每吨饲料添加本品 1000 克，连用 2 周。

② 5％乙酰异戊酰泰乐菌素预混剂（回盛"治嗽静"、伊科"爱乐新"），以本品计，混饲，每吨饲料 1000 克，连用 7 天。注意：禁止与泰妙菌素、林可霉素、氟苯尼考及大环内酯类其他药物联用。搅拌配料时，防止与皮肤、眼睛接触。

6. 泰拉霉素

（1）作用与用途　主要用于呼吸道疾病。胃肠外给药后吸收迅速，24 小时内达血药峰值。在体内分布广泛，血浆蛋白结合率低，肺部达到有效血药浓度所需时间极短，肺中药物浓度高于血浆浓度，因而可快速消除肺部病原菌，药效持续时间长，消除半衰期长达 76 小时，对于敏感菌引起的猪呼吸系统疾病有良好的治疗和预防作用。且具有单次给药、用量小、毒性低、药效长、疗效好、大幅减少猪只应激及工作强度等优点。

（2）用法与用量　美国辉瑞：10％瑞可新长效注射液。

① 治疗方案：瑞可新注射液用量为 0.25 毫升/10 千克体重或 1 毫升/40 千克体重。注意：对于体重超过 80 千克的猪，必须分点注射，每个点不得超过 2 毫升。

② 保健方案：仔猪断奶时颈部肌内注射 0.2 毫升。

第六节　氟苯尼考

氟苯尼考又名氟甲砜霉素，是一种化学合成的新一代动物专用氯霉素类（又称酰胺醇类）广谱抗生素，对多种细菌具有抗菌活性，不与人类用药形成交叉耐药性。其特点是抗菌谱广、抗菌作用好、口服或注射给药均吸收迅速，体内各脏器分布广泛，能通过血脑屏障，且与其他常用抗菌药无交叉耐药性。特别是无潜在致再生障碍性贫血作用，相对比较安全。

因为氯霉素毒性大，能严重抑制动物骨髓造血功能，从而引起白细胞缺乏症及血小板生成减少，或导致不可逆性再生障碍性贫血，并有抑制免疫作用，因此农业部 2002 年 193 号公告明确规定氯霉素禁用于所有食品动物。目前氟苯尼考已成为氯霉素禁用后的主要替代品种，在兽医临床上发挥着重要作用。如何正确而合理地使用氟苯尼考，在养猪生产和临床应用上都应注意哪些事项，成为人们普遍关注的重点。

一、药理学

1. 药效学

氟苯尼考化学结构与氯霉素相似，是甲砜霉素的单氟衍生物，其抗菌谱、抗菌作用、抗菌机制及适应证与氯霉素相同。由于氯霉素苯环结构上的对位硝基被甲砜基取代，故毒副作用降低，但仍存在剂量相关的可逆性骨髓造血功能抑制作用。其作用机理是与细菌70S核糖体的50S亚基结合，阻断肽酰基转移酶，抑制肽链延伸，从而干扰细菌蛋白质合成而产生抗菌作用。本品属广谱速效抑菌剂，抗菌活性略优于氯霉素与甲砜霉素，耐药性与药物残留低。对多种革兰阳性菌、革兰阴性菌及支原体等有较强的抗菌活性，尤其是对革兰阴性菌的作用优于革兰阳性菌。对溶血性巴氏杆菌、多杀性巴氏杆菌（可引起猪肺疫）、猪胸膜肺炎放线杆菌（可引起传染性胸膜肺炎）高度敏感；对多数革兰阴性肠杆菌科细菌，包括副伤寒杆菌、克雷伯菌、大肠杆菌、沙门菌、布氏杆菌均敏感。敏感的革兰阳性菌有链球菌、化脓性隐秘杆菌、李氏杆菌、肺炎球菌、葡萄球菌等。对钩端螺旋体、衣原体、立克次体有一定作用。也能顺利进入细胞内，对多种细胞内致病原也有效。对各种厌氧菌如破伤风梭菌、放线菌等也有相当作用，但对革兰阳性球菌的作用不如青霉素和四环素。另外，一般剂量的氟苯尼考具抑菌作用，高浓度时或作用于对本品高度敏感的细菌时可呈杀菌作用。细菌对本品可产生获得性耐药，其中以大肠杆菌较易产生，并与甲砜霉素表现交叉耐药。本品对铜绿假单胞菌、真菌及病毒等均无效。

2. 药动学

猪内服吸收较完全，生物利用率高，即使在饲喂状况下，仍可吸收80%～90%。由于氟苯尼考在肝内不与葡萄糖醛酸结合，因此体内抗菌活性较高，比氯霉素强2.5～5倍。内服和肌注吸收迅速，血药浓度高。药物分布广泛，可渗入各种组织与体液，在内脏中也有较高浓度。可顺利通过血脑屏障，腹水、胸腔积液中也可渗入。半衰期长，有效浓度维持时间长。

二、毒副作用及不良反应

（1）本品有血液系统毒性　虽然毒副作用及不良反应较氯霉素少，不会引起不可逆的骨髓再生障碍性贫血，但仍可致剂量相关的造血系统损害，引起的可逆性骨髓红细胞生成抑制却比氯霉素更常见。临床表现为因红细胞生成抑制而贫血或伴有白细胞、血小板减少。

（2）本品有较强的免疫抑制作用　免疫抑制约比氯霉素强6倍，由于抑制抗体合成，故疫苗接种期间或免疫功能严重缺损者禁用。

（3）本品有胚胎毒性　母猪妊娠期及哺乳期慎用。另外，大剂量应用可致初生仔猪发生周围循环衰竭，故初生仔猪应避免使用。

（4）长期内服可引起消化机能紊乱　出现维生素缺乏症或轻度呕吐、腹泻等。

（5）二重感染　可致铜绿假单胞菌、金黄色葡萄球菌、真菌等的肺和胃肠道及尿路感染。

三、药物相互作用

（1）本品不宜与大环内酯类（如泰乐菌素、红霉素、替米考星、吉他霉素等）、林可胺类（如林可霉素）及双萜类半合成抗生素——泰妙菌素（枝原净）联合用药，合用时可产生拮抗作用。因为它们的作用机制相同，均是与细菌核糖体50S亚基结合，后三类抗生素可替代或阻止氟苯尼考与细菌核糖体的50S亚基相结合，即由于竞争作用部位而导致减效。

（2）本品不可与 β-内酰胺类（如青霉素类、头孢菌素类）及氟喹诺酮类（如恩诺沙星、氧氟沙星等）联合用药，因本品是抑制细菌蛋白质合成的速效抑制剂，后者属繁殖期速效杀菌剂。在前者的作用下，细菌蛋白质合成速度被抑制，细菌停止生长繁殖，使后者的杀菌作用减弱。故在治疗需要发挥快速杀菌作用的疾患时，不可同时使用。

（3）本品可与四环素类（如强力霉素、金霉素等）、黏杆菌素联合使用，呈相加作用，因为作用机制不同，不竞争作用位置。也可与氨基糖苷类联用，治疗需氧及厌氧菌混合感染所致的败血症及肺部感染。

四、适应证及临床应用

（1）主要用于治疗敏感菌所致的各种感染以及多种病因引起的继发感染和并发症，尤其适合于呼吸道疾病。推荐作为巴氏杆菌病（猪肺疫）、猪传染性胸膜肺炎和副猪嗜血杆菌病的首选药物，特别适用于治疗对氟喹诺酮类及其他抗菌药物有耐药性的细菌感染，对中度感染尤其明显。也可用于治疗链球菌（肺炎）、支气管败血波氏杆菌（萎缩性鼻炎）、肺炎支原体（猪气喘病）等引起的呼吸道疾病及嗜血支原体引起的猪附红细胞体病等。病猪表现为体温升高、不食、呼吸急促、咳嗽、气喘；有的张口呼吸，鼻流泡沫状液体，有时混有血液，皮肤有淤血斑块和小出血点；有的表现关节肿胀，耳、鼻发绀（蓝紫色）等。

（2）沙门菌病（仔猪副伤寒）、大肠杆菌病（仔猪黄痢、仔猪白痢、仔猪水肿病）及其他敏感菌所引发的肠炎等消化道疾病，表现为体温升高、精神不振、食欲减退或不食、便秘或下痢、有时伴有呕吐。

（3）猪链球菌病、葡萄球菌病、渗出性皮炎（油脂猪）及其他全身感染性疾病，如乳腺炎、子宫炎、膀胱炎、产后发烧及不食、产后泌乳障碍综合征（PPDS）等。

（4）病原菌不明的细菌性脑膜炎与脑脓肿，特别是由耐氨苄西林的肺炎链球菌所致。

（5）大肠杆菌及猪放线杆菌等导致的泌尿道感染。由于药物不在肝内代谢灭活，而是从肾脏排泄，故尿中活性浓度高，疗效好。

（6）猪痢疾短螺旋体引发的猪痢疾（血痢）。

（7）仔猪断奶后多系统衰竭综合征（PMWS）或猪呼吸道病综合征（PRDC）、皮炎及肾病综合征（PDNS）。

（8）其他感染，如厌氧菌、衣原体感染，布氏杆菌病等。

五、常用品种的临床应用

（1）氟苯尼考注射液（规格：10毫升∶1克；100毫升∶30克），肌注（以氟苯尼考计），一次量，20毫克/千克体重，每天2次，连用3～5天。

（2）氟苯尼考粉（规格：50 克∶5 克），内服（以氟苯尼考计），一次量 20～30 毫克/千克体重，每天 2 次，连用 3～5 天。

（3）氟苯尼考预混剂（规格：100 克∶20 克；100 克∶10 克；100 克∶5 克；100 克∶2 克），混饲，用于治疗敏感菌所致感染，以氟苯尼考计，每吨饲料添加 40 克，连用 7 天。

六、临床用药须知及注意事项

（1）虽然氟苯尼考的毒副作用比氯霉素降低，不导致不可逆再生障碍性贫血，但仍有血液系统毒性，亦可引起可逆性细胞生成抑制及白细胞、血小板的减少，且有较氯霉素更强的免疫抑制作用，故应严格掌握适应证，不宜用于轻度感染的选用药，更不应作为感染的预防用药，只宜在某些重症感染或低毒性药物治疗无效时使用。本药治疗时间应持续至治愈，防止复发。但应避免剂量过大或重复疗程使用，防止可逆性骨髓抑制毒性反应发生的可能性。

（2）由于氟苯尼考大剂量应用可能有胚胎毒性，尽可能不用于妊娠母猪尤其是妊娠后期。

（3）本品不能与磺胺嘧啶钠混合肌注。口服或肌注给药时忌与碱性药物合用，以免分解失效。也不宜与盐酸四环素、卡那霉素、庆大霉素、三磷酸腺苷、辅酶 A 等混合注射，以免发生沉淀和降效。

（4）禁止静脉注射；肌内注射后可能引起肌肉变性、坏死，因此，可颈部与臀部深部肌内交替注射。

（5）传染性胸膜肺炎、副猪嗜血杆菌病、猪肺疫等的治疗：发病初期，患病猪群还有较好的食欲时，混饲给药时可适当提高添加量，每吨饲料可添加氟苯尼考（效价）100 克，最好再配合强力霉素（效价）200 克，连用 7 天，有较好效果。对传染性疾病引起的发热、咳嗽、气喘，单独使用抗菌药物即可，无需添加其他解热镇痛、止咳平喘类药物。如果病猪出现高热、不食，则要进行隔离治疗，使用氟苯尼考注射液肌内注射；若体温超过 41℃时，可配合解热镇痛药及地塞米松使用，效果更佳。

（6）在防治呼吸道病综合征（PRDC）方面，有的厂家推荐氟苯尼考与阿莫西林或泰乐菌素或泰妙菌素合用，笔者认为此法欠妥。因为从药理学的角度讲，两者不可联用。但氟苯尼考可与四环素类抗生素及强力霉素联用。

（7）不少生产厂家的使用说明书上都是标明本品48小时肌注一次，连用2次。经笔者试用，效果不理想。而按照肌注一次量20～30毫克/千克体重，每天2次，连用3～5天，效果较好。建议大家通过实践，得出自己的经验方。

（8）由于氟苯尼考生产工艺复杂，部分品质低劣的氟苯尼考可能有氯霉素残留，所以应选购知名品牌产品，如进口的"纽氟罗"、腾骏"加康"、荷本"荷本氟特"、正典"呼圆康"、回盛"万特肺灵"等。

第七节　林可霉素

林可霉素又名洁霉素，是由链丝菌培养液中获得的一种碱性抗生素。虽然与大环内酯类在结构上有很大差别，但都作用于相同的位点，具有许多共同的特性，即都是具有高脂溶性的碱性化合物、在动物体内分布广泛、对细胞屏障穿透力强，还有共同的药物学特征。

一、抗菌特点与机理

1. 本品为速效抑菌剂

能穿透细胞外膜，主要作用于细菌核糖体的50S亚基，通过抑制肽链的延长和影响蛋白质的合成而起抑菌作用，但在高浓度时对高敏感菌有杀菌作用。葡萄球菌对本品可缓慢产生耐药性。对红霉素耐药的葡萄球菌对本品显示交叉耐药性。

2. 抗菌谱较窄

仅对大多数革兰阳性（G^+）菌和支原体有较强抗菌活性，对某些厌氧的革兰阴性（G^-）菌也有一定抗菌作用。抗菌谱与大环内酯类相似，主要抗G^+菌，对葡萄球菌、溶血性链球菌和肺炎球菌的作用较强，但不及青霉素类和头孢菌素类；对支原体的作用与红霉素相似，而比其他大环内酯类稍弱。其特点是对大多数厌氧菌如破伤风杆菌、魏氏梭状芽孢杆菌以及某些放线菌等有抑制作用，对猪痢疾短螺旋体（猪血痢）和弓形体也有一定作用。但大多数需氧 G⁻菌对其耐药，此点有别于大环内酯类。本品对真菌、病毒无效。适应证主要是治疗敏感 G⁺菌引起的各种感染，如肺炎、败血症、蜂窝织炎、化脓性关节炎和乳腺炎等（尤其是链球菌病和葡萄球菌病）。对支原体引起的猪气喘病、猪血痢以及厌氧菌引起的感染亦有防治功效。

3. 属时间依赖性且抗生素后效应（PAE）较短的抗生素

抑菌作用主要取决于药物浓度超过最小抑菌浓度的维持时间，即细菌的暴露时间，是影响药效的最关键的因素，而峰值浓度并不很重要。当药物浓度达到较高水平后，再增加浓度并不能增加其抗菌作用。投药原则是将间隔时间缩短，而不必增大每次剂量。为此，注射用药必须每天 2 次。

4. 可用作饲料添加剂

能促生长，提高饲料利用率。

二、不良反应

本品可引起以呕吐、腹泻为主的胃肠道反应，但较轻微。长期大量使用可致二重感染，发生假膜性肠炎，其先驱症状为腹泻，遇此症状应立即停药，口服甲硝唑可治愈。本品具有神经肌肉阻断作用，在高浓度可能发生骨骼肌麻痹。

三、药物相互作用及注意事项

（1）细菌对本品和青霉素、头孢菌素、四环素类抗生素之间无交叉耐药性。

（2）本品与庆大霉素联用，对葡萄球菌、链球菌等 G⁺菌与 G⁻菌混合感染时有协同作用。

（3）本品与大观霉素合用有协同作用。尤适用于需氧菌和厌氧菌所致的产科感染，如子宫内膜炎、乳腺炎、产褥热、产后无乳等。

（4）本品属速效抑菌剂。不应与青霉素、头孢菌素类、氟喹诺酮类等繁殖期杀菌药联合使用，对后者有拮抗作用。

（5）本品不能与大环内酯类、氟苯尼考以及泰妙菌素联用。因作用部位相同，互相竞争作用位点而有拮抗作用。

（6）本类药物具有神经肌肉阻断作用，不宜与氨基糖苷类和多肽类抗生素合用，可能加剧对神经-肌肉接头的阻滞作用。

（7）本品不宜与抑制肠胃蠕动的止泻药合用。因可使肠内毒素延迟排出，导致腹泻加剧和时间延长。不宜与含白陶土的止泻药内服，因白陶土可使林可霉素的吸收减少90％以上。

（8）本品不能与卡那霉素、新生霉素混合静注，也不能与氨苄西林、氨茶碱、葡萄糖酸钙合用，否则将发生配伍禁忌。

（9）本品不可直接静脉推注。静脉注射时必须用5％的葡萄糖注射液稀释。

四、常用品种的临床应用

1. 盐酸林可霉素（盐酸洁霉素）可溶性粉

（1）作用与用途 主要用于治疗厌氧菌或革兰阳性（G⁺）菌引起的各种感染或混合感染，特别是耐青霉素而对本品敏感的细菌感染。合并 G⁻ 菌感染时，可联合氨基糖苷类等抗生素治疗。也可用于防治猪密螺旋体性痢疾和支原体引起的猪气喘病。

（2）用法与用量

① 内服：一次量，每千克体重 10～15 毫克，2 次/天，连用3～5 天。

② 混饮：以林可霉素计（注：1.13 克盐酸林可霉素相当于林可霉素 1 克），每升水 40～70 毫克，连用 7 天。

③ 混饲：以林可霉素计，每吨饲料添加 44～77 克，连用 1～3周或症状消失为止。孕猪产前 7 天至产后 7 天，按 55 克/吨给药，在产仔数、初生窝重、断奶窝重方面都可获得较好效果，并可减少腹泻。

2. 11%盐酸林可霉素预混剂

（1）作用与用途 同盐酸林可霉素可溶性粉。当用于治疗时可有效控制由肺炎支原体引起的猪气喘病及呼吸道病综合征（PRDC）、猪痢疾。

（2）用法与用量 以本品计，每吨饲料添加量，促生长：小猪200 克，种猪 150 克，大猪至上市前 5 天 100 克；预防：猪的疾病易发期（13 周龄及 18 周龄），400～700 克，连用 1～3 周；治疗：当发生猪气喘病、PRDC、猪痢疾及革兰阳性菌引起的相关疾病时添加 800～1000 克，连用 7～10 天。

3. 盐酸林可霉素注射液（拜特：感染迪；中佳大地：链力健）

（1）作用与用途　主要用于由链球菌属、葡萄球菌属及厌氧菌等敏感菌所致的各种感染，如肺炎、败血症、蜂窝织炎、骨关节炎和乳腺炎、子宫炎等。对猪支原体肺炎（猪气喘病）、猪密螺旋体痢疾（血痢）等也有防治功效。

（2）用法与用量　肌注：一次量，每千克体重 10 毫克，2 次/天，连用 3～5 天。注意：不能与磺胺嘧啶钠混合注射；亦不宜与氟苯尼考、大环内酯类、泰妙菌素、氟喹诺酮类抗菌药物联用，呈拮抗作用。

4. 盐酸林可霉素、硫酸大观霉素可溶性粉

参见本章第三节六、9. 下的内容。

5. 盐酸林可霉素、硫酸大观霉素预混剂

参见本章第三节六、10. 下的内容。

第八节　泰妙菌素与沃尼妙林

泰妙菌素（又名泰妙灵、枝原净、泰牧菌素）与沃尼妙林均由真菌侧耳属菌种的深层培养液提取而得，属截短侧耳素的衍生物，为抑制性双萜烯类半合成动物专用抗生素，为窄谱抗生素。

一、抗菌特点与抗菌机理

1. 为抑菌性抗生素

抗菌谱与大环内酯类抗生素相似，主要抗革兰阳性（G^+）球菌（包括金黄色葡萄球菌、链球菌）。对支原体、猪胸膜肺炎放线杆菌及猪痢疾短螺旋体等均有较强的抑制作用，对支原体的作用强于大环内酯类，对 G^- 菌尤其是肠道菌作用较弱。

2. 抗菌作用机制

与细菌核糖体 50S 亚基结合，通过对转肽作用或 mRNA 位移的阻断来抑制肽链的合成和延长，抑制细菌蛋白质合成而起抑菌作用。氟苯尼考、林可霉素、大环内酯类抗生素的作用机理与本类抗生素相同，可替代或阻止本类抗生素与细菌核糖体的 50S 亚基相结合，同用可发生拮抗，从而不宜联合应用。

二、作用与用途

猪内服吸收良好，血药浓度达峰时间在 2～4 小时，生物利用度 85％以上。吸收后在体内广泛分布，肺中浓度最高。主要用于防治猪支原体肺炎、放线菌性胸膜肺炎和短螺旋体性痢疾、由胞内劳氏菌感染引起的猪增生性肠病（回肠炎）和由结肠菌毛样短螺旋体感染引起的猪结肠螺旋体病（结肠炎）等。低剂量作为猪的饲料药物添加剂可促进增重，提高饲料利用率。

三、不良反应

猪应用过量，可引起短暂流涎、呕吐和中枢神经抑制。中毒后表现为行动迟缓、被毛直立、共济失调和呼吸困难。必要时可停止用药并进行支持性及对症治疗。

四、药物相互作用

（1）本类药物与能结合细菌核糖体50S亚基的抗生素（氟苯尼考、大环内酯抗生素、林可霉素）合用，有拮抗作用，由于竞争作用部位而导致减效。

（2）本类药物与金霉素以1∶4配伍混饲有协同作用，可治疗猪细菌性肠炎、细菌性肺炎、短螺旋体性猪痢疾（血痢），对肺炎支原体、支气管败血波氏杆菌、多杀性巴氏杆菌和胸膜肺炎放线杆菌等混合感染所引起的肺炎疗效显著。

五、常用品种的临床应用

1. 延胡索酸泰妙菌素可溶性粉

（1）适应证　主要用于防治猪支原体肺炎和放线菌性胸膜肺炎，也可用于短螺旋体性痢疾、猪增生性肠病。

（2）用法与用量　以泰妙菌素计，混饮，每升水，猪 45～60 毫克，临床用溶液应当天配制，连用 5 天。

（3）注意事项　使用者应避免药物与眼及皮肤、黏膜接触，以防止局部过敏。

2. 延胡索酸泰妙菌素预混剂（诺华：枝原净；伊科拜克：拜妙林）

（1）适应证　同"延胡索酸泰妙菌素可溶性粉"。

（2）规格　①100克：10克（1000万单位）；②100克：80克（8000万单位）。

（3）用法与用量　以泰妙菌素计，混饲，每吨饲料，猪100克，连用5～10天。

（4）注意事项　环境温度超过40℃时，含药饲料储存期不得超过7天。

3. 注射用延胡索酸泰妙菌素（诺华：枝原净）

（1）适应证　主要用于治疗气喘病、传染性胸膜肺炎、血痢、链球菌病、增生性肠炎（回肠炎）、大肠杆菌病等。

（2）用法与用量　肌注，一次量，15毫克/千克体重，1次/天，连用3～5天。

（3）注意事项

① 现配现用，当天用完。

② 可与四环素类抗生素联用，有协同作用。

③ 不能与泰乐菌素、红霉素、氟苯尼考、林可霉素联用，由于竞争作用部位而导致减效。

4. 盐酸沃尼妙林预混剂（远征：沃妙先）

（1）适应证及特点　本品是一种新型动物专用抗生素，抗菌谱广，对革兰阳性菌、部分革兰阴性菌和支原体均有作用；对猪痢疾短螺旋体、结肠菌毛样短螺旋体、细胞内劳森菌、葡萄球菌、链球菌、猪肺炎支原体、猪滑液支原体、猪胸膜肺炎放线杆菌等均有较强的抑制作用；对支原体属和螺旋体属高度敏感。对细胞内劳森菌的抑制效果优于金霉素、林可霉素、泰妙菌素、泰乐菌素。

猪肺炎支原体不易对沃尼妙林产生耐药性。与泰妙菌素相比，沃尼妙林更不易使猪痢疾短螺旋体与结肠菌毛样短螺旋体对其产生耐药性。

（2）盐酸沃尼妙林治疗猪混合感染型呼吸道病　猪的混合型呼吸道感染具有普遍性，给养猪者造成巨大的经济损失。临床研究表明混合型感染主要为肺炎支原体、多杀性巴氏杆菌、胸膜肺炎放线菌，有时还有大肠杆菌和猪链球菌感染。研究者对猪人工感染肺炎支原体、多杀性巴氏杆菌和胸膜炎放线菌，然后用替米考星300毫克/千克、泰妙菌素100毫克/千克＋金霉素400毫克/千克、沃尼妙林 25 毫克/千克＋金霉素 400 毫克/千克、沃尼妙林 75 毫克/千克＋金霉素 400 毫克/千克进行治疗。结果表明沃尼妙林＋金霉素显著优于替米考星组，肺病变最小，饲料转化率和体增重最好，对呼吸道病原体具广谱的治疗作用。其他研究也表明沃尼妙林与金霉素结合对猪呼吸道病原体 51％呈协同作用，49％呈相加作用。

（3）用法与用量　　盐酸沃尼妙林预混剂的规格有：0.5％、1％、10％和50％。以沃尼妙林计，治疗猪痢疾、回肠炎，每吨饲料添加 75 克，连续用药 21 天；治疗猪气喘病及呼吸道病综合征，每吨饲料添加 100 克，连用 7～10 天。

第九节　多肽类

多肽类抗生素是一类具有复杂多肽结构的化学物质，本类抗生素因作用机理不同，抗菌的类别和活性也各异，如多黏菌素可抗革兰阴性（G^-）菌，杆菌肽可抗革兰阳性（G^+）菌。多肽类抗生素抗菌作用强，抗菌谱窄，属杀菌性抗生素，具独特的抗菌作用。细菌对多肽类药物的耐药性发展缓慢，此类药物与其他抗菌药物之间极少产生交叉耐药性。

多肽类药物大多毒性很大，主要引起神经毒性及肾毒性，故临床适应证严格，仅限于敏感菌所致的严重感染，一般不做常规首选药。这类抗菌药物中某些毒性较低，具有相当强的抗菌特性，在临床上有应用价值，其代表药物包括杆菌肽、多黏菌素及专用于促进动物生长的恩拉霉素和维吉尼霉素等。

一、多黏菌素

1. 药理

多黏菌素是由多黏芽孢杆菌所产生的，由多种氨基酸和脂肪酸组成的一组碱性多肽类抗生素，临床常用多黏菌素 E（又名黏菌素、黏杆菌素、抗敌素），属慢窄谱杀菌剂，几乎对所有革兰阴性（G^-）菌均有较强抗菌作用，敏感菌有大肠杆菌、沙门菌、巴氏杆菌、痢疾杆菌、弧菌、铜绿假单胞菌等，但所有 G^+ 菌、G^- 球菌和厌氧菌等均对本品耐药。杀菌机理是作用于细菌细胞膜，使膜的通透性增加，导致菌体细胞内的重要物质如氨基酸、嘌呤、嘧啶、K^+等外漏；亦可进入细胞质，影响核质和核糖体的功能，导致细菌死亡。由于 G^+ 菌外面有一层厚的细胞壁，阻止药物进入细菌体内，故此类抗生素对其无作用。本类药物属慢效杀菌药，对生长繁殖期和静止期细菌均有杀菌作用。细菌对本品不易产生耐药性，且与其他抗生素无交叉耐药现象。

2. 作用与用途

主要用于治疗 G^- 杆菌（如大肠杆菌等）引起的肠道感染，对铜绿假单胞菌感染（败血症、尿路感染、外伤、创面感染）也有效。以往是治疗杆菌包括铜绿假单胞菌严重感染的重要药物，但因毒性明显，故目前已少用，被新型头孢、其他 β-内酰胺类抗生素、新型氟喹诺酮类和氨基糖苷类所代替。但当革兰阴性杆菌感染时，若其他抗菌药物耐药或疗效不佳，仍可作为最后选用治疗药或局部用药。还可作饲料药物添加剂，有促生长作用。

3. 药物相互作用

（1）本品与杆菌肽锌 1∶5 配合有协同作用。与磺胺药、甲氧苄氨嘧啶（TMP）合用对大肠杆菌、肺炎杆菌、铜绿假单胞菌等有协同作用。

（2）与肌松药和链霉素、卡那霉素等氨基糖苷类等神经肌肉阻滞剂合用，可能引起肌无力和呼吸暂停。

（3）与能损伤肾功能的药物合用，可增强其肾毒性。

4. 不良反应

多黏菌素类在内服或局部给药时，动物能很好耐受；全身应用可引起肾毒性、神经毒性和神经肌肉阻断效应，故一般不作注射给药。

5. 注意事项

（1）本品内服很少吸收，不用于全身感染。

（2）本品吸收后，对肾脏和神经系统有明显毒性，在剂量过大或疗程过长，以及注射给药和肾功能不全时均有中毒的危险性。

（3）注射毒性大，故一般不作注射给药。

6. 制剂

（1）硫酸黏菌素可溶性粉

① 规格　100克∶2克。

② 适应证　防治猪 G⁻菌所致肠道感染。

③ 用法与用量　以黏菌素计，混饮，每1升水，猪40～200毫克。

④ 注意事项　避免连续使用1周以上。超剂量应用可引起肾功能损伤。

（2）硫酸黏菌素预混剂

① 商品名与规格　商品名为抗敌素、可痢肥，规格有2%、4%、10%。

② 适应证　预防猪 G⁻菌所致的肠道感染，并有一定促生长作用。

③ 用法与用量　以黏菌素计，混饲，每吨饲料乳猪（哺乳期）2～40克，仔猪2～20克。

④ 注意事项　超剂量应用，可引起肾功能损伤。

二、杆菌肽

1. 药理

本品抗菌谱和作用机制与青霉素相似，主要抑制细菌细胞壁合成，并损伤细胞膜，使细菌胞内重要物质外流而产生杀菌作用。属慢效杀菌剂。对大多数 G⁺菌如金黄色葡萄球菌、链球菌、肺炎球菌、肠球菌等作用强大，对少数 G⁻菌如脑膜炎双球菌及流感杆菌有效，对某些螺旋体和放线菌亦有一定作用，但对 G⁻杆菌无效。细菌对杆菌肽耐药的速度较慢，与其他抗生素之间无交叉耐药性。

2. 作用与用途

本品主要作饲料添加剂，常用于猪促生长，提高饲料转化率。本品不适合于全身治疗。局部应用可治疗 G⁺菌及耐青霉素葡萄球菌所引起的皮肤创伤、眼部感染和乳腺炎。

3. 药物相互作用

（1）本品与青霉素、链霉素、新霉素、多黏菌素等合用有协同作用，以扩大抗菌谱。

（2）本品和多黏菌素组成的复方制剂与土霉素、金霉素、吉他霉素、恩拉霉素、维吉尼霉素、喹乙醇等有拮抗作用。

4. 注意事项

杆菌肽注射给药对肾脏毒性大，不能注射给药。

5. 制剂

（1）杆菌肽锌预混剂（益力素）

① 规格　1克：100毫克，1克：150毫克。

② 适应证　促进猪生长和增进饲料利用率。

③ 用法与用量　以杆菌肽计，混饲，每吨饲料，猪6月龄以下4～40克。本品仅用于干饲料，勿在液体饲料中应用。

（2）杆菌肽锌、硫酸黏菌素预混剂（万能肥素）

① 规格　100克：杆菌肽锌5克与黏菌素1克。

② 适应证　主要用于预防猪 G^+ 菌和 G^- 菌感染。

③ 用法与用量　以本品计，混饲，每吨饲料，仔猪1000～2000克。

三、恩拉霉素

1. 药理

本品对 G^+ 菌有显著抑制作用，主要阻碍细菌细胞壁的合成。细菌细胞壁主要是维持外形，保持渗透压稳定，其主要成分为黏肽，在 G^+ 菌，黏肽占细胞壁总量65%～95%。恩拉霉素能阻止黏肽的合成，使细胞壁缺损，导致细胞内渗透压升高，细胞外液渗透入菌体，使细菌变形肿大，破裂而死亡。恩拉霉素主要作用于细菌的裂殖阶段，不仅杀菌而且溶菌。敏感细菌有金黄色葡萄球菌、表皮葡萄球菌、酿脓链球菌、产气荚膜梭菌等，尤其对产气荚膜梭菌有特效。G^- 菌对本品耐药。

2. 作用与用途

用于预防 G^+ 菌感染，主要用作饲料药物添加剂。低浓度长期添加，可促进猪生长。仔猪开口料中添加恩拉霉素，不仅能促进生长和改善饲料，而且能减少仔猪下痢的发生。

3. 药物相互作用

与对 G^- 菌有效的饲料添加剂（黏杆菌素、喹乙醇等）一起使用时，其效果更好，但禁与四环素、吉他霉素、杆菌肽、维吉尼霉素等配伍。

4. 制剂

恩拉霉素预混剂。

① 商品名及规格　先灵葆雅"恩拉鼎"100 克：4 克，100
克：8 克。

② 适应证　用于预防 G^+ 菌感染，促生长。

③ 用法与用量　以恩拉霉素计，混饲，每吨饲料，猪 2.5～
20 克。

④ 注意事项　对猪的增重效果以连喂 2 个月为佳，再继续应
用，效果即不明显。

四、维吉尼霉素

1. 药理

本品对 G^+ 菌，包括对其他抗生素耐药的菌株如金黄色葡萄球
菌、肠球菌等均有较强的抗菌作用，对支原体亦有作用。大多数
G^- 菌对其耐药。本品不易产生耐药性，与其他抗生素之间无交叉
耐药性。

2. 作用与用途

小剂量能提高饲料转化率，促生长；中剂量可预防细菌性痢
疾；大剂量用于防治猪痢疾。常用作猪促生长添加剂。

3. 药物相互作用

本品与杆菌肽有拮抗作用。

4. 制剂

维吉尼霉素预混剂。

① 规格　100 克：50 克。

② 适应证　主要用于猪促生长。

③ 用法与用量　以维吉尼霉素计，混饲，每吨饲料，猪
25 克。

第四章

合成抗菌药正确使用

第一节　磺胺类药物及抗菌增效剂

　　磺胺类药物（SAs）是指具有对氨基苯磺酰胺结构的一类用于预防和治疗全身各系统细菌感染的化学合成药物的总称。磺胺类药物作为应用最早的（1935年合成百浪多息）一类人工合成的抗菌药物，有其独特的优点：抗菌谱广、疗效确实、性质稳定、不易变质、使用方便、能大量生产、价格相对低廉。但同时也有抗菌作用较弱、不良反应较多、细菌易产生耐药性、用量大、疗程偏长等缺陷。在发现了甲氧苄啶（TMP）和二甲氧苄啶（DVD）等抗菌增效剂后，把磺胺药和抗菌增效剂联合使用，使抗菌活性和疗效大大增强，甚至从抑菌剂变为杀菌剂，因此，磺胺类药至今仍为猪抗感染治疗中的重要药物之一，在临床上仍广泛应用。除用于治疗的针剂外，主要通过拌料或饮水做脉冲式药物保健。保健时往往配伍使用强力霉素等四环素类药物、枝原净（泰妙菌素）、泰乐菌素或氟苯尼考等。

一、磺胺类药物概述

1. 抗菌作用属广谱抑菌剂

　　抗菌作用范围广，对大多数革兰阳性（G^+）菌和某些革兰阴性（G^-）菌都有抑制作用，为广谱慢效抑菌剂。对磺胺药高度敏感的病原菌有：链球菌、肺炎球菌、沙门菌、放线杆菌；次敏感菌有：葡萄球菌、变形杆菌、巴氏杆菌、大肠杆菌、产气荚膜杆菌、李氏杆菌、痢疾杆菌等。磺胺类药对某些放线菌、猪痢疾短螺旋体、衣原体、弓形虫和某些原虫如球虫也有较好抑制作用。但对螺旋体、立克次体、病毒等完全无效。不同的磺胺药抗菌作用强度不同，口服易吸收者，其抗菌作用强度的顺序依次为磺胺间甲氧嘧啶（SMM）＞磺胺氯达嗪钠（SCP）＞磺胺甲噁唑（SMZ）＞磺胺异噁唑（SIZ）＞磺胺嘧啶（SD）＞磺胺二甲嘧啶（SM₂）＞磺胺对甲氧嘧啶（SMD）＞磺胺邻二甲氧嘧啶（SDM，又名磺胺多辛、周效磺胺）。

2. 抗菌机制

是通过抑制叶酸的合成而抑制细菌的生长繁殖。对该药敏感的细菌在生长繁殖过程中，不能直接从生长环境中利用外源叶酸，必须利用其体外的对氨基苯甲酸（PABA）。本类药物有与 PABA 相似的化学结构，能与 PABA 竞争二氢叶酸合成酶，从而阻碍敏感菌叶酸的合成而发挥抑菌作用。高等动物能直接利用外源性叶酸，故其代谢不受磺胺类药物干扰。

3. 磺胺药分类

可分为口服肠道易吸收、口服肠道不易吸收及局部外用三类。口服肠道易吸收者用于治疗全身各系统感染；口服肠道不易吸收者仅作为肠道感染的治疗，如磺胺脒（SG）、酞磺噻唑（PST）；局部外用磺胺药作为皮肤黏膜感染的外用药物，如磺胺嘧啶银（烧伤宁，SD-Ag）等。

根据药物在体内有效浓度持续时间的长短，又可将口服肠道易吸收磺胺类分为短效、中效和长效磺胺。短效磺胺如磺胺二甲嘧啶、磺胺异噁唑等，一次给药后其有效药物浓度可维持 4~8 小时；中效磺胺，一次给药后有效药物浓度维持 10~24 小时，如磺胺甲噁唑和磺胺嘧啶等；长效磺胺有效药物浓度维持在 24 小时以上，如磺胺间甲氧嘧啶、磺胺多辛等。

4. 耐药性

磺胺类药物在使用过程中，因剂量和疗效不足等原因，使细菌对此类药易产生耐药性，以葡萄球菌最易产生，大肠杆菌、链球菌等次之。细菌对一种磺胺药产生耐药性后，对其他磺胺类药也可产生不同程度的交叉耐药性，但与其他抗菌药之间无交叉耐药现象。

5. 不良反应及副作用

一般不太严重，主要表现为急性和慢性中毒两类。

（1）急性中毒　多发生于静脉注射其钠盐时，速度过快或剂量过大，内服剂量过大也会发生，主要表现为神经兴奋、定向力障碍、共济失调、肌无力、呕吐、昏迷、厌食和腹泻等；个别的会出现过敏反应，可表现为药疹、皮炎等。

（2）慢性中毒　主要由于剂量偏大，用药时间过长而引起。主要症状为：①泌尿系统损伤，出现结晶尿、血尿和蛋白尿及尿路阻塞、尿闭等副作用；②抑制胃肠道菌丛，导致消化机能紊乱等；③造血机能破坏，出现溶血性贫血及血红蛋白尿、凝血时间延长和毛细血管渗血；④幼畜免疫系统抑制、免疫器官出血及萎缩；⑤肝脏损害，可发生黄疸，严重者可发生急性肝坏死；⑥生长缓慢，生产性能降低等。

6. 用药原则

（1）合理选药　全身性感染宜选肠道易吸收、作用强而副作用较小的药物，如磺胺间甲氧嘧啶（SMM）、磺胺氯达嗪钠（SCP）、磺胺甲噁唑（SMZ）、磺胺异噁唑（SIZ）、磺胺嘧啶（SD）、磺胺二甲嘧啶（SM_2）、磺胺对甲氧嘧啶（SMD）、磺胺噻唑（ST）、磺胺喹噁啉（SQ）等；肠道感染可选内服肠道不易吸收的药物，如磺胺脒（磺胺胍、SG）、琥磺噻唑（SST）、酞磺噻唑（PST）等；治疗创伤时可选用氨苯磺胺（SN）、磺胺嘧啶银（SD-Ag）等；尿道感染可选用对尿道损伤小、尿中浓度高的SMZ、SIZ等。

（2）适宜的剂量　首次用大剂量（突击量，一般是维持量的2倍），使血中药物浓度迅速达到有效抑菌浓度。以后每隔一定时间给予维持量，待症状消失后，还应以维持量的1/3～1/2量连用2～3天，以巩固疗效。

7. 注意事项

（1）严格掌握适应证，对病毒性疾病及发热病因不明时不宜用磺胺药。

（2）首次剂量加倍，并要有足够的剂量和疗程，一般应连用3～5天。

（3）急性或严重感染时，为使血中迅速达到有效浓度，宜选用本类药物的钠盐注射。由于其碱性强，宜深层肌内注射或缓慢静脉注射。

（4）本品忌与酸性药物如维生素C、氯化钙、青霉素等混合注射。

（5）磺胺类药在体内的代谢产物乙酰磺胺的溶解度低，易在泌尿道中析出结晶，故用药期间应充分饮水，增加尿量，以促进排出。

（6）肾功能受损时，磺胺药排泄缓慢，应慎用。

（7）在使用磺胺药内服时，应同时给予等量的碳酸氢钠（小苏打）以碱化尿液，增加溶解度。

（8）磺胺类药可引起肠道菌群失调，维生素B和维生素K的合成及吸收减少，此时宜补充相应的维生素。长期大剂量应用本类药物，可影响叶酸的代谢和利用，故应注意添加叶酸制剂。

（9）除专供外用的磺胺药物，尽量避免局部应用磺胺药，以免发生过敏反应和产生耐药菌株。

（10）治疗创伤时，须将创口中的坏死组织和脓汁消除干净，以免因其含有大量PABP而影响磺胺药的疗效。

（11）磺胺类药与抗菌增效剂合用，可使作用显著增强，甚至从抑菌剂变为杀菌剂，故应以5∶1联合使用。

二、抗菌增效剂在兽医临床上的应用

甲氧苄啶（甲氧苄氨嘧啶，TMP）和畜禽专用药二甲氧苄啶（敌菌净，DVD）都为人工合成抗菌药，因能增强磺胺药和多种抗生素的抗菌作用，故称为抗菌增效剂。

1. 药理

抗菌谱与磺胺类相似而活性较强。对多种G^+菌及G^-菌均有抗菌作用，但铜绿假单胞菌、结核杆菌、丹毒杆菌、钩端螺旋体等对本品耐药。

2. 作用机理

抑制二氢叶酸还原酶，使二氢叶酸不能还原成四氢叶酸，因而阻碍敏感菌叶酸代谢和利用，从而妨碍菌体核酸和蛋白质合成。本类药物与磺胺类（作用于叶酸合成酶）合用时，可从两个不同环节同时阻断叶酸代谢而起双重阻断作用，使抗菌作用增强数倍至数十倍，甚至使抑菌作用转变为杀菌作用，而且可减少耐药菌株产生。

对磺胺耐药的大肠杆菌、变形杆菌、化脓链球菌等亦有作用。此外，还能增强抗菌药物，如四环素、红霉素、庆大霉素、黏菌素等的抗菌作用。单用易产生耐药性，一般不单独作抗菌药使用，与磺胺药的复方制剂可用于链球菌、葡萄球菌和 G⁻ 菌引起的呼吸道、消化道、泌尿生殖道感染及败血症、蜂窝组织炎、腹膜炎、乳腺炎、子宫炎、创伤感染等。

3. 药物相互作用

与磺胺药及某些抗菌剂联合应用，可产生协同增效作用。常以 1∶5 比例与磺胺对甲氧嘧啶（SMD）、磺胺间甲氧嘧啶（SMM）、磺胺甲噁唑（SMZ）、磺胺嘧啶（SD）、磺胺喹噁啉（SQ）等磺胺药合用。

4. 不良反应

毒性低、副作用小，可见过敏反应及呕吐、腹泻等胃肠道反应，一般症状轻微。偶尔引起白细胞、血小板减少等。怀孕母猪和初生仔猪应用易引起叶酸摄取障碍，宜慎用。

5. 注意事宜

（1）易产生耐药性，故不宜单独应用。

（2）大剂量长期应用会引起骨髓造血机制抑制，实验动物可出现畸胎，怀孕初期最好不用。

（3）TMP 与磺胺类的钠盐用于肌内注射时，刺激性较强，宜做深部肌内注射。

三、常用品种的临床应用

1. 磺胺嘧啶（SD）

（1）药物相互作用

① 磺胺嘧啶与甲氧苄啶（TMP）或二甲氧苄啶（DVD）合用，可产生协同作用。

② 酵母片中含有代谢所需要的 PABA，可降低本药作用，故不宜合用。

③ 不能与噻嗪类或速尿等利尿剂同服，否则可增加肾毒性和引起血小板减少。

（2）制剂

① 磺胺嘧啶片。用于敏感菌引起的感染，亦可用于猪弓形虫病。内服，一次量，每千克体重，首次 0.14～0.2 克，维持量 0.07～0.1 克，2 次/天，连用 3～5 天。

② 复方磺胺嘧啶预混剂，规格：1000 克：磺胺嘧啶 125 克与甲氧嘧啶 25 克，用于猪的链球菌、葡萄球菌、巴氏杆菌、大肠杆菌、沙门菌和李氏杆菌等感染。以磺胺嘧啶计。混饲，一日量，每千克体重 15～30 毫克，连用 5 天。

③ 磺胺嘧啶钠注射液，规格：10％、20％，用于敏感菌引起的感染（为脑膜炎的首选药物）及猪弓形虫病。深部肌注、静脉注射，一次量，每千克体重 50 毫克，2 次/天，连用 2～3 天。注意：本品遇酸可析出结晶，故不宜用 5％葡萄糖液稀释；本品不可与四环素、卡那霉素、阿米卡星、林可霉素等配合使用。

④ 10％复方磺胺嘧啶钠注射液，规格：10 毫升：磺胺嘧啶钠 1 克和甲氧苄啶 0.2 克，用于敏感菌及猪弓形虫感染，以磺胺嘧啶计，肌注，一次量，每千克体重 20～30 毫克，1～2 次/天，连用 2～3 天。注意：同③。

2. 磺胺间甲氧嘧啶（SMM，磺胺-6-甲氧嘧啶，制菌磺）

（1）作用与用途　主要用于大肠杆菌、巴氏杆菌、链球菌、金葡菌、胸膜肺炎放线杆菌、沙门菌等敏感菌所引起的各种疾病，对猪弓形虫病、猪水肿病也有效好疗效。

（2）药物相互作用　同磺胺嘧啶。

（3）制剂

① 磺胺间甲氧嘧啶钠注射液，用于各种敏感菌所引起的呼吸道、消化道、泌尿道感染及球虫病、猪弓形虫病等。静注，一次量，每千克体重 50 毫克，1～2 次/天，连用 2～3 天。

② 磺胺间甲氧嘧啶粉（片），内服，一次量，每千克体重，首次量 50～100 毫克，维持量 25～50 毫克，一天 2 次，连用 3～5 天。

3. 磺胺氯达嗪钠（SCP）

（1）作用与用途、药物相互作用　同磺胺间甲氧嘧啶。

（2）制剂

① 10％复方磺胺氯达嗪钠粉。用于猪大肠杆菌和巴氏杆菌等

敏感菌感染等。以磺胺氯达嗪钠计，内服，一次量，每千克体重20～30毫克，连用5～10天。

② 62.5%复方磺胺氯达嗪钠粉能有效控制弓形体、萎缩性鼻炎、乳房炎、子宫炎及巴氏杆菌、链球菌、大肠杆菌、胸膜肺炎放线杆菌、沙门菌等感染。每吨饲料添加300～500克"康舒秘"成品，或每吨水添加150～250克"康舒秘"成品，每次连用7天。作为一种慢效抑菌剂，"康舒秘"与快效抑菌剂强力霉素联合具有协同作用，能更有效地控制敏感菌感染。如能使用枝原净＋强力霉素＋康舒秘的黄金三宝组合，还能有效控制肺炎支原体等感染引起的呼吸道病综合征（PRDC）。因肺炎支原体是引起PRDC的钥匙病原和导火线，控制好支原体也可减轻蓝耳病对机体的损伤。

4. 磺胺二甲嘧啶（SM_2）

（1）用途　主要用于巴氏杆菌病、乳腺炎、子宫炎、呼吸道及消化道感染，亦用于防治猪弓形虫病。

（2）制剂

① 磺胺二甲嘧啶粉（片），内服，一次量，每千克体重，首次量0.14～0.2克，维持量0.07～0.1克，1～2次/天，连用3～5天。

② 10%磺胺二甲嘧啶钠注射液，静注、肌注，一次量，每千克体重50～100毫克，1～2次/天，连用2～3天。

5. 磺胺噻唑（ST）

（1）用途　主要用于敏感菌所致的肺炎、出血性败血症、子宫炎等。

（2）制剂　磺胺噻唑钠注射液，静注，一次量，每千克体重50～100毫克，2次/天，连用2～3天。

6. 磺胺甲噁唑（SMZ，新诺明，磺胺甲基异噁唑）

制剂：复方磺胺甲噁唑片（SMZ＋TMP），以磺胺甲噁唑计，内服，一次量，每千克体重20～25毫克，2次/天，首次加倍，连用3～5天。

7. 磺胺对甲氧嘧啶（SMD，磺胺-5-甲氧嘧啶，消炎磺）

其制剂如下。

① 复方磺胺对甲氧嘧啶、二甲氧苄啶预混剂，混饲，每吨饲

料添加本品 1000 克，连续饲喂不超过 10 天。

② 10％、20％复方磺胺对甲氧嘧啶钠注射液，以磺胺对甲氧嘧啶钠计，肌注，一次量，每千克体重 15～20 毫克，1～2 次/天，连用 2～3 天。

8. 磺胺脒（SG，磺胺胍）

用法与用量：内服，一次量，每千克体重 0.1～0.2 克，2 次/天，连用 3～5 天。

9. 酞磺噻唑（PST）

用法与用量：内服，一次量，每千克体重 0.1～0.15 克，2 次/天，连用 3～5 天。

第二节 氟喹诺酮类药物

喹诺酮类药物是一类化学合成的具有 4-喹诺酮环基本结构的杀菌性抗菌药物。本类自第一个品种萘啶酸 1962 年在美国问世到现在，发展迅速，第 1 代目前已很少用，第 2 代如吡哌酸（PPA）片剂至今仍在临床使用，仅对革兰阴性菌（G^- 菌）有效。科学家们经 20 多年精心研究，于 20 世纪 80 年代初发明了第 3 代氟喹诺酮类药物，其抗菌谱比第 1 代、第 2 代进一步扩大，抗菌活性也显著增强，为杀菌性广谱高效抗菌药物，对 G^- 菌、G^+ 菌及支原体均有效，尤其对需氧革兰阴性菌具有强大抗菌作用，不良反应也较小，适用于临床常见的多种细菌感染性疾病，已成为喹诺酮类药物的主流和兽医临床最常用的一类抗菌药物。目前临床上已有的动物专用品种有恩诺沙星、沙拉沙星、马波（麻保）沙星、达氟沙星、二氟沙星，此外，还有人用的环丙沙星、氧氟沙星、诺氟沙星（氟哌酸）、培氟沙星、洛美沙星等共 10 多个品种。它们在治疗细菌、支原体引起的消化、呼吸、泌尿、生殖等系统和皮肤软组织的感染性疾病方面发挥着越来越重要的作用，特别是有指征用于重感染及反复发作的慢性感染。一些新品种相继问世，如左氧氟沙星等，与沿用品种相比，明显增强了对需氧革兰阳性菌如肺炎链球菌、溶血性链球菌等呼吸道感染菌的抗菌作用，对肺炎支原体、肺炎衣原体等的抗微生物活性亦增强，故又被称为"呼吸喹诺酮类"。但随着临床广泛使用及大量无指征滥用，目前该类药物耐药菌株也明显增多，因此应合理地使用。

一、氟喹诺酮类药物的共同特点

1. 抗菌活性强，为杀菌药

其作用机理是通过抑制细菌 DNA 旋转酶，使细菌 DNA 不能形成超螺旋，染色体受损，阻碍细菌 DNA 合成、复制、转录和修复重组，细菌不能正常生长繁殖导致死亡，从而产生杀菌作用，且对细菌细胞壁有强大的穿透破坏能力，如此双管齐下，发挥出强大的杀菌作用。其抗菌浓度低，杀菌浓度与抑菌浓度相同或为后者的2～4 倍，对大多数菌株的最小抑菌浓度均低于 1 微克/毫升，远低于常用的抗革兰阴性菌药物。

2. 为广谱抗菌药

总的来说，对几乎所有的 G⁻ 菌和大部分 G⁺ 菌、支原体、衣原体、螺旋体和某些厌氧菌等均有良好作用。具体说，对大肠杆菌、沙门菌、多杀性巴氏杆菌、嗜血杆菌、胸膜肺炎放线杆菌、铜绿假单胞菌、败血波氏杆菌、肺炎克雷伯杆菌、布氏杆菌、流感杆菌、变形杆菌属等 G⁻ 杆菌作用强大，疗效更佳。对金葡菌、溶血性链球菌、肺炎链球菌、化脓性隐秘杆菌、猪放线杆菌（以前称猪棒状杆菌）、丹毒杆菌等 G⁺ 菌也有作用。相对而言，对 G⁺ 球菌的作用不如 G⁻ 杆菌。对支原体、衣原体的活性也较优越。

3. 杀菌作用有明显的浓度依赖性特征

本类药物具有快速杀菌作用，其杀菌作用依赖于血药浓度，而与作用时间关系不密切。药物峰值浓度越高，对致病菌的杀伤力越强，杀伤速度越快。投药原则是延长时间间隔，增大每次剂量。大多数药物的抗菌浓度都有一个最高限，当药物浓度低于这一最高抗菌浓度时，其抗菌活性随药物浓度升高而增强，当药物达到最高抗菌浓度时，其抗菌活性最强，但不能超过最低毒性剂量，否则适得其反。所以，给药方案应将浓度增加到最大限度，使血药峰浓度（c_{max}）高于最小抑菌浓度（MIC）8～10 倍时，可发挥最佳疗效并有助于避免耐药性的产生。

4. 抗生素后效应（PAE）强大而持久，消除半衰期长

抗生素后效应（PAE）指细菌与抗菌药物短暂接触后，将药物完全除去，细菌的生长仍然受到持续抑制的效应，浓度越大，PAE越长。并且持续的抗菌药效应（抗菌后亚抑菌浓度效应）也随浓度的增大而延长，所以临床上可尝试采用大剂量的治疗量。由于半衰期长可减少给药次数。

5. 与其他常用的大多数抗菌药之间无交叉耐药性

这是因为其结构不同于其他抗生素，抗菌作用独特，而且不受质粒传导耐药性影响。因此对某些多重耐药菌株或对其他抗菌药耐药的细菌仍具有较强的良好抗菌活性，也有利于与其他抗菌药物联合用药。对耐甲氧嘧啶/磺胺药的细菌、耐庆大霉素的铜绿假单胞菌、耐泰乐菌素或泰妙菌素的支原体等也有很好的疗效，且可用于支原体、衣原体、军团菌等在细胞内繁殖的病原体。

6. 使用方便，毒性较小

治疗量无致畸或致突变作用，临床使用安全。

7. 吸收快，体内分布广

因本类药物对组织及细胞渗透力强，药物在组织体液中浓度高于血药浓度，细胞内浓度高于细胞外浓度，生物利用率高，所以可治疗全身各系统或组织的感染性疾病。

8. 本类药物之间有交叉耐药性

因作用机理大体相同，故可出现交叉耐药。由于长期广泛大剂量使用和无指征的滥用，细菌耐药率总体呈逐年上升趋势，耐药菌株也逐渐增高，尤其是大肠杆菌，所以更要重视合理用药。临床上可将本类药物与氨基糖苷类抗生素（如庆大霉素、卡那霉素等）合用或交替使用，可以缓解耐药性。

9. 本类药物主要不良反应

可使幼龄动物软骨发生变性，引起跛行及疼痛；引起消化机能紊乱，表现烦渴、呕吐、腹胀、腹泻。治疗期间，如出现严重和持续性腹泻，应立即停药。也可引起皮肤过敏反应，如红斑、瘙痒、荨麻疹及光敏反应等。以上不良反应可随剂量加大或用药时间延长而加重。如果长期或大剂量使用（超过治疗量的10倍）也可引起

急性中毒，表现呕吐、口吐泡沫及中枢神经兴奋，甚至出现惊厥等中枢神经功能失调症状。所以，本类药物只适用于短期治疗，而不宜在亚治疗剂量下长期使用。

10. 其他

本类药物对病毒、真菌、原虫等均无效。

二、适应证

临床上主要用于防治各种敏感菌及支原体引起的急、慢性单发或混合性呼吸道、消化道、尿道、生殖道、皮肤软组织的各种感染性疾病，以及病毒病继发细菌性感染。

（1）猪支原体肺炎（气喘病）、猪嗜血支原体（猪附红细胞体病）、猪链球菌病、猪传染性胸膜肺炎、副猪嗜血杆菌病、猪肺疫、猪萎缩性鼻炎等呼吸道疾病。

（2）大肠杆菌病（仔猪黄痢、仔猪白痢、仔猪水肿病）、仔猪副伤寒、肠炎、各种原因引起的腹泻等肠道疾病，也可用于病毒性腹泻引起的继发细菌性感染。

（3）乳房炎、子宫炎、尿道炎、膀胱炎、尿血等泌尿生殖器官炎症和泌乳障碍综合征。

三、药物之间相互作用及使用注意事项

（1）本类药物与氨基糖苷类（如链霉素、庆大霉素、卡那霉素、丁胺卡那霉素等）联用有协同作用。这两类药物对革兰阴性菌均有良好的抗菌活性，通过抑制 DNA 回旋酶以及阻碍细菌蛋白质合成的双重作用方式，以发挥其协同作用，尤其在用于大肠杆菌引起的感染时药效增加。与丁胺卡那霉素联用，对铜绿假单胞菌作用增强。

（2）与 β-内酰胺类（如青霉素类、头孢菌素类）联用有协同作用。β-内酰胺类可阻碍细胞壁黏肽的合成，造成细胞壁缺损，有利于氟喹诺酮类进入细菌体内而发挥杀菌作用。对肠杆菌、革兰阳性菌及部分铜绿假单胞菌作用增强，但不能用本类药物针剂稀释 β-内酰胺类或混合注射。

（3）氟喹诺酮类与林可霉素联用，对葡萄球菌、链球菌等革兰阳性菌作用增强；可用于治疗猪支原体肺炎（猪气喘病）或肺炎支

原体与其他细菌混合感染引起的呼吸道病及继发肠道感染。

（4）氟喹诺酮类可与磺胺类药物配伍使用，如环丙沙星与磺胺二甲嘧啶合用，可明显增加对大肠杆菌和金葡菌的作用，但不能与碱性药物如磺胺嘧啶钠混合注射。

（5）本类药物与部分中药制剂联用，例如与黄芪多糖联用，既能抗菌又能增强免疫功能。

（6）本类药物应注意避免与氯霉素类（如氟苯尼考）、大环内酯类（如泰乐菌素、替米考星、红霉素等）、四环素类（强力霉素、金霉素、土霉素等）、泰妙菌素等蛋白质合成抑制剂及快效抑菌药合用，因合用后可导致本类药物效用降低或活性丧失。

（7）本类药物不能与利福平（RNA 合成抑制剂）合用，因利福平是较强的肝药酶诱导剂，而本类药物具有较强的肝药酶抑制作用，合用后使本类药物抗菌活性降低。

（8）本类药物不可与氨茶碱、咖啡因合用，合用后可使后者的代谢抑制，血中茶碱、咖啡因的浓度异常升高，甚至出现茶碱中毒症状。本类药物不可与高渗氯化钠、碳酸氢钠注射液合并用药，因具有不可相容性。

（9）本类药物与钙、镁、铁、铝等金属离子可发生螯合，影响吸收。本类药物不能与抗胆碱药、碱性药等配伍使用，因上述药物会降低胃液酸度，致使吸收不完全或形成结晶尿。

（10）本类药物的注射制剂有一过性刺激性，一次给药量过大或连续给药可能在注射部位出现硬结等，所以可在颈部、臀部等处多选择几个注射部位。注射量大时可分点注射，每个部位不要超过 10 毫升；并尽可能避免连续给药 10 次以上。

（11）禁用于怀孕母猪。因较长期、大剂量应用时，可发生致胎儿损伤的母畜性疾病。

（12）肾功能损坏者慎用，尤其是患由 2 型圆环病毒引起的"皮炎及肾病综合征"的病猪慎用。

（13）用本类药物治疗病毒性腹泻继发感染时，可配合口服补液盐。

（14）禁用于对氟喹诺酮类药物过敏者。

（15）非甾体抗炎药（如福乃达、氟欣安等）可使本类药物的神经毒性加重，与之合用要慎重。

四、常用品种的临床应用

1. 恩诺沙星（乙基环丙沙星）

（1）适应证　本品主要用于细菌性疾病和支原体感染，如猪支原体肺炎（猪气喘病）、猪嗜血支原体病（猪附红细胞体病）、多杀性巴氏杆菌病（猪肺疫）、大肠杆菌病（仔猪黄白痢、仔猪水肿病）、沙门菌病（仔猪副伤寒）、猪链球菌病、传染性胸膜肺炎、副猪嗜血杆菌病、猪萎缩性鼻炎、乳腺炎、子宫炎、泌乳障碍综合征、尿道炎、膀胱炎等。

（2）制剂及用法用量

① 0.5%恩诺沙星口服液。内服，5毫克/千克体重，2次/天，连用3～5天。内服仅适用于仔猪黄白痢、腹泻、胃肠炎。

② 0.5%、2.5%恩诺沙星注射液，肌内注射，一次量，2.5毫克/千克体重，2次/天；或5毫克/千克体重，1次/天，连用3～5天。

2. 环丙沙星

（1）适应证　本品适用于敏感细菌及支原体所致的呼吸道、尿道、消化道等各种感染性疾病。主要用于仔猪黄白痢、猪气喘病、仔猪副伤寒、猪丹毒等。

（2）制剂及用法用量

① 0.5%、2%乳酸环丙沙星注射液，静脉、肌注，一次量，2.5～5毫克/千克体重，2次/天，连用3～5天。

② 2%盐酸环丙沙星注射液，静脉、肌注，一次量，2.5～5毫克/千克体重，2次/天，连用3～5天。

3. 盐酸沙拉沙星

（1）适应证　本品主要用于敏感菌及支原体所致的各种感染性疾病，常用于猪的大肠杆菌病（仔猪黄白痢、仔猪水肿病）、沙门菌病（仔猪副伤寒）、巴氏杆菌病（猪肺疫）、支原体肺疫（猪气喘病）、猪葡萄球菌感染（如仔猪渗出性皮炎）等。

（2）制剂及用法用量　1%、2.5%盐酸沙拉沙星注射液，肌注，一次量，2.5～5毫克/千克体重，2次/天，连用3～5天。

4. 甲磺酸达氟沙星（单氟沙星）

（1）适应证　适用于敏感细菌及支原体所致的各种感染性疾病，如猪的传染性胸膜肺炎、气喘病等。

（2）制剂及用法用量　1%、2.5%甲磺酸达氟沙星注射液，肌注，一次量，1.25～2.5毫克/千克体重，1次/天，连用3天。

5. 盐酸二氟沙星（双氟沙星）

（1）适应证　本品用于治疗猪的敏感细菌及支原体所致的各种感染性疾病，如猪放线杆菌性胸膜肺炎、猪巴氏杆菌病、猪气喘病等。

（2）制剂及用法用量　2%、2.5%盐酸二氟沙星注射液，肌注，一次量，5毫克/千克体重，1次/天，连用3天。

6. 诺氟沙星（氟哌酸）

（1）适应证　本品适用于治疗敏感细菌及支原体所致的各种感染性疾病，如仔猪黄白痢、仔猪副伤寒等，对不明原因引起的久泻不止疗效显著。

（2）制剂及用法用量

① 自配1%烟酸诺氟沙星口服液，灌服，一次量，10～20毫克/千克体重，2次/天，连用2～3天。

② 2%烟酸诺氟沙星注射液，肌注，一次量，5～10毫克/千克体重，2次/天，连用3～5天。

第三节　其他合成抗菌药

抗菌药除各类抗生素外，还有许多人工合成的药物，在防治猪病方面起着重要的作用。人工合成抗菌药除了磺胺类、氟喹诺酮类以外，目前兽医应用品种主要有喹噁啉类的乙酰甲喹、喹乙醇；有机胂类的氨苯胂酸和洛克沙胂；天然提取物有博落回、牛至油和小檗碱。这些药物大部分是抗菌促生长剂，在养猪生产中使用广泛，对动物性食品的生产起着重要作用。但如果不合理使用可造成兽药在猪肉及其制品中残留，危害人类健康；同时有机胂制剂还可造成生态环境的污染，因此要十分重视这类药物的合理使用。

一、乙酰甲喹（痢菌净）

1. 不良反应

本品治疗量时对猪无不良反应。但当使用剂量高于临床治疗量3～5倍，或长时间应用会引起毒性反应，甚至死亡。

2. 制剂

（1）乙酰甲喹片

① 适应证　主要用于密螺旋体引起的猪痢疾，仔猪黄痢、白痢。

② 用法与用量　内服，一次量，每千克体重猪5～10毫克，2次/天，连用3天。

③ 注意事项　本品只能作治疗用药，不能用作促生长剂。

（2）乙酰甲喹注射液

① 适应证　仔猪黄痢、白痢、副伤寒，尤其对密螺旋体所致猪血痢有独特疗效，且复发率低。

② 用法与用量　肌注，一次量，2～5毫克，2次/天，连用2～3天。

③ 注意事项　禁与氟苯尼考、大环内酯类、四环素类等药物合用。切勿随意加量或加倍使用，防止中毒。中毒症状是咳嗽、喷嚏、发抖、叫唤、后躯瘫痪等。按最小量的5倍，即10毫克/千克体重，就有可能引起轻度中毒。发现中毒，可马上肌注硫酸甲基新斯的明（10毫升：200毫克，即2%）抢救，按0.04～0.1毫克/千克体重。新斯的明中毒，可用阿托品解救。

二、喹乙醇

1. 作用与用途

作为抗菌促生长剂，主要用于猪的促生长。亦用于防治仔猪黄痢、仔猪白痢、仔猪副伤寒等。

2. 不良反应

（1）本品对猪毒性较小，但仔猪超量易中毒，可引起肾小球损害，故不能随意加大剂量。

（2）人接触本品后可引起光敏反应。

3. 制剂——5%喹乙醇预混剂

① 适应证　用于35千克以下猪作促生长剂。

② 用法与用量　以本品计，混饲，每吨饲料，猪 1000～2000 克。

③ 休药期　猪 35 天。

④ 注意事项　体重超过 35 千克的猪禁用；不宜与抗生素合用；做好使用人的防护工作，手和皮肤不应接触药物。

三、洛克沙胂

1. 不良反应

过量可使动物中毒。

2. 制剂——5％洛克沙胂预混剂

① 适应证　用于促进猪生长。

② 用法与用量　以洛克沙胂计，混饲，每吨饲料，猪 50 克。

四、氨苯胂酸（阿散酸）

制剂——10％氨苯胂酸预混剂。

① 适应证　用于猪促生长。

② 用法与用量　以本品计，混饲，每吨饲料，猪 1000 克。

③ 注意事项　过量可使动物中毒。

五、博落回

制剂——0.5％博落回注射液。

① 适应证　主要用于大肠杆菌引起的仔猪黄痢、白痢。

② 用法与用量　肌注，一次量，猪体重 10 千克以下用 2～5 毫升，10～50 千克体重用 5～10 毫升。2～3 次/天，连用 3 天。

③ 注意事项　切忌超量注射。一次用量不超过 15 毫升。

六、牛至油

其制剂如下。

（1）牛至油溶液

① 规格　250 毫升。

② 适应证　用于预防及治疗仔猪大肠杆菌所致的仔猪黄痢、白痢，沙门菌所致的下痢。

③ 用法与用量　内服，预防，仔猪 2～3 日龄，每头 2 毫升，8 小时后重复给药一次。治疗，仔猪 10 千克以下每头 2 毫升，10

千克以上每头 4 毫升，用药后 7～8 小时腹泻仍未停止时，重复给药一次。

（2）（2.5%）牛至油预混剂

① 生产厂商及规格　荷兰博森德，500 克：12.5 克。

② 适应证　抗菌药物添加剂，主要用于预防及治疗猪大肠杆菌、沙门菌引起的下痢，也用于促生长，提高饲料转化率。

③ 用法与用量　以本品计，混饲，每吨饲料，预防，猪 500～700 克；治疗，猪 1000～1300 克，连用 7 天；促猪生长 50～500 克。

七、盐酸小檗碱（盐酸黄连素）

1. 不良反应

内服偶有呕吐，停药后即消失。

2. 制剂

（1）盐酸小檗碱片

① 适应证　用于治疗细菌性肠道感染。

② 用法与用量　内服，一次量，猪 0.5～1 克，3 次/天。

③ 注意事项　本品可引起溶血性贫血。

（2）硫酸小檗碱注射液

① 适应证　用于敏感 G^+ 菌和 G^- 菌感染。

② 用法与用量　肌注，一次量，猪 50～100 毫克，2 次/天，连用 2～3 天。

③ 注意事项　本品严禁静注。遇冷析出结晶，用前浸入热水中，用力振摇，溶解成澄明液体并晾至体温时使用。

八、乌洛托品注射液

1. 适应证

用于尿路感染。

2. 用法与用量

静脉注射，一次量，猪 5～10 克。

第五章
其他类药物的正确使用

第一节　口服补液盐

口服补液盐（ORS）是世界卫生组织（WHO）几经研究于1967年制定的配方，并在人医上推广使用，可以补充钠、钾及体液，调节水及电解质平衡，预防和治疗体内失水。

不管何种腹泻，引起仔猪死亡的直接原因都是机体严重脱水，采用世界卫生组织在人医推广的口服补液盐，给仔猪口服补液，可有效地预防和治疗腹泻脱水，显著减少仔猪腹泻造成的经济损失。口服补液盐具有简便易行、使用方便、纠正脱水快、效果好、副作用少、较安全等优点，但其使用也有许多学问，不能乱用。如果粗枝大叶，应用不当，也会加重病情，甚至导致不良后果。

1. 准确掌握口服补液盐的配方

本品为复方制剂，人用每包总量为13.75克，其中氯化钠（食盐）1.75克、氯化钾0.75克、碳酸氢钠（小苏打）1.25克、无水葡萄糖10.0克，临用时溶解于500毫升温开水中。也可购买原料药自己配制：取氯化钠3.5克，氯化钾1.5克，碳酸氢钠2.5克，无水葡萄糖20.0克，溶于1000毫升水中。还可购买兽用ORS，每袋250克，加水9100毫升（9.1千克）；或将每袋里的大、小两包混合均匀，称取13.75克，加水500毫升溶解。

2. 深刻了解口服补液盐的药理

体内的钠离子、钾离子是维持体内恒定渗透压所必需，而恒定的渗透压，则为维持生命所必需。体内的钠离子和钾离子如丢失过多，则会出现低钠综合征或低钾综合征。严重的呕吐、腹泻和感染，是造成体液平衡紊乱的主要原因。脱水、酸中毒、低血钾是液体平衡紊乱中的 3 个重要环节。要防止脱水，就要"补充水分"，"补充水分"不等于"补水"，补充水分并非一味喝白水，最好饮用含适当盐分、水分的电解质水溶液。而 ORS 中含有葡萄糖，小肠黏膜在吸收葡萄糖分子的同时，可偶联吸收一定量的钠离子，从而使肠黏膜对水分和肠液的吸收增加，只要小肠尚留有吸收功能，此机制就能发挥"效益"，体内水、钠就能得到补充，用药后 8～12小时作用达高峰。除补充水、钠离子和钾离子外，还对急、慢性腹泻有治疗作用。

3. 正确配制，不能马虎

必须严格按照规定的配方与加水量配制，配方中 4 种成分的比例不能有丝毫变动，称量要绝对准确，加水量不能多也不能少。只有正确配制的 ORS 溶液的渗透压才能接近血浆，有利于钠的吸收。若不按规定的加水量溶解，将适得其反。浓度过高，血液中的水分将倒流至胃肠，会引起渗透性腹泻和呕吐，使病情加重；浓度过低，水分不能被吸收到血液中，达不到补液的目的。此外，要现用现配，不可久放，以防污染。临用时，要用 35～40℃ 的温水溶解 ORS，水温不可超过 50℃，以免碳酸氢钠遇高温分解失效。

4. 掌握判断脱水程度的标准

轻度脱水，眼窝稍凹陷并有渴感迹象，尿量略减；中度脱水，眼窝明显凹陷，口干舌燥，腹部皮肤缺乏弹性和韧性（用手将皮肤捏起后快速放松，皮肤不能立即展开），尿次数及尿量明显减少，无精神；重度脱水，眼窝极度凹陷，眼皮不能闭拢，腹部皮肤弹性差，尿量极少或无尿，四肢凉，皮肤颜色发青，将出现循环衰竭。估计脱水程度以眼窝凹陷为重要标志。

5. 正确估计需要补液总量

补液总量要依据体重和脱水程度来估算，不是越多越好。①轻度脱水，每千克体重 40～60 毫升；中度脱水，每千克体重 60～80毫升，多次少量，在 4～6 小时内饮（灌）服完。以后酌情调整剂量，直到腹泻停止。但每天（24 小时）补液总量以每千克体重 100毫升为宜。②轻度腹泻，每天每千克体重 50 毫升，腹泻停止后应立即停用。不少专著、报刊及厂家说明书在介绍 ORS 使用方法时，不提示要依据体重和脱水程度来确定补液总量，多数写道："猪、羊、禽令其自由饮用"或"令其自由饮用"。个别作者甚至提出"不限量自由饮用"，笔者不敢苟同。"自由饮用"不是无限制地随便喝，仍然要有"度"。本人在使用实践中观察发现，当总液量每天每千克体重超过150毫升时，就有可能发生高钠血症（食入食盐过多）和水过多两种不良反应，表现为呕吐和腹泻加重，有的可造成死亡。因此，绝对不能服用过量。当服用过量或出现严重的不良反应时，应立即停用。

6. 少量、多次、慢饮

断奶仔猪，一般可每小时饮用一次，每次每千克体重 10～15 毫升，4～6 小时内饮完；哺乳仔猪可每隔半小时灌（饮）服一次，每次每千克体重 5～8 毫升，4 小时内服完。一次饮（灌）服太多，易引起呕吐和腹泻加重。这是因为凡腹泻者，消化道黏膜都有炎性水肿，吸收功能很差。短时间内大量快速服用，不但难以吸收，而且会促使胃肠蠕动加快，引起呕吐、腹泻加剧及脱水、电解质紊乱加重。

7. 严重脱水者禁用

本品只是预防和治疗轻度、中度脱水的有效方法之一，不是唯一的方法，也非灵丹妙药。严重脱水者有休克征象时，必须静脉补液，以免造成死亡。此外，如出现严重腹泻（此时往往不能口服足够的 ORS）、无尿或少尿，严重呕吐时也应禁用。应用本品后失水无明显纠正者需改为静脉补液。无法静脉补液者，可进行腹腔补液。不会腹腔补液者，可试用简便的皮下注射法：取氯化钠注射液或 5％葡萄糖氯化钠注射液或 5％葡萄糖注射液与氯化钠注射液各半，每千克体重 40～50 毫升，酌情分次将液体缓慢注入仔猪两大腿的前侧或内侧。

8. 尽可能买人用口服补液盐

治疗仔猪黄痢、白痢时每袋加水 500 毫升，使用方便。本人曾使用某兽药厂生产的 ORS，每袋 250 克，其中内含氯化钾的小包，称量仅有 7.0～8.5 克，标准含量应为 13.65 克，含量明显不足，此种粗制滥造的 ORS，使用效果不佳。人用 ORS，尽管价格贵一些，但货真价实，效果好。

9. 莫忘使用抗菌药物或其他药物治本

对于由大肠杆菌、沙门菌、螺旋体等引起的腹泻，在使用口服补液盐对症疗法治"标"，赢得时间的同时，还要及时用庆大霉素、新霉素、痢菌净等抗菌药物治疗原发病，不要顾此失彼。

10. 注意有效期和储藏

本品有效期1年半，应密封，在干燥处储存。凡过有效期或性状改变时（如受潮、结块或如软糖状）禁用。

第二节　地塞米松

地塞米松（氟美松）是猪病治疗中常用的人工合成的含氟长效糖皮质激素（又称皮质甾体类激素），在肝内转化为氢化可的松，具有明显的抗炎、抗内毒素、抗过敏、抗休克、影响代谢等多种药理作用，临床上用于严重的细菌感染性疾病、过敏性疾病、休克、局部炎症等的综合治疗。

地塞米松是一把"双刃剑"，如果能够严格掌握适应证，使用得当，有良好疗效；否则，会发生不良反应和并发症。不少人对其药理作用缺乏全面深入了解，在猪病治疗中，将其当作"万金油"和"灵丹妙药"，滥用的现象很普遍，不仅一般感染时用，发热时用，甚至猪不吃食也用。滥用的后果常常干扰了治疗性诊断，使感染扩散、病情恶化、母猪死胎增多甚至流产。所以，要掌握地塞米松的基本知识，注意合理使用，走出滥用的诸多误区。

1. 药理作用

本品的作用与氢化可的松基本相似，但作用较强，显效时间长，副作用较小。本品肌注给药显示出快速的全身作用，1小时血药浓度达峰值，半衰期约48小时。

（1）具有很强的抗炎作用　其抗炎作用约比氢化可的松强25倍，对病原微生物如细菌、病毒、真菌等感染性及其他物理性、化学性、免疫性等因素引起的炎症反应过程的各个方面均有抑制作用，既可减轻和防止急性炎症期的炎症渗出、水肿和炎症细胞浸润，也可减轻和防止炎症后期的纤维化、粘连等。其抗炎作用涉及对血管、炎症细胞和炎症介质的作用；①直接收缩小血管，抑制血管扩张，降低毛细血管通透性，减轻炎症渗出和水肿；②抑制炎症细胞在炎症部位的聚集；③抑制中性粒细胞和巨噬细胞释放能引起组织损伤的毒性氧自由基，抑制吞噬作用、稳定溶酶体膜、阻止补体参与炎症反应；④抑制成纤维细胞的功能，并因此抑制胶原和氨基多糖的生成；⑤抑制与炎症有关的细胞因子生成、抑制炎症介质的释放，从而减轻组织损伤。

(2) 免疫抑制作用　能通过多个环节抑制免疫反应：抑制吞噬细胞和其他抗原递呈细胞的功能，减弱它们对抗原的反应，防止或抑制细胞介导的免疫反应和迟发性过敏反应，且能抑制抗体产生。其抑制免疫的作用是因为能减少 T 淋巴细胞、单核细胞、嗜酸性细胞的数量，降低免疫球蛋白与细胞表面受体的结合能力，并抑制白介素的合成与释放，从而降低 T 淋巴细胞向淋巴母细胞转化，并抑制原发免疫反应的扩展。还抑制免疫复合物通过基底膜，并能减少补体成分、降低免疫球蛋白的浓度。利用免疫抑制作用，可治疗过敏反应性疾病及休克。但疫苗接种期间禁用。

(3) 抗内毒素作用　细菌，特别是革兰阴性细菌能释放出内毒素，导致发热、乏力、食欲不振等。地塞米松能保持细胞膜的完整性，降低细胞膜的通透性，从而使内毒素不易透入细胞内，提高机体的抗应激能力，减轻细菌内毒素对机体的损害，缓解毒血症症状，对毒血症的高热有良好的退热作用。退热机制可能与其抑制体温中枢对致热原的反应、稳定溶酶体膜、减少内源性致热原的释放有关。

(4) 抗休克作用　保持和提高小血管的能力，加强心肌性收缩力增加血液输出量，回升血压，有利于感染性休克、内毒素性休克、低血容量性休克、心源性休克等的纠正，用于危重病例的抢救等。

(5) 抗过敏作用　能减少过敏介质的产生及释放，故可减轻过敏反应（超敏反应）症状。

2. **适应证**

利用其抗炎、免疫抑制等作用治疗多种疾病。

(1) 主要用于各种急性严重细菌性感染的辅助治疗　如各种败血症、产褥热、中毒性菌痢、中毒性肺炎、脑膜炎等，能迅速缓解严重的症状，有于病猪渡过危重期。

（2）各种类型的休克　包括感染性、内毒素性、出血性、心源性、外伤性、过敏性休克等。作为休克的辅助药物，为了发挥其作用，需早期大剂量短时间内应用，并充分补充血容量。若为感染性休克，必须与抗生素或抗菌药物合用；若为过敏性休克，还应配合肾上腺素、抗组胺药。

（3）炎症性疾病　如乳腺炎、心包炎、产后急性子宫内膜炎、腹腔炎、结肠炎、睾丸炎、关节炎、腱鞘炎等。

（4）严重的过敏性疾病　如注射疫苗引起的过敏、荨麻疹、特异反应性皮炎等。

（5）自身免疫性疾病及血液病　如仔猪溶血性贫血、猪皮炎及肾病综合征等。

（6）各种皮肤疾病　局部用药，如湿疹、接触性皮炎、剥脱性皮炎等。

3. 常见不良反应

（1）静脉迅速给予大剂量可能发生全身性过敏反应，包括面部及眼睑肿胀、荨麻疹、喘鸣。

（2）中、长期用药可引起以下副作用：①影响钙在肠道的吸收，并增加钙的排泄，引起骨质疏松或骨折等；②诱发和加重感染，以真菌、葡萄球菌、变形杆菌、铜绿假单胞菌和各种疱疹病毒感染为主。

4. 禁忌证

（1）对抗菌药物不能控制的病毒、真菌性感染以及外毒素所引起的疾病禁用。

（2）疫苗接种期禁用。

本品有较强的免疫抑制作用，可抑制淋巴组织的活性，使抗体蛋白质异生和抑制蛋白质合成，从而使细胞免疫降低，减少抗体生成。即使有时剂量很少，也会影响免疫效价、降低免疫效果或引起免疫失败甚至引起发病。

（3）怀孕母猪应慎用或禁用。

本品易于透过胎盘可使胎盘功能不全，妊娠期间特别是妊娠早期使用，影响胎儿的生长发育，可能造成畸形甚至死亡。妊娠后期大剂量使用，能兴奋子宫平滑肌，使子宫收缩，引起自发性流产。

（4）较重的骨质疏松（俗称母猪软骨症）、重症肌无力禁用。

5. 用法和用量

（1）一般常规用法及剂量　肌内或静脉注射：地塞米松磷酸钠注射液，一次量（以下指 50 千克体重猪的用量），4～12 毫克，每天 1 次。疗程依病情而定，一般疗程限于 3～5 天。如果疗程超过 5 天，在第 2 个 5 天内应逐渐减量并停用。

（2）对严重的感染及各种休克　短期内可使用较大剂量，可重复给药，每 6 小时 1 次，每次 4～12 毫克，于 3～4 天逐渐减量，5～7 天后停药，但大剂量连续给药一般不超过 72 小时。静脉滴注时应以适量 5％葡萄糖注射液稀释。也可一次用 30 毫克，每天 1 次，静注。

6. 使用注意事项

（1）本品仅限于危及生命的感染性急症。

由于本品对病原微生物无杀灭或抑制作用，只能减轻或防止组织对炎症的反应，从而缓解炎症的"红、肿、热、胀、痛"和机能障碍等症状，只能对症状治"标"而不能对病因治"本"，不能完全治愈。同时，由于本品有较强的免疫抑制作用，能降低机体的抗感染能力，在未进行抗菌药物治疗时有可能增加感染机会或使潜在的感染灶扩散。因此，本品只能用于细菌感染性急症，一般性感染不宜使用；不用于止痛与普通的发热。

（2）在治疗危及生命的感染性急症时，不能单独使用。

必须与足量有效的抗菌药物配合使用，以免感染扩散和加重。治疗休克时，皮下和肌注吸收慢，应静脉注射给药。要求用 5～10 倍于正常剂量的给药，治疗才会有效。在治疗与内毒素血症有关的急性乳腺炎时，静注地塞米松有利于抑制毒素在体内的循环及代谢。此外，要密切观察病情变化，在短期用药病情控制后即应迅速减量、停药，用药时间不宜长。

（3）连续使用本药超过 1 周，切不可突然停药。

以免出现应激反应疾病、原先患的疾病易复发或出现肾上腺皮质功能不全。用于感染性急症时，首要条件是用抗菌药物控制感染，待急性症状缓解后，应先停用地塞米松，再继续使用抗菌药物直至感染完全消除。停用地塞米松必须在停用抗菌药之前，且应逐日减量至1/3再停药。

（4）用于过敏性休克时应首选使用肾上腺素，再合用地塞米松。

因地塞米松起效相对较慢。用于治疗失血和脱水等引起的休克时，只能在血容补充之后才能给予。

（5）注意配伍及禁忌。

地塞米松不能与氯化钙、磺胺嘧啶钠、盐酸四环素、盐酸土霉素等配伍，容易出现浑浊或沉淀。不能与水杨酸钠类药物合用，否则可增加其毒性。

（6）在免疫抑制性病毒病普遍存在的今天，应用地塞米松尤要慎重。

目前，不少猪场均存在着蓝耳病、2型圆环病毒感染、猪流感、猪瘟、猪伪狂犬病等免疫抑制性疾病，使用地塞米松更要慎重，不乏应用后病情恶化的病例。因为地塞米松无抗病毒作用，用后反而可降低抗体的防御能力，使病毒得以复制和增殖，病情反而加重。

第三节　解热药

发热是机体对病因的一种自卫性反应。发热的原因很多，但绝大多数病例是由于患传染性疾病所致。在体温升高的同时，能增加血液循环，加快新陈代谢，白细胞和抗体增多，吞噬病原微生物的作用和肝脏的解毒能力增强，对于增进机体抗病能力、消灭病原、恢复健康是一种有利的因素。另外，热型对疾病的诊断、判断治疗效果与预后都有重要的意义，所以轻度的发热不需要用药物退热。但过高的发热（超过正常体温2℃以上）会使机体的生理机能紊乱，加快体内营养物质和能量的损耗，酶活性下降，可造成机能损害，加重病情。严重的高热会使机体发生昏迷甚至危及生命。为了避免疾病发展得更严重，在明确诊断、分析病因、针对病原体选用敏感抗菌药物进行病因治疗（治"本"）的同时适当地使用解热药物对症治疗（治"标"）是必要的。可以起到迅速缓解病情，以达到"标本兼治"的目的。

目前,不少猪场在使用解热药时存在许多误区。一些人对发热这一病理现象及解热药的药理特点、不良反应等缺乏深入了解,更多的人不知道猪的正常体温是多少,一些猪场发现猪有点发热(体温仅达到40℃)时,就马上使用解热药,但猪病反而不见好转。这是因为病猪在疫病感染未得到有效控制的情况下,反复使用解热药,造成体力衰竭与脏器的损伤而加重病情,甚至出现"低温症"。尤其是当前不少猪场存在蓝耳病、2型圆环病毒感染等免疫抑制性病毒病造成的细菌继发感染和霉菌毒素中毒等多因素引发的所谓"高热综合征"时,如果用解热药急剧降温,可能死得更快,造成更高的死亡率。所以一定不可滥用解热药。

那么,怎样正确使用解热药呢?

1. 要知道猪的正常体温

令人遗憾的是,许多专著、资料对猪的正常体温没有一个准确的描述,有的只是笼统写道:猪的正常体温是38~39.5℃。也有的写到:正常体温,小猪38.9~40℃,成年猪37.8~38.9℃,而没有详细分述。须知,不同年龄猪正常体温是不同的。不同阶段猪在静止时的正常直肠温度分别是:哺乳仔猪39.2℃;断奶仔猪39.3℃;架子猪39℃;育肥猪38.8℃;怀孕母猪38.7℃;母猪产后24小时内40℃;母猪分娩后1周至仔猪断奶39.3℃;断奶后母猪38.6℃;公猪是38.3℃。以上温度上下波动0.3℃,都属正常体温。一般来说,超1℃内在40.5℃以下为低热,达到40.5~41.5℃为中热,超过41.5℃以上才能称得上是高热。

2. 要了解解热药的药理特点

解热药的主要机理是通过作用于下丘脑的体温调节中枢,引起外周血管扩张,皮肤血液增加,使散热增加而起解热作用(与地塞米松的解热机理不同)。解热药物可使发热动物的体温降至正常,而对正常体温者无作用。其主要不良反应是长期应用可引起白细胞减少。

3. 把握用药的时机

对体温在40.5℃以下的一般发热病猪,不能马上使用解热药,而应根据流行病学特点、临床症状和剖检变化等尽快明确诊断,针对病原体选用敏感抗菌药物进行治疗性诊断。若先用了解热药，体温暂时降下来了，但会造成热型混乱，掩盖了疾病真相，那么治疗性诊断就缺乏正确性，很容易因扰乱热型而造成误诊。只有体温达到 41℃ 以上、明确诊断、使用抗菌药物控制感染进行对因治疗的同时才应考虑使用退热药。使用剂量要准确，每天肌内注射 1～2 次，疗程一般不超过 3 天，而且每次使用解热药以前必须测量体温，体温在 41℃ 以下时不要使用。

4. 选药要仔细

柴胡是一种散邪透表、升阳散热、解郁疏肝的中药。中药制剂柴胡注射液退热作用确实，还能改善肝功能，副作用小，对流感、感冒等发热疾患有良好疗效，猪体温在 40.5～41℃ 可优先考虑使用。解热药可首选对乙酰氨基酚（扑热息痛）注射液，其解热作用强，类似阿司匹林也较安全。

安乃近、复方氨基比林、安痛定等注射液，仅适用于急性高热且病情急重，又无其他有效解热药可用的情况下的紧急对症退热，且不得与其他药物混合注射，更不能用它们作溶剂稀释青霉素类抗生素，亦不宜长期应用。如果长期大量连续使用，可引起粒性白细胞减少，降低机体防御能力，也可引起免疫性溶血性贫血。

5. 用药目的要明确，剂量要准确

解热药只能减轻症状，不能消除发热的病因。对于细菌感染引起的发烧，应以使用抗菌药物控制感染为主，进行病因治疗。控制感染的降温是一种缓慢的过程，一般得 2～3 天，不要动摇决心。解热药仅可"对症治疗"，使用剂量要准确，不可超大剂量使用，或者反复多次使用。

第四节　缩宫素

缩宫素俗称催产素，是一种能选择性地兴奋子宫，加强子宫平滑肌收缩的药物。用药的剂量不同，能使子宫产生节律性收缩或强直性收缩。如果用量适当，子宫节律性收缩加强，促使胎儿迅速入产道，故适用于引产和分娩时的催产，也可用于产后止血或产后子

宫复原及促进胎衣排出等。若使用不当，不仅增加了母猪产死胎的风险，严重的还可造成子宫破裂导致母猪死亡。为此，要掌握缩宫素的几项基本知识。

1. 缩宫素的药理性质

（1）药效学　缩宫素作用于子宫收缩的强度和性质，取决于子宫的生理状态和用药剂量。

① 小剂量缩宫素可激发并增强妊娠末期子宫肌的节律性收缩，使收缩力和收缩频率增加，收缩、舒张均匀，沿着产道推动胎儿，其性质和正常分娩相似，故可用于引产和临产后子宫收缩无力时加强宫缩。

② 大剂量的缩宫素则引起子宫肌张力持续增高，以至舒张不完全而发生强直性收缩，压迫子宫肌内的血管导致血流供应不畅，可用于产后出血。

③ 缩宫素能促使乳腺的腺泡和腺泡导管周围的肌上皮细胞收缩，松弛大的乳导管周围的平滑肌使泡腔的乳迅速进入乳导管，有助于乳汁自乳房排出，是一种特异和敏感的反应（注意：只有促进放乳作用，并不增加乳腺的乳汁分泌量，即没有催乳作用）。

（2）药代动力学　催产素易被消化液破坏，内服无效。皮下和肌内注射，吸收良好，3～5 分钟开始发挥作用，但维持时间短，作用持续 30～60 分钟；用氯化钠注射液稀释后静脉滴注，立即起效，滴注完毕后维持时间 20～30 分钟，其效应逐渐减退，半衰期一般为 3～6 分钟。

2. 适应证与用量

（1）催产　分娩过程中出现宫缩无力时，如果 40 分钟以上没有仔猪产出，经检查子宫颈口已充分开放、产道通畅，可应用小剂量缩宫素，以增加子宫节律性收缩，加快分娩，减少死产。依体重大小，一般用 10～20 单位，最多不超过 40 单位。剂量过大，不仅不能改善宫缩的状态，还可危及胎猪甚至母猪的生命。

（2）产后子宫出血　应用大剂量缩宫素（50 单位），治疗因产后宫缩无力或子宫缩复不良而引起的子宫出血。因其作用时间短，常与麦角新碱配合用来止血，缩宫素与麦角新碱有协同作用（但不能混合注射）。

（3）引产　对于过期妊娠或胎死腹中，可用10～40单位缩宫素，促使母猪将胎儿娩出。

（4）胎衣不下和子宫复原不全　应用小剂量缩宫素，加速胎衣排出、促进子宫复原，用于治疗产后胎盘滞留和子宫复原不全。

（5）促进排乳　每次注射缩宫素10单位，每6小时1次，连用4～6次，用于治疗无乳症或非传染性因素引起的泌乳障碍综合征。

3. 禁忌证

不要用于初产母猪、产道阻塞、胎位不正、骨盆狭窄、子宫颈尚未开放及分娩时脐带先露或脱垂、完全性前置胎盘、宫缩过强、需要立即手术的产科急症等。

4. 注意事项

（1）缩宫素用于催产时必须指征明确，缩宫素的作用较垂体后叶素强，宜小剂量应用。如剂量过大，可造成胎儿窒息和母猪子宫破裂死亡。

（2）禁止在初产母猪上使用。

（3）对于正常分娩的母猪，应该在最少产出5头仔猪后再使用缩宫素。

（4）应用缩宫素不能代替人工助产措施，当母猪阴户流血、至少45分钟没有仔猪产出，表现出明显的疼痛、痉挛，或者已经产出死亡的胎猪时，应立即进行人工助产。

（5）如有子宫收缩乏力现象出现，应在6～8小时之内注射缩宫素。

（6）不能同时多途径给药，也不能并用多种子宫收缩药（用缩宫素就不能用垂体后叶素或前列腺素）。

（7）缩宫素的药效维持时间短，必要时1小时后可再重复使用10～20单位。

（8）为避免注射过程中药物的损失，保证剂量的准确性，可用氯化钠注射液将缩宫素注射液作1:1的稀释后使用。

（9）注射部位除常用的耳根后皮下或肌内注射外，笔者多年来采用外阴内侧黏膜注射或外阴外侧皮下注射，此法不仅简便易行，还可节约用量（一般注射 10 单位即可），广大养猪户不妨一试。

第五节　替米考星注射液

替米考星属于大环内酯类动物专用抗生素，其抗菌作用与泰乐菌素相似，主要对抗革兰阳性菌，对少数革兰阴性菌和支原体也有效。对胸膜肺炎放线杆菌、巴氏杆菌及猪支原体的活性比泰乐菌素强，其口服时临床效果较好。主要用于治疗胸膜肺炎放线杆菌、巴氏杆菌、猪肺炎支原体等感染引起的肺炎。每吨饲料中添加 200～400 克的替米考星，连用 2 周，可以防治猪呼吸道病综合征。但替米考星注射液对猪使用时应特别慎重！

《中国兽药典》2005 年版"兽药使用指南（化学药品卷）"第二章抗微生物药一节中，介绍替米考星时，在"不良反应"一栏中（第 48 页）明确指出：本品对动物的毒性作用主要是心血管系统，可引起心动过速和收缩力减弱。猪肌内注射 10 毫克/千克体重引起呼吸增数、呕吐和惊厥，20 毫克/千克体重可使大部分试验猪死亡。在介绍替米考星注射液时（第 49 页），在"注意"一栏中指出"除牛以外，其他动物注射给药慎用"。上述是对猪慎用替米考星注射液的理论依据。

笔者对猪试用某药厂的中试产品——5％磷酸替米考星注射液（系单一替米考星成分）：采用 10 毫克/千克体重，即出现呼吸急促、呕吐和惊厥等中毒症状，但不至于引起死亡；采用 15 毫克/千克体重，危急病例很快死亡；对一般病例采用 20 毫克/千克体重，15 分钟内可造成死亡，死亡率高达 80％。在试用的实践中验证了理论依据的正确性。

目前仍见不少报刊介绍使用替米考星注射液治疗猪呼吸道病，推荐剂量为每千克体重 10～20 毫克，一天 1 次，没有指明对猪慎用。对此，笔者实在不敢苟同。特提请养猪界朋友及兽医同仁注意，对猪慎用替米考星注射液。替米考星注射液使用得当，对治疗猪呼吸道疾病有一定效果，不是不可以用，而是要慎用，特别是不能贸然超量使用。因为人们已经习惯了或者总喜欢超剂量使用抗生素。青霉素、链霉素等抗生素超量使用不至于引起死亡，但替米考星很特殊，是个例外，如果超量使用，带来的却是可能死亡的悲剧。为此，敲一下警钟，对单一替米考星注射液，在使用时，不要使用大剂量或超剂量，更不能用于危重病例，否则会加速死亡。在使用时要特别慎重，不妨先试用几头，看效果如何，并在使用过程中探索出自己的使用经验。

　　笔者声明，有的生产厂家生产的复方替米考星注射液，其中可能还加入别的有效成分，但没有标示出来，据称使用效果很好，剂量大小可按厂家推荐的使用，不在笔者指出的单一纯品替米考星注射液之列。

第二部分

猪病防治

第六章

猪传染病的防制原则及免疫程序

第一节 猪传染病的发生及危害

养猪生产过程中，如果猪舍设计不合理，设备不完备，引种频繁，不注意兽医卫生，生物安全不到位，饲养管理不当，选址不正确等，很易发生各类疫病。发病后轻者则生产效益降低、饲养成本增加、利润减少，重则猪场倒闭，严重困扰着养猪业发展。因此养猪业者应该清醒看到，抓好防制疫病是件头等重要的大事。但是怎样才能防制猪的疫病呢？首先对疫病发生的规律要有深入的认识，然后才能科学地采取针对性措施，立竿见影地控制疫病的发生，把损失降低到最小。

任何传染性疫病的发生，都必须存在着传染源、传播途径和易感动物三个紧密相连的环节，三个环节同时存在并联结在一起，疫病才得以发生和流行，缺少任何一个环节，传染病就会终止。因此，采取措施，消除和切断三个环节的联系，才能控制疾病的发生和传播。

（1）传染源 是指发病或病死的猪，以及无临床症状的隐性感染猪和"康复"带菌（毒）猪，它们不断向外排出各种病原体，都可成为传染源。如病毒性病原体就有猪瘟病毒（HCV、CSFV）、伪狂犬病毒（PRV）、繁殖与呼吸障碍综合征病毒（PRRSV）、口蹄疫病毒（FMDV）、传染性胃肠炎病毒（TGEV）、流行性腹泻（PEDV）、轮状病毒（PRV）等。细菌性病原体有丹毒杆菌、巴氏杆菌、沙门杆菌、大肠杆菌、链球菌、波氏杆菌、魏氏梭菌、短螺旋体、钩端螺旋体、布氏杆菌等。支原体性病原体有猪肺炎支原体、猪鼻支原体、嗜血支原体（附红细胞体）。衣原体病原体有鹦鹉热衣原体、沙眼衣原体等。原虫病原体有弓形虫、猪球虫等。

（2）传播途径　指病原体侵入易感动物的途径，可分为直接接触和间接接触传播。直接接触传播是指健康猪与病猪圈在一起造成接触传播，尤其是规模化养猪场，密集型的饲养给直接接触传播带来一定机会；引进新的种猪，如不隔离观察往往也会带来危险。间接接触传播是指病原体污染外界环境，通过饲料、物料、饮水、土壤、容器、食槽、用具、器皿、车辆等传播；也可通过昆虫、猪、犬、猫、鼠类、鸟类，以及人类活动等引起疫病传播。这方面的沉痛教训很多，如从国外、外省、外县、邻场传入疫病。多数猪场使用周转性麻袋，一条麻袋多场多次使用，引起相同疫病发生。没清洗、消毒的运猪车辆最脏，携带多种病原到处跑，是最危险的传染源，这些都必须引起高度重视。

（3）易感动物　指对病原体具有敏感性、易发病的动物，这里指的是易感的猪。如果猪缺乏正常抵抗力又没有产生特异免疫力，易感性较大。而具有较强正常抵抗力，又经过免疫接种获得特异性免疫力的猪，易感性较低，甚至不具有易感性。因此，必须加强饲养管理，注重增强猪的正常抵抗力，并及时进行各种疫苗的免疫接种，增强猪对各类疫病的特异免疫力。

第二节　猪传染病的防制原则及主要措施

认识并掌握了发生疾病三个环节之后，防制疫病的原则是必须从切断这三个环节的联系着手。可以根据猪场环境条件和猪只实际情况，制定出控制疫病的各种措施和规程。真正树立"预防为主、防重于治、防养并重（养＝营养＋环境＋管理）"的思想，从产前、产中、产后着手，全位进行防疫。只有在人、猪、饲料、建筑、环境等方面同时采取可行的防疫措施，才能逐步控制和消灭养猪场内传染源，防止新的疫病传入。具体防疫措施应从以下四个方面着手。

1. 加强消灭病原，消除传染来源

（1）严格处理病猪、死猪　猪场发现病猪要及时隔离治疗，决不允许在场内剖解，死猪剖检要远离生产区，并进行深埋、焚烧等无害化处理，要及时清除病死猪场地的粪、尿、排泄物等，可用3％烧碱水进行彻底消毒。

（2）污水和粪便处理　猪场产生的大量粪便和污水含有大量病原菌，猪粪要及时清刮，可用发酵池法和堆积法消毒。另外猪场与粪场必须分开，因为粪便堆积物是猪场污染的疫源地。粪场要设在猪场下风向，与猪场保持一定距离。对污水可用2.5％的漂白粉消毒。

（3）场区的消毒　整个猪场每半个月要用3％烧碱水喷洒一次，不留死角，每栋舍内走道每5～7天用0.3％过氧乙酸或季铵盐类消毒药消毒。

（4）猪舍消毒　根据猪场的特点，最好对各类猪舍实行"全进全出"的饲养管理模式，即每批猪转出后至下批猪转入该舍前，应将前批猪留下的粪尿、垫草、剩料、污物、饮水等全部清除干净，然后用水彻底冲洗地面、走道、饲槽、圈栏及用具等，待晾干后，再用3％烧碱水进行严格的消毒。必要时要按容积每立方米用14克高锰酸钾和28毫升福尔马林混合，进行密闭熏蒸48小时，空舍5～7天后方可进猪。

（5）产房消毒　地面和设施经冲洗干净，干燥后用高锰酸钾和福尔马林熏蒸2小时，再用烧碱或其他消毒药等消毒一次，再用干净水冲去残药，最后用10％生石灰乳刷地面和墙壁。母猪进入产房前作体表清洗，以0.1％高锰酸钾溶液对外阴和乳房消毒，新生仔猪断脐后用5％碘酊消毒，用消毒毛巾擦去鼻、嘴上黏液，然后全身涂抹"密斯陀"粉，以利消毒和干燥。

2. 严格卫生措施，切断传播途径

① 严格门卫专职管理，负责来往人员、车辆消毒工作，猪场大门口及生产区入口和各栋猪舍门口应设消毒池，消毒药物用3％烧碱，并指定专人负责。外来人员和非生产区人员未经许可不得进入生产区；经许可进入者，必须按规定更衣、换鞋、消毒。

② 饲养人员要坚守岗位，不得串栋舍。生产区工作人员家中

不准养猪。各栋舍车辆及用具专用。饲养人员不准外购肉制品进场。

③ 经常驱（消）除鸟、鼠、蚊、蝇、犬、猫等动物，以利截断传染途径。

④ 引进种猪，必须由非疫区购入，并经检疫，到场后需隔离观察1个月。

3. 建立有效的免疫程序，增强猪的特异性免疫力

定期做好免疫接种，是规模化养猪场增强猪只抗病能力、防止疫病流行的重要措施。应根据本地区疫病流行、疫苗性质及猪只生产安排，决定本场使用的疫苗种类、接种方法和免疫程序。

4. 改善饲养管理，增强猪的特异性免疫力

改善饲养管理始终是增强猪正常抵抗力的手段，要饲喂全价配合饲料，有条件的可在饲料中添加三仪"排疫肽"（内含特异性及非特异性高浓度免疫球蛋白）、百奥"抗菌肽"、信桥"福源康"或台湾"保力胺"等免疫调节剂，增强非特异性主动免疫功能。

另外还可在配合饲料中添加乳酸菌活菌制剂，可调整肠道菌群，预防肠道疾病，刺激产生干扰素防御病毒，增强猪只正常抗病能力。

第三节　中、小型集约化养猪场兽医防疫工作规程

1. 猪场建设的防疫要求

（1）猪场场址应选择地势高燥、背风、向阳、水源充足、水质良好、排水方便、无污染、排废方便、供电和交通方便的地方，远离铁路、公路、城镇、居民区和公共场所1000米以上，离医院、屠宰场、畜产品加工厂、垃圾及污水处理场所、风景旅游区2000米以上。周围筑有围墙或防疫沟，并建立绿化带。要建有专用的出猪台。

（2）猪场要做到生产区与生活区、行政区严格分开，并保持一定距离。

（3）猪场大门入口处要设置宽同大门相同、长等于进场大型机动车轮一周半长的水泥结构的消毒池。生产区门口设有更衣换鞋、

消毒室或淋浴室。猪场入口处要设置长1米的消毒池或消毒盆以供进入人员消毒。外来车辆不得进入猪场。

（4）根据防疫需求可建有消毒室、兽医室、隔离舍、病死猪无害处理间等，应设在猪场的下风50米处。场内道路布局合理，人员、动物和物资运转应采取单一流向，进料和出粪道严格分开，防止交叉污染和疫病传播。

（5）猪场要有专门的堆粪场，粪尿及污水处理设施要符合环境保护要求，防止污染环境。

（6）养猪场应备有健全的清洗消毒设施，防止疫病传播，并对养猪场及相应设施如车辆等进行定期清洗消毒。

（7）养猪场应配备对蚊、蝇、害虫、鸟和啮齿动物等的生物防护设施。

2. 饲养管理要求和卫生制度

（1）场长的职责

① 认真贯彻执行《中华人民共和国动物防疫法》。

② 兽医防疫卫生计划、规划和各部门的防疫卫生岗位责任制。

③ 淘汰病猪、疑似传染性病猪和隐性感染猪及无饲养价值的猪只。

（2）猪场要建立有一定诊断和治疗条件的兽医室，建立健全免疫接种、诊断和病理剖检记录。

（3）兽医技术人员的职责

① 防疫、消毒、检疫、驱虫工作计划。

② 配合畜牧技术人员加强猪群的饲养管理、生产性能及生理健康监测。

③ 有条件的猪场应开展主要传染病的免疫监测工作。

④ 定期检查饮水卫生及饲料的加工、储运是否符合卫生防疫要求。

⑤ 定期检查猪舍、用具、隔离舍、粪尿处理和猪场环境卫生消毒情况。

⑥ 负责防疫、病猪诊治、淘汰、死猪剖检及其无害化处理。

⑦ 建立疫苗领用、保管、免疫注射、消毒、检疫、抗体监测、疾病治疗、淘汰、剖检等各种业务档案。

（4）要坚持自繁自养的原则，必需引进猪只前必须调查产地是否为非疫区，并有产地检疫；猪只在装运及运输过程中没有接触过其他偶蹄动物，运输车辆应做过清洗消毒，猪只引入后至少隔离饲养 30 天，在此期间进行观察、检疫，确认为健康者方可并群饲养，及时注射猪瘟等疫苗。

（5）猪场严禁饲养禽、犬、猫及其他动物。猪场食堂不得外购猪肉。

（6）非生产人员一般不允许进入生产区，特殊情况下，外来参观者需经洗澡后，更换场区工作服和工作鞋后方可入场并遵守场内一切防疫制度。

（7）场内不准带入可能染疫的畜产品或其他物品，场内兽医人员不准对外诊疗猪及其他动物的疾病。猪场配种人员不准对外开展猪的配种工作。

（8）定期对猪舍及周围环境进行消毒。猪场的每个消毒池要经常更换消毒液，并保持其有效浓度，定期对猪舍及其周围环境进行消毒。

（9）生产人员进入生产区时，应洗手、穿工作服和胶靴，戴工作帽或沐浴后更换衣鞋，工作服应保持清洁，定期消毒，饲养员严禁相互串栋。

（10）禁止饲喂不清洁、发霉或变质的饲料，不得使用未经无害化处理的泔水以及其他畜禽副产品。

（11）每天坚持打扫猪舍卫生，保持料槽、水槽、用具干净，地面清洁，舍内要定期进行消毒，每月 1～2 次，猪舍转群时要进行消毒。

（12）猪场内的道路和环境要保持清洁卫生，因地制宜地选用高效低毒、广谱的消毒药品，定期进行消毒。

（13）每批猪只调出后，猪舍要严格进行清扫、冲洗和消毒，并空圈 5～7 天。猪群周转执行"全进全出"制。

（14）产房尽可能严格消毒，有条件的可进行消毒效果检测，母猪进入产房前进行体表清洗和消毒。仔猪断脐带要严格消毒。

（15）定期驱除猪的体内、外寄生虫。搞好灭鼠、灭蚊蝇和吸血昆虫等工作。

（16）饲养员认真执行饲养管理制度，细致观察饲料有无变质，注意观察猪采食和健康状态、排粪有无异常等，发现不正常现象，及时向兽医报告。

（17）猪只及其产品出场，应由猪场提供疫病监测和免疫证明。

（18）养猪场应根据《中华人民共和国动物防疫法》及其配套法规的要求，结合当地疫病发生的种类和实际情况，有选择地进行疫病的预防接种工作，并注意选择适宜的疫苗、免疫程序和免疫方法，制定综合防制方案、疫病监测方案和驱虫程序及常用驱虫药物。

3. 扑灭疫情

依据《中华人民共和国动物防疫法》，猪场发生传染病时，或疑似传染病时，应采取以下措施。

① 驻场兽医应及时进行诊断，调查疫源，向当地畜牧兽医行政管理部门报告疫情，根据各类疫病的特点做好封锁、隔离、消毒、紧急防疫、治疗和淘汰等工作，做到早发现、早确诊、早处理，把疫情控制在最小范围内；确诊发生口蹄疫、猪水疱病时，养猪场应配合当地畜牧兽医管理部门对猪群实施严格的隔离、扑杀措施；发生猪瘟、伪狂犬病、猪蓝耳病、布鲁菌病时，应对猪群实施清群和净化措施；全场进行彻底的清洗消毒，病死或淘汰猪的尸体进行无害化处理。

② 发生人畜共患病时，须同时报告卫生部门，共同采取扑灭措施。

③ 在最后一头病猪死亡淘汰或痊愈后，须经该传染病最长潜伏期的观察，不再出现新病例时，并经严格消毒后，方可撤销或申诉解除封锁。封锁期间严禁出售、加工染疫病死和检疫不合格的猪只及产品，染疫病死的猪只按国家防疫规定的办法处理。

第四节　制定和执行科学的免疫程序

给猪接种疫苗使其主动产生保护力，是预防疫病流行的最经济有效的重要手段之一。笔者自1996年以来，在多处大型种猪场工作期间，广泛听取国内诸多知名养猪专家及学者的建议，参考大量国内外文献，在工作实践中不断总结经验与教训，逐步探索出一套比较切合实际的免疫程序，并印成技术资料，推荐给前来引种的广大客户实施，从反馈的信息来看，普遍反应效果良好。现将疫苗使用效果好而没有争议的6种必须免疫的病毒病的免疫程序推荐如下，供养猪朋友们参考。其他病种的免疫接种，可根据本场的实际情况，有针对性地选择使用。

1. 免疫程序

（1）猪瘟　选用普通的猪瘟活疫苗（Ⅱ）（细胞源），又称犊牛睾丸细胞疫苗，通用名猪瘟细胞苗，国家标准为每头份抗原含量不低于750个兔体感染量（RID）。生产厂家：永顺、中牧、维科、齐鲁、南京天邦等。

① 种公猪：每年3月、9月各免疫一次，剂量8头份。

② 经产母猪：每次产后25～30天随同仔猪一起免疫，或断奶时免疫一次（空怀母猪要及时补免），剂量8头份。怀孕期慎用。

③ 仔猪：25～30日龄首免，剂量4头份；60～70日龄加强免疫一次，剂量4头份。

④ 后备种公、母猪：按仔猪免疫程序进行后，于7月龄或配种前加强免疫一次，剂量8头份。

提示：①使用前要认真查看说明书。现在的猪瘟细胞苗广告宣传和说明书上多数都标有每头份抗原含量是多少个兔体感染量，抗原含量参差不齐（有的标称每头份≥20000个RID）。凡含量只标示每头份含细胞毒液不少于0.015毫升而没有标示含多少个兔体感染量的，其实就是那种抗原含量不少于750个RID的普通猪瘟细胞苗，可适当加大剂量。而政府采购专用高效价猪瘟活疫苗（细胞源）质量标准中明确规定每头份抗原含量不少于7500个RID，使用时就不要再增加剂量，1头份即可，但要使用专用稀释液。②政府采购专用猪瘟活疫苗（Ⅰ），又称猪瘟脾淋苗，剂量1～2头份即可，使用时参照产品说明书。③不要使用猪瘟、猪丹毒、猪多杀性巴氏杆菌病三联活疫苗。

（2）口蹄疫　选用进口206佐剂猪口蹄疫O型灭活疫苗（缅甸98谱系2010毒株即O/MYA98/BY、OZK/93株＋OS/99株或OZK/93株等），后海穴注射效果更佳。生产厂家：中农威特、中牧、兰州生物、金宇保灵、新疆天康等。

① 种公猪：每4个月免疫一次，剂量4毫升。

② 经产母猪：跟胎免疫，每次临产前45天免疫一次，剂量4毫升；或每年普免3次，每4个月免疫一次（避开配种后20天内及临产前1个月，可向后顺延）。

③ 免疫母猪所产断奶仔猪：50日龄首免，剂量2毫升；80日龄强化免疫1次，剂量3毫升。

④ 未免疫母猪所产仔猪：断奶时首免，剂量1.5毫升；1个月后加强免疫一次，剂量2毫升。

⑤ 后备种公、母猪：断奶仔猪经两次免疫后，于第一次发情后或配种前40天再强化免疫一次，剂量4毫升；母猪临产前45天再加强免疫一次，剂量4毫升。

提示：也可选用猪口蹄疫O型合成肽疫苗（双抗原），剂量1～2头份。种公猪每年接种3次；后备种公、母猪：配种前4周接种一次；怀孕母猪：产前30～45天接种一次；免疫母猪所产仔猪：45～50日龄首免，80日龄加强免疫一次；非免疫母猪所产仔猪：仔猪断奶时首免，20～30天后加强免疫一次，100日龄3免。

（3）伪狂犬病　选用猪伪狂犬病基因缺失弱毒活疫苗（天然GE/GI基因缺失Bartna-k61株、BUK株或人工基因缺失HB-98株），种猪也可选用伪狂犬病灭活疫苗（鄂A株）。生产厂家：辉瑞、勃林格、海勃莱、梅里亚、普莱柯、科前、维科、齐鲁、中牧等。

① 种公猪：每年免疫3次；剂量：弱毒苗1头份，灭活苗2毫升。

② 经产母猪：临产前30天；剂量：弱毒苗1头份或灭活苗2毫升。或每4个月免疫一次。

③ 免疫母猪所产仔猪：45～51日龄免疫1次，肌注弱毒苗一头份。

④ 未免疫母猪所产仔猪：2～3日龄弱毒苗滴鼻，剂量1头份；45日龄加强免疫一次，肌注弱毒苗1头份。

⑤ 后备种公、母猪：6月龄前后免疫一次，间隔3～4周强化免疫一次，肌注弱毒苗1头份或灭活苗2毫升。

提示：要使用专用稀释液。

（4）猪乙型脑炎　选用猪乙型脑炎活疫苗（SA14-14-2株）。生产厂家：科前、中牧、中岸等。

① 后备种公、母猪：在北方，每年4月初至9月底蚊虫到来之前及有蚊虫期间，对所有150日龄以上（日龄过小注射无效，因有母源抗体干扰）的后备种公、母猪免疫一次，剂量1头份。间隔3周后再加强免疫一次，效果更佳，其他季节无需免疫。在南方，不分季节，在150～200日龄期间进行二次免疫。

② 2周岁以内的种公猪及1～2胎母猪产后20天，在4～9月蚊虫季节也要免疫一次。

③ 其他年龄段的种公猪、第3胎及第3胎以后的经产母猪及商品猪，不必免疫。

提示：活疫苗要使用专用稀释液并保证在稀释后2小时内用完。不要选用灭活苗。

（5）细小病毒病　选用细小病毒病灭活疫苗。生产厂家：科前、中牧、中博、齐鲁、海利等。

① 2周岁内种公猪：每半年免疫一次，剂量2毫升。2周岁以上不必免疫。

② 后备种公、母猪：5月龄首免，剂量2毫升；间隔2～4周后加强免疫一次，剂量2毫升；最后1次免疫必须在配种前1个月完成，孕猪不宜接种。

③ 头胎母猪产后15天免疫一次，剂量2毫升；2胎后不用再免疫。

提示：切勿冻结，启封后当天用完。

（6）传染性胃肠炎、流行性腹泻　选用传染性胃肠炎、流行性腹泻二联灭活苗或弱毒活疫苗。生产厂家：维科、海利、哈药生物、成都天邦等。必须后海穴注射，肌内注射无效。

① 生产种猪：首免，每年9月初普免，4毫升/头；二免，首免后3～4周普免，4头份/头（头胎母猪配种后30天内建议推迟接种），或临产前20～25天二免，4毫升/头。

② 仔猪：9月初至次年3月哺乳仔猪，3周龄首免，1个月后加强一次，2毫升/头。9月初保育猪，全群普免，1个月后加强一

次，2毫升/头。

③ 后备种猪：9月份至次年3月份期间，补栏的后备种猪，进入生产群前完成2次免疫，间隔3周，4毫升/头。

提示：①每年11月至次年3月是该病高发期。此时，育肥猪群尤其是100～120日龄之前的育肥猪一般先发病，随后波及种猪群及哺乳仔猪，损失惨重。控制该病必须在11月份之前让猪只建立免疫力。因此，做好这部分猪群的前期免疫工作，是减少免疫空白猪群、减少发病率的重要环节。9月份必须对种猪群和小于60日龄的保育猪全部首免，1个月后二免。②病毒性腹泻有较强的寒冷季节多发病特点，4月份以后至9月底无需注射疫苗。

（7）其他病毒及细菌性疫病　根据各场的实际情况，酌情选用猪2型圆环病毒灭活疫苗（勃林格、哈兽研维科、普莱柯、成都天邦、海利、福州大北农、南农高科等）、高致病性猪蓝耳病活疫苗或灭活苗、副猪嗜血杆菌病灭活苗（勃林格、海勃莱、科前）等，免疫程序及剂量依厂家说明书。

2. 时间安排

（1）后备种公、母猪（5月龄转入后备种猪舍）　160日龄，乙型脑炎、细小病毒首免（乙型脑炎仅4～9月蚊虫季节免疫）；170日龄，伪狂犬首免；180日龄，乙型脑炎、细小病毒二免（乙脑仅4～9月蚊虫季节免疫）；190日龄，口蹄疫；200日龄，伪狂犬二免；210日龄，猪瘟。225日龄，可以配种。

（2）头胎及经产母猪　产前45天，口蹄疫；产前30天，伪狂犬；产前20～25天，病毒性腹泻（11月至次年3月寒冷季节分娩的）；产后25天或断奶时，猪瘟。

（3）种公猪　3月1日、9月1日，猪瘟；3月10日～20日，7月10日～20日，11月10日～20日，口蹄疫（不要在同一天全部免疫，防止影响精液品质及准胎率）；4月1日、10月1日，猪细小病毒（2周岁以上的不必免疫）；2月15日、6月15日、10月15日，伪狂犬病；4月初至9月底，乙脑（只免2周岁以内的）。

（4）免疫母猪所产仔猪　25～30日龄，猪瘟首免；断奶后7天内，病毒性腹泻（每年10月至次年3月寒冷季节免疫）；45日龄，伪狂犬；50 日龄，口蹄疫首免；60 日龄，猪瘟二免；80 日龄，口蹄疫二免。

3. 注意事项

（1）猪疫病防制是一个系统工程，应从阻断传染病流行的三个环节（传染源、传播途径、易感动物）入手，免疫接种仅是其中的一环。不能片面夸大疫苗的作用，应同时加强生物风险管理，认真采取免遭病原微生物侵袭的一切必要措施，包括搞好环境建设、建筑等硬件条件及设施，还包括加强兽医卫生，做好各项清洗和消毒、隔离、封锁、尸体无害化处理、灭鼠、灭蚊蝇及驱鸟，禁养猫、犬及其他畜禽。消灭传染源，切断传播途径，还要加强营养及日常饲养管理等。

（2）疫苗接种不是越多越好，尽可能减少种类，以减少应激和营养消耗。仔猪断奶前后，少用含佐剂的灭活苗，防止诱发圆环病毒病。

（3）疫苗要选择知名度高的品牌产品，要注意冷链运输（活疫苗应在 8℃ 以下的冷藏条件下运输，$-15℃$ 以下储存，灭活苗不能冻结）和正确使用；失真空的冻干苗和接近失效期的疫苗不能用。

（4）严格执行疫苗注射常规无菌操作，一头猪要换一个针头，防止交叉感染。

（5）灭活苗开启后限当日用完；弱毒苗稀释后，视气温条件要在 2～3 小时内尽快用完。

（6）两种病毒弱毒活疫苗，不要同时注射，至少间隔 5～7 天。

（7）一般来说，配种后 20 天内和产前半个月内，尽可能不要注射疫苗，以防流产。

（8）备好肾上腺素，注射疫苗后观察 10 分钟，发现过敏反应及时救治。

（9）建立猪群的免疫档案，杜绝漏免或出现免疫空白，尤其是空怀母猪。

（10）用过的疫苗瓶、未用完的疫苗和器具等应进行消毒处理或深埋，其他注意事项请参照说明书及生物制品常规使用注意事项。

疫苗是将病毒或细菌（包括支原体、衣原体等）减弱毒力或杀死，失去原有的致病性而仍具有良好的抗原性、能刺激机体免疫系统产生特异性抗体、用于预防传染病的一类生物制剂。目前在猪病防制中普遍使用的疫苗有活苗（弱毒苗）与死苗（灭活疫苗）两大类，又可细分为单价疫苗、多价疫苗、基因工程疫苗、基因缺失苗及合成肽疫苗等。免疫接种是猪场防疫工作中的重要环节，不论大小猪场都要十分重视这项工作的细节。

1. 猪常用的疫苗

（1）常用的病毒弱毒苗 猪瘟活疫苗（Ⅰ）（俗称脾淋苗）、猪瘟活疫苗（Ⅱ）（俗称细胞苗）、繁殖与呼吸综合征活疫苗（俗称蓝耳病活疫苗）、伪狂犬病活疫苗、伪狂犬病基因缺失活疫苗、猪传染性胃肠炎-猪流行性腹泻二联活疫苗、乙型脑炎活疫苗。

（2）常用的细菌活菌苗 多杀性巴氏杆菌病活疫苗，败血性链球菌病活疫苗，仔猪副伤寒活疫苗，肺炎支原体病活疫苗，仔猪大肠杆菌 K88、K99 双价基因工程活疫苗，猪布鲁杆菌病活菌苗等。

（3）常用的病毒灭活苗 猪口蹄疫 O 型高效灭活疫苗、猪口蹄疫 O 型合成肽疫苗、茵格发®猪圆环病毒疫苗、细小病毒病灭活疫苗、伪狂犬病灭活疫苗、传染性胃肠炎-流行性腹泻二联灭活疫苗、蓝耳病灭活疫苗等。

（4）常用的细菌灭活苗 副猪嗜血杆菌病灭活疫苗、猪链球菌双价灭活疫苗、猪传染性胸膜肺炎三价油乳剂灭活疫苗、猪传染性萎缩性鼻炎二联油乳剂灭活菌苗、猪气喘病灭活疫苗、仔猪大肠杆菌病三价灭活疫苗等。

2. 应严格遵守使用兽医生物药品的一般注意事项

（1）认真阅读并遵守疫苗使用说明书 明确疫苗特点、用途、装量、稀释液、稀释液的使用量、每头剂量、接种方法及注意事项等。应遵守疫苗管理的规定，活疫苗要冷冻运输和储存，灭活苗要求在 2~8℃保存，切忌冻结。

（2）检查疫苗外观质量 凡未按要求保存、过期、无标签、疫苗瓶裂纹、瓶塞松动、弱毒苗失真空（稀释疫苗时不自动吸水）及灭活苗冻结过的、出现分层的，一律严禁使用。

（3）接种疫苗前应仔细观察猪群　被免疫猪必须健康无病，发现发热、发绀、食欲不振、呼吸困难、腹泻、过度瘦弱、有慢性病和刚去势的猪只不应接种疫苗。

（4）做好免疫接种操作　注射器、针头逐一冲洗后煮沸 10 分钟，而不能使用化学消毒剂处理，否则残留的消毒剂会使弱毒苗失活。抽取疫苗时，绝不能用已给猪注射过的针头吸取，以防污染整瓶疫苗。可用一灭菌针头，插在瓶塞上不拔出，裹以挤干的酒精棉球专供吸疫苗用。同一支注射器不得混用多种疫苗，也不能使用未经冲洗、消毒的注射器，防止残留的疫苗使另一种疫苗失活。灭活苗要充分摇匀，但活疫苗在稀释时不能过度振荡，防止产生气泡和降低效价，可用手拿着疫苗瓶做画圈动作，轻轻使其溶解。要现用现稀释。稀释后的疫苗要放在疫苗冷藏箱（包）内，并且一定要放入冰块，限在 3 小时内用完。要一头猪换一个针头。注射部位用 5% 的碘酊消毒后，要用 75% 酒精棉球脱碘，若碘酊未干就急于注射，碘酊通过针孔与疫苗接触后，对活疫苗有破坏作用。肌内注射时可采用 45°角刺入，防止垂直刺入疫苗液随针孔溢出。要选对针头型号，不要太粗、太短，防止疫苗外溢。

（5）先小范围试用　首次使用某种疫苗时，应选择一定数量的猪进行小范围试用，观察 3～5 天，确认无严重不良反应后，方可扩大接种面。

（6）选择好注射方法和部位　猪传染性胃肠炎-流行性腹泻二联活疫苗或灭活苗，必须后海穴（尾根下肛门上之间的凹陷处，又称交巢穴）注射，进针深度 3 日龄仔猪为 0.5 厘米，随猪龄增大而加深，成年猪为 4 厘米，肌内注射无效。猪口蹄疫 O 型灭活苗最好也后海穴注射，因为这里是穴位，产生的抗体多。猪气喘病活疫苗必须肺内注射。伪狂犬病基因缺失活疫苗对仔猪采用滴鼻效果更好。猪布氏杆菌病活疫苗要皮下注射，而且只限于非怀孕猪，怀孕猪注射会引起流产。凡肌内接种的疫苗，注射部位有耳根后颈部、臀部和后腿内侧等几处供选择，要求轮换选点，不要在同一部位重复注射。已经肿了的地方不能注射，否则疫苗不吸收。

（7）注意做好妊娠母猪接种　给妊娠母猪接种时动作要轻柔，以避免引起机械性流产。配种后 20 天和临产前 15 天以内不要注射疫苗，以防流产。猪细小病毒苗和猪布氏杆菌活疫苗对怀孕母猪不宜使用。

（8）选对稀释液　每种活疫苗都有专门的稀释配方，适合于一种疫苗的稀释液也许会灭活另一种疫苗。乙脑活疫苗、猪伪狂犬病活疫苗等带有专用稀释液，必须用专用稀释液而不能用生理盐水或注射用水稀释。猪瘟活疫苗必须用生理盐水而不能用注射用水、凉开水或矿泉水稀释，猪链球菌活疫苗必须用 20％铝胶盐水稀释。

（9）防止散毒（菌）　活疫苗在操作时应注意防止病毒和活菌的散布，用过的器具、针头要及时消毒，用过的疫苗瓶和没用完的疫苗要深埋。

3. 接种疫苗前后应特别注意的几个细节

（1）有针对性地选用疫苗　要掌握本地区及本场传染病的流行情况，有针对性、有选择地进行免疫预防。免疫接种应遵循病毒性疾病免疫为先的原则，猪瘟、口蹄疫、伪狂犬病、圆环病毒、乙脑、细小病毒病等没有争议的病毒病疫苗必须免疫。细菌苗要依据本场具体情况有选择性地使用，疫苗使用不是越多越好，可用可不用的疫苗不要使用，一些疾病可通过添加药物预防，从未发生过猪肺疫、猪丹毒、链球菌病等的猪场也可不接种这几种病的菌苗。

（2）避免应激　接种疫苗前后数日，应尽可能避免造成剧烈刺激的操作，如采血、去势等。断奶、转群前后数日等易造成应激的阶段也不要注射疫苗。这些应激因素都会降低机体的免疫机能，虽然注射了疫苗，但产生的抗体少，影响免疫效果。应避免注射活疫苗与消毒同日进行。

（3）禁用抗菌和抗病毒药物　弱毒苗只有在被免疫猪体内生存并繁殖才有效，因此注射活菌苗之前 7 天和注射之后 10 天内，均不应饲喂含有抗菌、抑菌药物（如各种抗生素、磺胺类、氟喹诺酮类等）的饲料和添加剂，或混饮、注射任何抗菌药物。猪气喘病活疫苗注射前 15 天及注射后 2 个月内禁用土霉素、卡那霉素等药物及含以上药物的配合饲料，否则疫苗中的活菌会被杀死而影响免疫效果。接种后因有反应而用抗菌药物治疗的猪，应隔离或做好记号，待康复后2周重新注射一次。注射病毒弱毒苗后1周内，不得使用利巴韦林（病毒唑）、吗啉胍（病毒灵）、金刚烷胺、猪白细胞干扰素、聚肌胞等抗病毒药，更不能同时使用抗血清。

（4）注射疫苗后必须观察15分钟　个别猪在注射疫苗后可能发生急性过敏反应，表现为不安、发抖、发绀、口吐泡沫、呕吐、呼吸困难、卧地不起等，应立即用肾上腺素、地塞米松等抗过敏药物紧急抢救。

（5）避免使用免疫抑制剂　不论是注射病毒苗还是细菌苗，也不论注射活苗或死苗，在免疫前后5～7天都要避免使用影响疫苗免疫应答的药物和免疫抑制剂，如氟苯尼考、喹乙醇、磺胺类药、氨基糖苷类（如庆大霉素、卡那霉素）、四环素类及地塞米松等糖皮质激素，因它们对抗体的合成有一定抑制作用，或对T淋巴细胞、B淋巴细胞的转化有明显的抑制作用，从而影响免疫效果。

（6）避免两种或两种以上疫苗同时注射，以免互相干扰影响抗体产生　猪瘟活疫苗、蓝耳病弱毒苗、伪狂犬病弱毒苗等病毒活疫苗之间，必须间隔7天以上。猪口蹄疫O型灭活苗更不能与猪瘟活疫苗混合注射，要先免疫好猪瘟，后接种口蹄疫疫苗。

（7）免疫后要加强饲养管理　要保证提供的蛋白质、能量、维生素和微量元素，减少各种应激，不喂被霉菌毒素污染的饲料，以利产生抗体。

（8）加强各项生物安全措施　注射疫苗不是万能的，还要搞好消毒、隔离等各项兽医防疫措施，搞好综合防制。

第六节　集约化猪场寄生虫病的防治措施及控制程序

在集约化猪场，由于寄生虫病很少引起猪只的大批死亡，所以往往对其有所忽视。有数据表明，由于生长速度可下降8%～15%，饲料利用率可降低5%～10%，推迟出栏时间，因寄生虫病而造成的经济损失，一般可占到养猪利润的5%～8%，应引起足够重视。

1. 寄生虫的种类

寄生虫分体内寄生虫和体外寄生虫两大类。体内寄生虫主要有蛔虫、鞭虫、结节线虫、肾线虫、肺丝虫等；体外寄生虫主要有疥螨、虱、蜱等，其中以疥螨虫对猪的危害最大。

2. 寄生虫病的防治措施

（1）搞好猪群及猪舍内外的清洁卫生工作，清除猪舍内的感染性虫卵，使猪群生活在清洁干燥的环境中，保持饲料新鲜、饮水洁净，消灭中间宿主，减少寄生虫繁殖的机会。

（2）产房污染是仔猪感染球虫、疥螨、弓形虫等的主要途径，分娩舍应采用"全进全出"的饲养方式，减少同一分娩栏寄生虫病的连续传播，分娩舍地板、栏架和各种用具必须严格消毒。球虫卵囊对很多消毒剂有较强的抵抗力，普遍消毒剂不能杀死球虫卵囊，只有几种消毒剂，尤其是以戊二醛为基础的复合型消毒剂，如"威牌"复合醛，已证明可有效杀死球虫卵囊，明显降低猪球虫病的发病率。

（3）猪粪应集中堆积，发酵处理，以杀灭体内外寄生虫虫卵。

3. 寄生虫病的控制程序

选择合理的驱虫模式进行驱虫，可提高饲料利用率，促进生长，增加猪场效益，推荐采用"四乘二"驱虫程序进行驱虫，"四"是指公猪、母猪、后备种猪、保育生长猪四个阶段的猪，"二"是指对每一阶段的猪驱虫两次。

（1）母猪在分娩前1～2周驱虫1次。此办法可操作性较强，即从母猪产前7～10天转入分娩舍后开始投药，连喂5～7天。母猪每年驱虫2次，避免母猪将猪疥螨、猪球虫、蛔虫、鞭虫传染给仔猪。

（2）在仔猪断奶转入保育舍后2～3周（即6～7周龄）和生长舍（40千克体重左右）各驱虫1次，共驱虫2次。

（3）种公猪每年3月和9月各驱虫1次，共驱虫2次。

（4）后备种公、母猪在配种前驱虫1次。

（5）新引进的后备种猪进场后2周（约5月龄）投放驱虫药，转入配种舍于配种前2周（6～7月龄）再驱虫1次，共2次。

（6）新购进的猪只驱虫2次（间隔10～14天），并隔离饲养至少 30 天才能和其他猪只并群饲养。

4. 选用合适的驱虫药物进行驱虫

针对目前猪场寄生虫感染的情况，应选用能同时驱除体内、外寄生虫的驱虫药物。大群防治采用混饲的方法，可选用复方伊维菌素制剂，如腾骏"强力肯维灭"，主要成分为阿苯达唑与伊维菌素、多拉菌素、高效抗球虫药物。以上各阶段按千分之一的比例（即每吨饲料添加 1000 克）混合饲料，连喂 5～7 天。

也可选用单方的伊维菌素或阿维菌素，如大北农 0.2% 伊维菌素预混剂（净诺玢），断奶仔猪、生长育肥猪每吨饲料添加 1000 克，怀孕母猪、哺乳母猪每吨饲料添加 1500 克，连用 7 天。

个体治疗猪疥螨病、猪蛔虫可选用辉瑞"通灭"（1% 多拉菌素注射液）或 1% 伊维菌素注射液，每 10 千克体重注射 0.3 毫升。

第七章

猪病毒性传染病

第一节　猪瘟

猪瘟（CSF）是由猪瘟病毒（CSFV）引起猪的一种急性、热性、高度接触性传染病。它传染性强、流行广泛、发病率和死亡率甚高，危害极大。世界动物卫生组织（OIE）将其列为A类动物疫病，我国也将其列为一类动物疫病。我国多年来实行以免疫预防为主的防制策略，猪瘟急性暴发式流行已得到有效控制，但并未被扑灭，仍在我国范围内不间断地小规模散发流行，其流行特点出现了新变化。不仅典型的猪瘟时有暴发，非典型猪瘟更是频繁发生，并出现持续感染（临床隐性感染）、胎盘垂直感染（仔猪先天性感染）、妊娠母猪带毒综合征（母猪繁殖障碍）及新生仔猪的免疫耐受等。这些带毒猪的存在，成为猪瘟发生的祸根，尤其是亚临床感染猪，依靠常规方法很难确诊并剔除此类病猪，从而给猪瘟防制工作带来新的困难。在出现这些流行特点的地区和猪场，往往还伴随有多种原因引起的免疫失败，严重威胁养猪业的健康发展。

近几年，高致病性猪蓝耳病的流行和引发的疫情，以及过分重视的猪圆环病毒病，掩盖和淡化了猪瘟的存在和危害。即使是典型猪瘟，时常被误诊为高致病性蓝耳病；很多猪场就是到保育阶段，总会出现一定比例的猪瘟病例，而且极易与猪蓝耳病、断奶后多系统衰竭综合征（PMWS）混淆，往往误认为是后者，其实不然，是猪瘟。为此，要进一步加深对猪瘟的再认识，搞好综合防制。

1. 病原学

猪瘟病毒属于黄病毒科瘟病毒属，是较稳定的单股RNA病毒，较小，有囊膜。病毒有毒力，致病性，抗原性的复杂性、多样性和可变性。病毒可通过精液（人工授精）及交配方式感染母猪，经垂直传播的猪瘟病毒可使仔猪成为免疫麻痹的猪瘟带毒猪。人工感染的带毒母猪可无临床症状持续带毒 750 天以上，无临床症状的带毒猪体内的病毒可经垂直或水平方式传播。疫苗弱毒对猪瘟带毒猪无免疫保护作用。

猪瘟病毒与牛病毒性腹泻病毒（BVDV）有高度同源性，可存在交叉反应。牛病毒性腹泻病毒感染妊娠母猪可引起繁殖障碍，病毒可经胎盘传染胎儿，导致畸胎形成或使所产仔猪造成亚临床感染。用牛病毒性腹泻病毒污染的猪瘟细胞苗（污染主要来源是小牛血清）免疫母猪后，仔猪发生类似先天性猪瘟感染的症状与病理变化，死亡率增加，因此给生产造成很大损失。此外，BVDV 会干扰猪瘟疫苗的免疫效果。

当前我国流行的猪瘟病毒株没有发生变异。持续感染毒株与致病毒株之间基因组没有太大的区别，病毒只有一个血清型。但其毒力有强弱之分，而且毒力有不断增强的趋势。猪瘟病毒常与蓝耳病病毒和猪圆环病毒呈现二重感染，特别是猪瘟病毒污染严重的猪场。近几年来发生所谓"猪高热病"的病例中均检出猪瘟，多数病例为典型猪瘟，而且临床特征与病理变化非常明显。有可能猪瘟病毒毒力在不断增强，致使典型猪瘟在一些地区有所抬头。

2. 流行病学

（1）易感动物　在自然情况下，只是猪和野猪感染发病，任何年龄、品种、性别的猪在任何季节都可发病。免疫母猪所生仔猪因哺乳可获得一定的被动免疫保护，对该病有一定的短期抵抗力。没有或不按期进行预防注射的地区，或者免疫程序不科学，疫苗质量差和保管、运输不当等，都可使猪群发病。一旦发病，短期内可造成较大范围的流行，发病和死亡率都较高。在常发地区或预防注射密度不很高的地区，可呈零星散发。

（2）传染源及传染途径　病猪是主要的传染来源。病毒由粪、尿和各种分泌物排出或随各种未经消毒处理的屠宰产品和废料、废水等广泛散布，造成本病的流行。

病毒传播主要通过直接或间接与病猪接触经口鼻传播。传染途径主要是消化道，食入污染的饲料或饮水，就能被传染；也可通过呼吸道、眼结膜及皮肤伤口感染。病猪的买卖、运输、尸体处理不当，肉品卫生检验不严，兽医卫生措施执行不力等，可促进本病的发生和流行。人、动物、车辆和昆虫等都可成为间接的传染媒介。相距不足 500 米的猪群间或单个猪舍内会发生空气或气溶胶的传播。

（3）目前猪瘟流行形式和发病特点　目前，猪瘟的流行形式和发病特点发生了很大变化，一般书本上少有介绍和说明。流行形式为流行范围广且呈多点散发。临床上表现为非典型、温和型、亚临床和无症状的隐性感染，这是我国目前猪瘟发生的特点。成年猪发病少，发病多为 3 月龄以下的猪，断奶前后和出生 10 日龄以内的仔猪尤其多发。特别是持续感染、胎盘垂直传播、初生仔猪先天性带毒和妊娠母猪带毒等比较普遍。带毒种猪是引发猪瘟的主要根源。带毒母猪常常通过胎盘感染胎儿，造成垂直传播，发生流产、早产、产木乃伊胎和弱仔；带毒公猪也可通过精液感染母猪；先天感染的仔猪排毒，污染环境，感染其他健康猪；带毒仔猪培养成后备种猪，又形成新的带毒猪群，继续繁殖带毒后代，这种垂直传播和水平传播在一个猪场不断地反复、交替进行，范围越来越大，造成恶性循环，长期困扰我国养猪业健康发展，造成的经济损失巨大。

3. 致病机理

病毒主要通过口鼻传播，病毒复制主要在扁桃体，经淋巴管侵入局部淋巴结，随后出现于血液各内脏及全身淋巴结。病毒主要在巨噬细胞和小血管内皮细胞内复制，导致各器官和组织发生充血、出血、坏死和梗死，引起败血症，导致体温升高。造血系统和网状内皮系统受到损害，血液中白细胞减少，网状细胞逐渐消失，抗体的防御能力显著下降，体内的条件致病菌引起多种继发感染、混合感染。肠壁淋巴滤泡发生出血、坏死、血浆渗出，纤维蛋白凝固沉积，向外发生同心环状分层结构的溃疡（扣状肿）。

4. 临床症状

潜伏期 2～21 天，一般为 5～7 天。根据猪瘟病毒的强弱、临床症状和病程长短不同，可将猪瘟分为 6 种类型。强毒株可引发急性典型猪瘟和高死亡率，而中等毒力毒株一般引起亚急性或慢性猪瘟。感染弱毒株可造成中等程度疫病或亚临床感染，但这些弱毒株可引起迟发性猪瘟，其症状轻微或亚临床形式，导致胎儿死亡和新生仔猪死亡。以下分型不要绝对分开，因为临床症状也取决于猪日龄、免疫状态、营养和饲养情况、健康状况以及是否与其他病毒、细菌混合感染等。仔猪表现的临床症状比成年猪明显。典型猪瘟可分为 4 型，此外，还有非典型型及繁殖障碍型猪瘟。

（1）最急性型　较少见，在新疫区发病初期可见。病猪除体温升高外，常无明显症状，往往在 1～2 天内因循环障碍和休克而突然死亡。

（2）急性型　此型最常见，呈全身败血症的临床症状。精神差、不食、喜卧、弓背、体温升高至 40.5～42℃，呈稽留热。有脓性结膜炎。呼吸困难，发绀。口渴，喜欢饮脏水。病初便秘，粪便发黑如算盘珠，后期腹泻，恶臭，粪带黏液或血丝。在病猪耳后、颈部、腹部、四肢内侧、会阴等皮薄毛稀处，可见大小不等的紫红色出血斑点或斑块，指压不褪色。公猪包皮积尿，用手挤压有恶臭浑浊液体射出。唇黏膜和齿龈等处有溃疡。仔猪发病时常扎堆，伴有神经症状、磨牙、运动障碍，受外界刺激时尖叫、倒地、痉挛。急性病例病程为 1～2 周，死亡率可达 60%～80%。

（3）亚急性型　症状似急性型，但一般较缓和，病程 2～3 周。有的转为慢性，完全恢复健康的很少。

（4）慢性型　主要见于幼龄猪，体温时高时低，食欲时好时坏，便秘与腹泻交替出现。病猪明显消瘦，贫血，被毛干枯，衰弱，步态不稳。皮肤有紫斑或坏死痂。病程持续 20 天以上，死亡居多。

（5）非典型型（先天性型、温和型、迟发性猪瘟）　这是国内近些年来猪瘟新的表现类型，病猪因先天感染猪瘟弱毒株或生后感染弱毒株和其他种种复杂的因素所致。这类病猪白细胞总数显著减少。其特点是病势缓和，病程较长，临床症状和剖检变化不如急性猪瘟典型；多呈散发，发病对象为哺乳仔猪和 85 日龄内的保育猪，特别是出生 10 日龄内及断奶前后更多见，死亡率较高。种猪和育肥猪少见有临床症状，一般能耐过。先天感染猪瘟病毒时，母猪表现为流产，胎儿木乃伊化、畸形、死产、弱仔，或产出部分外表健康的带毒猪，这类外表健康的仔猪，当环境条件变化时可见低热（40～41℃）、厌食、沉郁、结膜炎、腹泻、共济失调、后躯麻痹最终死亡，病程2～4周不等。

（6）繁殖障碍型（又称"带毒母猪综合征"）　近些年来，猪瘟还有一种新的临床动态，系母猪妊娠期感染弱毒株经胎盘感染所致。妊娠母猪主要表现为早产或流产，产木乃伊胎、死胎（占每窝仔猪33%～50%）、畸形胎或弱仔，弱仔多在产后数天内死亡。一般情况下，母猪妊娠早期在40日龄感染猪瘟病毒多数会发生流产、产死胎和木乃伊胎；妊娠70日龄感染病毒可产下弱仔猪，表现为先天性震颤，俗称"抖抖病"，病后约2周内死亡；妊娠80～90日龄感染病毒时产出的仔猪，除少数仔猪发病死亡外，多数仔猪能成活，这些仔猪并不表现症状，对猪瘟疫苗的免疫不产生免疫应答，表现出先天性免疫耐受，有的因疫苗免疫失败而死亡，也有不发病的感染仔猪终身向外排毒而成为最危险的传染源。这些持续性感染的带毒仔猪，如果作后备种猪培育，则会形成新的带毒种猪群，使猪瘟在猪群中传播下去，是猪瘟防制中必须解决的重要问题之一。而母猪和配种公猪一般经疫苗免疫过有一定免疫力，则不表现症状。此型要注意与其他病毒性流产相区别。

5. 剖检变化

最急性型猪瘟除见浆膜、黏膜或内脏有出血点外，多无典型的病理变化。

急性型、亚急性型猪瘟，呈典型的败血症病变。①皮肤和皮下组织和浆膜有广泛性出血点或出血斑。②全身淋巴结肿大，呈暗红色，切面周边出血，如大理石样。③脾不肿大，边缘常有丘状出血及暗红色梗死，呈紫黑色，稍突起（此为猪瘟所特有）。④肾脏色淡不肿大，皮质散在或密集针尖大小的小出血点，严重病例还见肾盂、肾乳头出血，有的整个肾脏似"麻雀蛋"。⑤喉头黏膜、会厌软骨、膀胱黏膜、心外膜、肺及肠浆膜、黏膜等处有大小及数量不等的出血斑点。⑥也可能有支气管肺炎或扁桃体炎症、坏死。

慢性型猪瘟，上述的出血、梗死变化不明显，主要是纤维素性坏死性肠炎，其特征性的变化是在盲肠、结肠及回盲口处黏膜上有纽扣状溃疡，或互相融合呈较大的溃疡坏死灶，有诊断价值。有时还可见纤维素性肺炎的变化。

非典型型猪瘟，约半数病死猪体表和肠系膜淋巴结有轻度出血灶，肾色淡，不肿大，有针尖状小点出血，或肾表面隆突不平，出现沟状结构，但会厌软骨出血、膀胱黏膜出血及回盲口周边的扣状溃疡极罕见。外表正常而先天感染的仔猪及生后感染弱毒株的仔猪其突出病变为胸腺萎缩。

繁殖障碍型猪瘟，妊娠母猪感染后可致胎儿木乃伊化、死产和畸形。死胎全身皮下水肿、腹水和胸水增多。胎儿头、四肢畸形，小脑、肺、肌肉发育不良。

6. 诊断

典型的猪瘟病例，依据流行病学特点、临床症状和典型的剖检变化进行综合判定，即可做出相当准确的诊断。但非典型型猪瘟，其症状轻微，病程经过缓慢，病理变化不典型，病死率较低，则要通过实验室确诊。常用的方法如下。

（1）免疫荧光抗体测验（FAT）检测病原。具有简单、快速（2小时内可得出结果）和可靠的特点。

（2）动物接种试验。将病料接种易感家兔，进行兔体免疫交叉试验。

（3）酶联免疫吸附试验（ELISA）检测强毒特异性抗体。此法可用于区分强毒感染抗体和疫苗免疫抗体。

（4）反转录-聚合酶链反应（RT-PCR）。是一种猪瘟诊断新技术，其特异性强、灵敏度高，整个过程1天内即可完成，达到快速检测目的。

7. 综合防制

（1）强化猪瘟防控意识，将猪瘟防控放在第一位　要按照《动物防疫法》的要求，认真贯彻"预防为主，防重于治"和综合防制的方针，克服"重治轻防，只治不防"的消极错误认识，千方百计要把猪瘟预防好，尽管有高致病性蓝耳病的肆虐，但猪瘟至今仍是"第一杀手"。

（2）积极推进生物安全体系，做好经常性的兽医卫生防疫工作　生物安全措施强调环境因素在保护猪群健康中的主要作用。生物安全体系是现代养猪生产中保护和提高猪群健康最基本的兽医管理准则，其中心思想是严格的隔离、消毒和防疫，防止所有的病原进入猪群。关键控制点在于对人和环境的控制，建立起防止病原入侵的多层屏障，使猪只生长在最佳状态的生产环境中。通过实施生物安全措施，对防制猪传染病的发生，获得较好的经济效益都是十分重要的。我国目前广大养猪单位不同程度地执行了有关生物安全措施，但共同的缺点是执行不彻底、不完全、不持久，因而使某些传染病有可乘之机。要搞好养猪工作，必须推行生物安全技术。

（3）坚持预防接种制度，建立科学、合理的免疫程序 用猪瘟疫苗给猪只接种，能使猪体产生特异性的抵抗力，在一定时间内能使猪只不感染猪瘟，这是预防猪瘟的有效手段，养猪者一定要坚持做好。在安排免疫接种时，应重视以下几方面的工作：①要使用货真价实的高质量的疫苗，这是获得免疫成功的物质基础；②免疫程序一定要科学合理；③要避免和克服免疫注射全过程中的失误（如疫苗稀释、注射方法、更换针头等）影响免疫效果，造成免疫失败。

科学、合理的免疫程序是根据猪瘟的流行特点、猪只年龄、母源抗体水平等确定，并需根据监测的结果调整免疫程序，没有一个适合全国所有养猪场的统一的免疫程序。农业部《2011 年国家动物疫病强制免疫计划》中要求对所有猪进行猪瘟强制免疫。规模养猪场免疫程序：商品猪，25～30 日龄初免，60～70 日龄加强免疫一次；种猪，25～30 日龄初免，60～70 日龄加强免疫一次，以后每 4～6 个月免疫一次。发生疫情时对疫区及受威胁地区所有健康猪进行一次强化免疫。最近 1 个月内已免疫的猪可不进行强化免疫。各种疫苗免疫接种方法及剂量按相关产品说明书规定操作。免疫 21 天，进行免疫效果监测。猪瘟抗体阻断 ELISA 检测试验抗体阳性判定为合格，猪瘟抗体正向间接血凝试验抗体效价≥25 判定为合格。存栏猪抗体合格率≥70％判定为合格。

现推荐一个大多数规模化猪场采用的免疫程序，仅供参考。疫苗可选用常规猪瘟细胞苗（通用名），常用名是猪瘟活疫苗（Ⅱ）（细胞源），又称犊牛睾丸细胞疫苗［俗称细胞苗，国家标准效价指标：≥750 个兔体感染量（RID）/头份］。猪瘟细胞苗必须无菌、无支原体、无牛病毒性黏膜病毒污染。

种公猪：每年3月、9月各免疫1次，细胞苗8头份。

种母猪：每次产后25～30天免疫1次（空怀母猪要及时补免），细胞苗8头份。

仔猪：25～30日龄首免，细胞苗4头份；65日龄二免，细胞苗4头份。

后备种公、母猪：按仔猪免疫程序，至6～7月龄配种前再加强一次免疫，细胞苗8头份，以后按种猪免疫程序进行。

政府采购的猪瘟脾淋苗（常用名），通用名是猪瘟活疫苗（Ⅰ）（兔源、脾淋组织），或政府采购的高效价猪瘟细胞苗［效价指标：≥7500个兔体感染量（RID）/头份］的使用剂量可参照生产厂家的使用说明书。

要正确采用"乳前免疫"。乳前免疫又称"超前免疫"或"零时免疫"，即在仔猪出生后未吸初乳前立即注射猪瘟疫苗，注射疫苗后隔1小时再吮吸初乳。该方法在我国应用已20多年，在某些大、中型规模化养猪场应用，证明是切实可行的。

在养猪生产实际中，要做好仔猪乳前免疫是一件不容易的事情，母猪大多在夜间分娩，负责值班的人员（或接生员）稍有睡意，待出生仔猪吸吮初乳后注射就失去免疫的效果，一定要有忠于职守的专人守护，对出生后尚未吸初乳的仔猪逐头注射猪瘟疫苗，经一小时后再让出生仔猪吸吮初乳，否则造成免疫失败。免疫剂量最多2头份为宜。

"乳前免疫"目前有争议，可密切关注今后的研究成果及推广使用动态。

（4）淘汰带毒猪，净化猪群　猪瘟净化是控制猪瘟的重要手段，控制和根除猪瘟采用全部扑杀的办法，是不现实的，也不符合我国国情。种猪特别是母猪一旦感染了猪瘟，会造成垂直传播和水平传播，是造成一个猪场猪瘟持续感染的总根源，要实施全场猪群的净化又比较困难，中国兽药监察所丘惠深、宁宜宝等总结出一套在猪瘟严重污染的猪场中，以净化种公、母猪和后备带毒种猪的措施。具体做法是：一旦确认猪场存在猪瘟时，立即实施净化，对全场所有公、母猪逐头采活体扁桃体，进行猪瘟荧光抗体法检查，只要检出阳性（带毒）猪，痛下决心，一律立即淘汰，清圈消毒，结合做好其他综合防制措施建立新的健康猪群，繁育健康后代。一般3个月便可见成效。每6个月进行一次，大约经过4次净化后，猪瘟便可得到完全控制，效果明显。

（5）实行自繁自养、全进全出　自繁自养是防止从外带入传染病的一项重要措施。规模化猪场为了品种调配或需要从外地猪场购入种猪时，应进行调查了解，从非疫区的健康猪场挑选进行检疫，坚决不能引入带毒猪（包括其他疫病）。经检疫后确定为健康的猪只运回后还须隔离饲养半个月以上，并进行猪瘟苗注射，方可混群饲养。

在我国目前的饲养水平条件下，实行产仔母猪、哺乳仔猪、保育猪及育肥猪全进全出制度是可以做到的，以便阻断和控制传染病在猪群间、种猪与仔代间的传播。

（6）实施疫苗接种效果的监测　常用的是ELISA检测。猪场要评价疫苗质量的优劣，应该监测抗体。疫苗免疫3周后测猪群的抗体，阳性率达到95％以上，就是合格的。

（7）重视猪场猪瘟的诊断与监测　发病猪群的死胎、仔猪、保育猪、生长肥育猪，要采病料及时确诊。

（8）发生猪瘟后的措施　目前尚无有效药物可以治愈猪瘟，早期确诊，及时采取措施，对控制猪瘟、减少经济损失有重要意义。

对病猪及可疑病猪，立即隔离饲养，特别是贵重的种猪，在备有抗猪瘟血清的单位，可用于猪瘟早期的治疗，对中后期的猪瘟无效；对发病猪场及附近尚没发病的猪只，立即全部用猪瘟兔化弱毒疫苗进行紧急注射，可有效地制止新的病猪出现，缩短流行过程，减少部分损失；发病猪舍、运动场、饲养管理用具及环境，用消毒药液进行消毒；粪、尿及垫草等污物，堆积发酵后作肥料利用；死猪深埋或销毁、化制。

第二节　猪口蹄疫

口蹄疫（FMD）是由口蹄疫病毒（FMDV）引起偶蹄动物共患的一种急性、烈性传染病，以患病动物的口、蹄、乳头等部位出现水疱为特征，主要危害猪、牛、羊等，是世界上危害最严重的家畜传染病之一。因其具有高度传染性和对畜牧业生产、肉食品供应及其产品对国际贸易造成的重大影响，世界动物卫生组织（OIE）将口蹄疫列为 A 类传染病之首，我国也将其列为一类动物疫病（17 种）的第一位。《2012 年国家动物疫病强制免疫计划》也将口蹄疫列为猪的 3 大强制免疫计划（口蹄疫、高致病性蓝耳病、猪瘟）之首，要求对所有猪进行 O 型口蹄疫强制免疫。

1998 年 1 月 1 日起施行的《中华人民共和国动物防疫法》（以下简称《动物防疫法》）为我国防制口蹄疫提供了法律保障。

1. 口蹄疫的危害性

在人和动物医学的所有疾病里，口蹄疫的传播性和致病毒力是最强的。其感染率之高、传播速度之快、对社会危害之大，均居众多种疫病之首。未经预防免疫的猪场，只要有 1 头猪感染或混进 1 头病猪，不过数日便会传染给全群、全场的猪引起发病，再好的隔离条件也难以幸免。由于该病传播快，发病率高达 100%，生长育肥猪掉膘、育肥时间长、母猪流产、仔猪成窝死亡，不仅给养猪业造成巨大经济损失，而且直接关系到菜篮子工程，影响畜产品出口贸易和国际声誉。为扑灭口蹄疫和防止疫情扩大蔓延，对疫区要采取封锁措施、阻断交通、关闭交易市场和屠宰加工厂；扑杀病猪、销毁或无害化处理动物尸体，消毒处理污染物、畜舍及车辆工具；以及大面积的紧急免疫预防等各方面均要耗费大量的人力、物力、财力等。更为严重的是，如果彻底拔除疫点保证疫情不再发生，需要花费比扑灭口蹄疫更大的气力。如果不彻底根除疫源，给环境造成的污染会在很长时间内造成隐患。

2. 病原学特点

猪口蹄疫病毒属于小核糖核酸（RNA）病毒科口蹄疫病毒属。无囊膜，呈球形，病毒很小，直径仅有 30 纳米，含有一个单股正链 RNA 分子。

病毒的传染性和感染致病毒力很强。据试验，采取病猪水疱皮，测其含毒量和感染力，对猪可达 $10^{-4} \sim 10^{-5}$，即 1 克蹄水疱皮可使 1 万至 10 万头猪感染发病。加上粪尿、口腔和呼吸道大量排毒，健康猪与其接触，便难以逃脱受其感染。

猪口蹄疫病毒抗原极易发生变异。根据血清学反应的抗原关系，可将此病毒分为 O、A、C、亚洲 I 型及南非 I、II、III 型共7 个不同的血清型，型与型之间无交叉保护。亚洲最流行的血清型是 O、A 和亚洲 I 型，注射 O 型口蹄疫苗不能保护 A 型和亚洲 I 型口蹄疫。每个血清型又有若干亚型，目前已有 80 多个亚型，其中 O 型有 10 个亚型，病毒亚型间仅有一个有限的保护水平，意味着即使注射了猪口蹄疫 O 型疫苗，如果流行毒株发生变异，与疫苗毒株的亚型不同，也不能完全获得免疫保护，使防制口蹄疫的工作难度进一步加大。为此，还要加强平时的生物安全、兽医防疫等综合防控措施，才能防患于未然。

猪口蹄疫病毒对外界环境有较强的抵抗力。在低温下十分稳定，在冬季结冰的粪尿中可以存活 6 个月。病毒在猪脏器、淋巴腺体、骨髓中能存活较长时间，故养猪场肉食供应不要从市场购买而应自宰自食。此外，病毒粒子对酸碱特别敏感，当 pH 值低于 5 或者高于 9 时，很快失活，在选择消毒剂时要注意这一特性。

3. 流行病学特点

（1）易感动物　所有的偶蹄动物均易感，故养猪场不能混养这些偶蹄动物。

（2）传染源　潜伏期感染、临床发病动物及病愈带毒猪为主要传染源。病猪破裂水疱的渗出物、呼出的气体、分泌物、唾液、粪尿、奶、精液及肉和副产品均可排出比牛羊等其他感染动物更多的病毒。故有绵羊是"储存器"（它们保持病毒，常常没有症状），猪是"放大器"（它能将致病力弱的毒株增强为致病力强的毒株），牛是"指示器"（牛对口蹄疫最容易感染）之说。此外，被病毒污染的饲料、饮水、空气、车辆、用具等也是重要传染源。通过悬浮微粒病毒可随风散播到相当远的地方。

（3）传播方式和途径　易感动物可通过呼吸道、消化道、生殖道和伤口等感染病毒，通常以直接接触或间接接触（污染物及被污染的车辆、用具、针头、飞沫等）方式传播，或通过人员、犬、猫、鼠、鸟、昆虫等动物媒介传播。

（4）无明显季节性　本病一年四季都可发生，流行暴发以冬、春寒冷季节为多，但在夏秋季也时有发生。

（5）传染性极强　一经发生常呈流行性，暴发流行常具有周期性的特点，每隔1~2年或3~5年流行一次。

4. 临床症状

潜伏期很短，通常为2~3天，长的可达7~10天。已经免疫而保护力不足的猪，潜伏期通常延长。且记，成年猪和仔猪的临床症状不一样。成年猪主要表现为发生水疱和跛行，而小猪经常呈心肌炎、瘫痪而猝死。要保持高度警惕，每天观察猪群，及早发现，防止蔓延。

(1) 成年猪　患病猪在24~48小时内体温升高，到第3天体温可超过41℃。精神沉郁、食欲不振、战栗、喜俯卧、蹄发热、冠状沟能见到苍白的区域。到第4~6天，病猪很快在蹄冠、蹄叉、蹄踵、鼻上缘、鼻孔周围、乳头等部位出现一些4毫米至2.5厘米的大小不等的水疱（不同部位的多处病变能在同一头猪身上发生），水疱内充满淡黄色或无色的清亮浆液（很像人被烫伤后引起的"燎泡"）；经12~36小时，水疱快速溃烂，局部为一个无皮露肉的红色糜烂面。此时体温下降，还可观察到破溃水疱的上皮悬垂物，以后病变部位逐渐结痂。由于蹄部疼痛不敢踏地，常卧地不起，强行驱赶时起立困难、站立不稳，而表现跛行或前肢跪地爬行，十分痛苦。体重大的猪临床表现最严重。若无并发感染，恢复较快，通常2周内损伤愈合，即可痊愈。如有细菌继发感染发生化脓与坏死，由于蹄部异常疼痛，经常俯卧不起，驱赶运动时常常尖叫，从蹄冠处溢出少量鲜血。严重者蹄壳边缘溃裂，常致蹄壳脱落，俗称"脱靴"，脱蹄部位流出大量鲜血。恢复期可见瘢痕、新生蹄甲。少数哺乳母猪乳房有时可见明显的水疱或结痂（不要误认为是被小猪咬伤），可能引起产奶量下降或停乳。哺乳母猪乳房上发生水疱后，由于疼痛不愿给仔猪哺乳，可造成仔猪因吃不到奶而死亡。妊娠母猪偶尔因高烧可发生流产。新疫区，成年猪发病率几乎100%，死亡率一般为4%左右，能造成严重的减食掉膘，生长停滞，育肥期延长。在猪口蹄疫流行过的地区或实施免疫的地区，上述这些广泛的临床症状可能不显著，普通口蹄疫对成年猪的致死率不高，但严重影响生产性能。

(2) 仔猪　哺乳仔猪患口蹄疫的临床表现与成年猪有很大的不同。哺乳仔猪被感染后通常突然发病，多数呈最急性经过而不形成水疱，出现高热（41~42℃）、极度衰弱，在水疱形成以前由于病毒诱导急性心肌炎（心肌梗死和坏死）而突然死亡。多数不表现出任何明显的临床症状，临死前可能有的尖叫一声，有的蹦一下死去；也有的表现出神经症状，出现角弓反张、口吐白沫、后躯瘫痪、四肢划动、不能吃奶衰竭死亡，或表现为急性下痢，很容易误诊为猪伪狂犬病。在新疫区仔猪死亡率极高，2周龄以下达100%，2周龄以上达40%~80%。

5. 剖检病变

具有重要诊断意义的是心肌病变。哺乳仔猪感染口蹄疫可引起心肌炎，剖检可见心肌切面有病灶性变化，出现灰白色或淡黄色条纹，酷似虎皮，故称"虎斑心"，此病变尤以突然死亡的哺乳仔猪明显。此外，心肌色淡、松软似煮熟样。

6. 诊断

根据流行病学特点（传播速度极快，发病率极高，猪、牛、羊等偶蹄动物患病等）、临诊症状（成年猪主要是口、鼻、蹄、乳房等部位出现水疱和跛行、卧地不起、死亡率低；哺乳仔猪因急性心肌炎常突然死亡，且死亡率极高，常成窝死亡）和剖检变化（仔猪可见心肌炎，心肌表面出现灰白色条纹，酷似虎斑），一般可做出初步诊断，定为疑似猪口蹄疫病例，但因水疱病变与"猪水疱病"（SVD，仅猪患病，牛、羊不发病）、猪水疱性口炎（VS，通常感染牛、马，很少感染猪）极相似，不易区分，确诊必须依靠实验室。病原学检测可应用间接夹心酶联免疫吸附试验（I-ELISA）和分子生物学检测技术（如RT-PCR）等，互相佐证，进行快速鉴定，确定血清型和不同亚型。疑似口蹄疫病例，在不能获得病原学检测样本的情况下，未免疫猪血清抗体检测阳性或免疫猪非结构蛋白抗体ELISA检测阳性，可判定为确诊口蹄疫病例。

7. 预防与控制

（1）严格执行《动物防疫法》和《口蹄疫防治技术规范》。

坚持预防为主的方针，采取强制免疫预防为主及扑杀结合的综合防控措施，控制疫情发生。

（2）实行强制免疫。

接种疫苗是国际上公认的防制口蹄疫的有效措施，要认真落实好农业部《2012年国家动物强制免疫计划》，在尚未发生口蹄疫之前，定期有计划地对所有健康猪群进行O型口蹄疫强制预防性免疫接种（经过2～4周可使其在免疫期内产生免疫力）。我国现用的是猪O型口蹄疫灭活疫苗和口蹄疫O型合成肽疫苗（双抗原）。免疫28天后要进行免疫效果监测，存栏猪免疫抗体合格率≥70%判定为合格，否则要查找原因及时补免。发生疫情时，对疫区、受威胁区全部易感家畜进行一次强化免疫。

笔者自1996年以来，广泛听取国内多名知名专家、学者及同行的建议与指导，参考全国防制牲畜口蹄疫总指挥部办公室（1998）13号文印发的免疫程序，不断总结经验，逐步探索出一套比较科学、行之有效的免疫方法和程序，并推荐给许多猪场实施，均取得良好预防效果，现介绍如下。

① 疫苗选择。选用中牧兰州生物药厂或中农威特生物科技公司采用进口206佐剂生产的猪口蹄疫O型灭活疫苗（Ⅱ），俗称高效浓缩苗，注射后15天产生免疫力，免疫期为6个月。

② 改进注射部位。由过去的肌内注射改为后海穴注射（掀起尾巴，位于肛门上与尾根下正中凹陷处，又名交巢穴），向前上斜刺（即顺荐部倾斜度刺入），种公、母猪进针3.5～4厘米，其他年龄和体重的猪酌减。穴位注射，产生的抗体水平高。

③ 免疫程序。

a. 后备种公、母猪：仔猪二免后，配种前免疫一次；如果仔猪未经二次免疫，应在配种前间隔1个月免疫2次。

b. 经产母猪：每次产前45天免疫一次，4毫升/头，以确保产后乳汁中有较高水平的母源抗体，使哺乳仔猪和保育仔猪有足够的被动免疫保护。空怀母猪要及时补免，必须保证一年至少免疫2次。

c. 种公猪：每4个月免疫一次，4毫升/头。

d. 免疫母猪所生断奶仔猪：65～75日龄首免，2毫升/头；1月后加强免疫1次，3毫升/头。

e. 未免疫母猪所产仔猪：28～35日龄首免，1个月后强化免疫1次。

④ 注意事项。

a. 严格执行生物制品使用规范和操作技术，本疫苗仅用于接种健康猪，临产前 1 个月的母猪、未断奶的仔猪禁用。

b. 本品在使用前应仔细检查，如发现苗瓶破损、没有标签或标签不清楚，苗中混有杂质、已过失效期或未在规定条件下保存的，均不能使用。

c. 破乳或分层超过规定量（水相超过 1/10）的疫苗不能使用。

d. 疫苗应在 2～8℃下冷藏运输。

e. 疫苗不可冻结，一旦开封，应在当日用完。

f. 应严格按照产品说明书或生物制品使用的各项规定。

不注射疫苗是万万不能的，但注射疫苗也不是万能的。因为口蹄疫有 7 个血清型，注射猪的口蹄疫 O 型高效灭活苗后，仍不能防控 A 型或亚洲 I 型口蹄疫。

（3）坚决贯彻执行自 2010 年起施行的《动物检疫管理办法》和《动物防疫条件审查办法》以及国家标准——集约化养猪场防疫工作规程。

严密监视疫情动态，切实加强各项生物安全和兽医防疫措施，严防各种渠道传入疫情，一旦发生和传入疫情，必须按照"早、快、严、小"的原则，采取紧急措施及时就地消灭，严格封锁，防止疫情扩大蔓延。扑杀、销毁病猪及同群猪，进行无害化处理；对污染的猪舍、场所、用具等应彻底消毒；对受威胁区所有易感猪紧急免疫接种，或用口蹄疫高免血清或康复动物血清进行被动免疫。在发生疫情的猪舍内，最好能对尚未出现临床症状的猪群接种口蹄疫康复血清（发病 21～60 天内的康复猪采血），5～8 毫升/头，按种后 12 小时即可起到被动免疫作用，并可维持 20 天。仔猪治疗量是 1 毫升/千克体重。血清要在冰箱保鲜层（4～8℃）存放，切忌冰冻。发现口蹄疫后，应迅速报告疫情。

（4）搞好消毒。

口蹄疫病毒的最大特点是对酸、碱特别敏感。

① 带猪消毒。

a. 有机酸："灭毒净"消毒剂（兰州兽医研究所研制），0.1%～0.5%浓度。

b. 酸和氧化剂："过氧乙酸"，0.2%浓度。

② 圈舍、环境、地面、粪便、消毒池消毒。

a. 2%～4%的火碱。

b. 醛制剂：腾骏"复合醛"，按 1：(250～1000) 倍稀释。

c. 二氯异氰尿酸钠及采用其为主料的产品有："氯毒杀"、"消毒威"、"威岛牌消毒剂"、"消毒灵"、"消特灵"、"高氯灵"等。

要做好养猪场消毒池、装猪台、运载工具、用具、场地、人员等的预防性常规消毒，每周圈舍全面消毒一次，每月全场彻底消毒一次。发生疫情时要加大消毒力度和消毒药的浓度（1～2 倍），增加消毒次数（每天 2 次），并认真对人畜体表及其接触过的器具消毒。并注意不同类别的消毒剂切勿混用，酸碱类药物不得同时使用，以免发生拮抗和中和作用，降低药效。切勿频繁交替使用不同类型的消毒剂，以免降低消毒效能，绝不能使用对病毒无效的杀菌消毒药品，如来苏尔、新洁而灭等或去污剂。

最后强调指出：猪水疱病（SVD，也是一类动物疫病，仅猪发病，牛、羊不发病），在临床症状上与猪口蹄疫很难区别，注射猪 O 型口蹄疫疫苗预防不了猪水疱病，也要采取与猪口蹄疫相同的综合防制措施，严加防范。

第三节　猪繁殖与呼吸障碍综合征

猪繁殖与呼吸障碍综合征（PRRS）俗称猪蓝耳病，是由猪繁殖与呼吸障碍综合征病毒（PRRSV）引起的一种急性、高度接触性传染病。其特征是可引起怀孕母猪发生流产，产死胎、木乃伊胎或弱仔，母猪再发情推迟等繁殖障碍；各种年龄的猪特别是仔猪出现呼吸道症状，主要表现为发热、呼吸困难等肺炎症状，仔猪的死淘率增加。本病可使机体免疫力降低，容易继发其他疾病，故有学者将其称为猪的"艾滋病"。本病 1987 年首次在美国发现，随后世界各国相继暴发。我国 1995 年正式确认有本病发生，现已遍及全国。特别是 2006 年在我国江西等南方各省暴发后传至各省的"高致病性蓝耳病"危害更大，造成了巨大的经济损失。

1. 病原学

猪蓝耳病病毒是一种单股正链小 RNA、有囊膜病毒，属动脉炎病毒。具有高度的传染性，可通过空气（气溶胶）传播4.7千米，同时具有高度的宿主依赖性，主要在猪的肺泡巨噬细胞以及其他组织中的巨噬细胞中生长。也能在被感染公猪的睾丸生殖细胞中生长繁殖。基因、抗原呈多样性而且容易变异，在已知的RNA病毒中，PRRSV是变异率较高的病毒之一。

当前我国猪群中流行的PRRSV流行株呈现多样化趋势，不同毒株之间出现基因重组，活疫苗毒株与流行毒株重组，同一个猪场内可能存在经典蓝耳病病毒与高致病性猪蓝耳病毒（HP-PRRSV），并同属于美洲型。两种毒株之间存在差异，主要表现在HP-PRRSV在其非结构蛋白（Nsp2）存在两处不连续的30个氨基酸的缺失，故其毒力返强，致病力增高，将分离鉴定后的病毒接种1～3月龄仔猪可100%发病，死亡率高达50%～100%。猪的死亡率与日龄密切相关。此外猪蓝耳病病毒还有如下特点。

（1）具有超强的逃避或调控机体免疫监视的能力，从而降低抗体的中和作用和降低机体的清除作用与免疫保护，使病毒在感染猪体内及猪群中长期存在，带毒达两年之久，呈现持续性感染，长期向外排毒，难以根除，增大了本病的防控难度。

（2）具有抗体依赖性增强作用。即当体液抗体存在时，蓝耳病病毒在细胞上复制病毒的能力反而增强。当猪体感染病毒后，产生的体液抗体，不但不能干扰病毒繁殖，而且体液抗体对PRRSV的感染还具有促进作用，使其增殖与复制反而得到加强，说明体液免疫不能有效地保护猪只不发病。

（3）具体免疫抑制作用。蓝耳病病毒能降低肺泡巨噬细胞的功能，诱导肺部巨噬细胞、血液内巨噬细胞和单核细胞等发生凋亡，因而造成猪体系统受到免疫抑制，导致机体免疫力下降，易诱发多种病原的混合感染与继发感染，致使猪只发病死亡。

（4）该病毒对外界的抵抗力不强，常用消毒剂有效。

2. 流行病学特点

蓝耳病不是人畜共患病，猪蓝耳病病毒不传染人。猪是蓝耳病的唯一宿主，在猫、犬、鸟类体内不能复制。病猪和母猪带毒、持续性感染并排毒是本病的主要传染源，哺乳仔猪、保育猪或生长育肥猪会反复感染和发病。排毒途径是感染猪通过唾液、鼻涕、尿、精液和粪便排出病毒，怀孕后期感染的母猪可通过乳汁排出病毒。猪只间的直接接触可导致蓝耳病的快速传播。随着人工授精技术的广泛应用，人们非常关注病毒通过精液的传播。研究表明，不同公猪其精液的排毒期差别很大，有人发现公猪感染后第 43 天仍能从精液中检测到感染性病毒。也有人用 PCR 方法检测到染毒约 92 天的公猪，尿道球腺中分离到 PRRSV。某研究结果证实，弱毒活疫苗接种后大约 39 天就能从精液中检测到病毒。

猪对 PRRSV 易感，不分品种、大小、性别均可感染，但主要是繁殖母猪及 1 月龄内的仔猪最易感。一年四季都可发生，但高温和寒冷季节多发，呈地方性流行。不同猪场因不同的年龄、机体免疫状态、病毒毒力强弱、饲养管理条件好坏等因素影响，其临床表现差异较大。但本病的共同点是死胎率和仔猪病死率较高。本病高度接触传染，传染性极强，传播迅速，危害性甚大，主要途径还是猪与猪之间的接触传播与感染；主要经呼吸道感染。此外可通过公猪精液及胎盘垂直感染，还能经口腔、阴道等多种途径传播。同样的感染剂量，不同的感染途径对猪的感染性不同。有报道，肌内接种小于或等于 20 个 PRRSV 粒子即可使猪感染发病，所以在疫苗注射或治疗时，一定要一头猪换一个消毒过的针头。感染性测验结果表明，猪容易经胃肠道外途径感染（皮肤破损的情况下），所以在进行打耳号、断尾、修牙、去势、注射药物和疫苗等工作时，应按标准操作规程进行，严格消毒。由于感染猪唾液中的 PRRSV 可持续存在几周，因此，猪只之间互相攻击时发生撕咬、伤口，能够导致血液和唾液传播的行为如咬尾、咬耳等也可导致传播。其他如产床毛刺刮擦、地面不平造成擦伤等也均可导致胃肠外感染的发生。

间接传播包括无生命物体（设备、器具、垫料等）或物质（被污染的水、饲料等）、活载体（带毒者）或者悬浮微粒等的传播。此外，还能通过注射器、针头传播。操作人员在与急性感染的病猪接触 60 分钟后，其工作服、靴和手上仍存在 PRRSV。因此，要做好基本的兽医卫生程序，如更换工作服、靴和洗手，以防止传播。

健康猪与带毒猪的接触，如同圈饲养、高密度饲养等，更容易导致本病的发生和流行。特别是感染猪的流动，是本病重要传播方式。散养猪群、猪场卫生条件差、饲养管理不良、南方高温高湿、北方寒冷季节多发。饲养密度过大、通风不良、防疫不到位等，均会加大猪蓝耳病的发病率和死亡率。

3. 经典型蓝耳病的临床症状

经典型蓝耳病病毒代表株有 CH-1a 株、BJ-4 株、YA1 株等，1995 年首次由国外传入我国，至 2006 年上半年发生的蓝耳病都是经典型蓝耳病，致病性较温和，母猪死亡率不高。严重的急性暴发蓝耳病的猪场主要表现为：一是"流产风暴"，有 20%～30%的母猪妊娠后期（胎龄 100 天以上）流产或早产（一般是预期前 2～7天早产），产死胎、木乃伊胎或弱仔，持续发烧，食欲废绝，呼吸困难，病死率达 3%～5%；二是哺乳仔猪，以 1 月龄内的仔猪最易感染，并出现典型的临床症状，体温升高至 40℃以上，呼吸困难、厌食、腹泻、肌肉震颤、体质衰弱、行动不稳、共济失调或四肢外展、后躯瘫痪不能站立、眼睑水肿及耳部皮肤增厚、前额部肿胀、切面可见水肿液，少部分仔猪体表皮肤紫红色，耳部发绀呈蓝紫色（出现的比例不高，持续时间短，临床上有时见不到），故有"蓝耳病"之称，病猪渐进消瘦，1 周龄内死亡率高达 40%～80%，哺乳仔猪全群死亡率 40%左右。此外，公猪精液受损，母猪返情率高达 50%以上，发病猪场的病程约持续 4 个月。

本病无特征性剖检病变，只见病猪淋巴结水肿及间质性肺炎。

在已暴发过经典型蓝耳病的猪场，总体而言，该病变得相对比较平稳和缓和，即"蓝耳病稳定场"，危害程度大大降低。主要是初产母猪易发生繁殖障碍，出现晚期流产；经产母猪偶尔出现流产，也表现出繁殖障碍，如出现滞后产、不发情等，但蓝耳病的危害形式已由母猪繁殖障碍为主转变为以保育猪的呼吸道病综合征（PRDC）为主。这是因为已感染蓝耳病的阳性猪，由于所产生的保护性抗体可持续保护 8 个月左右，且妊娠早期（80 天胎龄）不支持 PRRSV 的复制，因此繁殖障碍的表现与暴发期相比，已趋于较平稳的状态，但与阴性猪场比较，其繁殖障碍仍能高出约 5 个百分点，甚至更高，而初产母猪的发病率又远高于经产母猪。由于哺乳仔猪能得到母猪抗体的保护，所以很少发病，而失去母源抗体保护的断奶后的保育阶段（5～8 周龄）及转群（13～14 周龄）至生长育肥舍（18~20 周龄）的猪易发生 PRDC，主要的症状是腹式呼吸且被毛杂乱，间质性肺炎相当严重。

4. 高致病性猪蓝耳病的临床症状

高致病性猪蓝耳病是由蓝耳病病毒变异株引起的。自 2006 年夏秋季节，先由我国南方开始后蔓延至全国。主要特征是发病猪出现 41℃以上持续高热；发病猪不分年龄段均出现急性死亡，猪的死亡率与日龄密切相关；1~3 月龄仔猪出现高发病率和高死亡率，发病率可达 100%，死亡率可达 50%以上；母猪出现繁殖障碍、流产、死胎等，流产率可达 30%以上；公猪精液品质下降，出现畸形，精液可带毒。

临床症状呈多样化，主要表现为发烧、厌食或不食；耳部、口鼻部、后躯及股内侧皮肤发红、发绀呈蓝紫色、出血斑、丘疹；眼结膜炎；咳嗽、气喘等呼吸道症状；后躯无力、不能站立或摇摆、转圈运动、抽搐等神经症状；部分发病猪出现顽固性腹泻等消化道症状。感染猪有继发感染时，则出现相应症状，病情复杂，死亡率增高。

剖检病理变化主要见肺出血、淤血，以及以心叶、尖叶为主的灶性暗红色实变，肺小叶间质增宽呈明显的间质性肺炎，肺心叶变长似象鼻，肺很硬，不塌陷，表现有花斑，呈病毒性肺炎的类型变化（正常猪肺很软，用手一按会塌陷，而且要很慢才能起来）；扁桃体出血、化脓；脑出血、淤血、软化灶及胶冻样物质渗出；心肌出血、坏死；脾、淋巴结新鲜或陈旧性出血、梗死；肾表面和切面部分可见出血点、斑点；部分猪肝可见黄白色坏死灶或出血灶，肾表面凹凸不平；肠出血等。由于本病毒可引起免疫抑制，临床上容易出现其他病原体的继发或混合感染，使病理变化更为严重和复杂化。

高致病性蓝耳病发病猪的判定标准：一是至少 3 天体温在 41℃以上；二是精神、食欲下降，眼结膜炎，咳嗽、气喘等呼吸道症状；三是大体剖检，肺尖叶或心叶出现片状实变。符合以上三条，即可判为发病。

5. 诊断

根据流行病学特点（流行面很广，主要危害妊娠母猪及仔猪，初次发生呈急性暴发）、临床症状（妊娠母猪的繁殖障碍、仔猪的全身性病状、各年龄猪只包括公猪均发病）和病理变化（间质性肺炎）可对高致病性猪蓝耳病做出初步诊断。但确诊需要实验室进行病毒分离鉴定或用高致病性猪蓝耳病病毒 RT-PCR 检测。

特别要与猪细小病毒、伪狂犬病、猪乙型脑炎、猪瘟、圆环病毒病等多种引起繁殖障碍病的病毒病和细菌病相区别。

6. 如何预防和控制猪蓝耳病

猪蓝耳病传染性强，流行期长，在一个地区内迁延数月无明显好转，免疫效果不确切，常规抗菌药物无明显疗效，在猪群中根除蓝耳病是不太可能的，必须对该病的复杂性和潜在危害有充分的清醒的认识。要具备与蓝耳病"长期共存"的心理准备。掌握控制"蓝耳病"四条黄金原则：①限制猪之间的接触；②"应激"是杀手，应尽量减少；③好的卫生条件；④良好的营养。此外，还应科学、合理进行疫苗免疫接种和采取综合防制措施来预防和控制。

（1）疫苗接种 2011 年 1 月 31 日农业部下发《做好 2011 年国家重大动物疫病强制免疫计划》，其中高致病性猪蓝耳病免疫计划如下。

① 要求 对所有猪进行高致病性猪蓝耳病强制免疫。为便于鉴别不同制苗毒株，各地要采取有效措施，做到一个县区域内只使用一种高致病性猪蓝耳病活疫苗进行免疫。

② 免疫程序 商品猪：使用活疫苗于断奶前后初免，4 个月后免疫 1 次；或者，使用灭活苗于断奶后初免，可根据实际情况在初免后一个月加强免疫一次。种母猪：使用活疫苗或灭活疫苗进行免疫，70 日龄前免疫程序同商品猪，以后每次配种前加强免疫 1 次。种公猪：使用灭活苗进行免疫，70 日龄前免疫程序同商品猪，以后每隔 4～6 个月加强免疫 1 次。

③ 紧急免疫 发生疫情时，对疫区、受威胁区域的所有健康猪使用活疫苗进行一次强化免疫。最近 1 个月内已免疫的猪可以不进行强化免疫。

④ 使用疫苗种类 高致病性猪蓝耳病活疫苗、高致病性猪蓝耳病灭活疫苗。

⑤ 免疫方法 各种疫苗免疫接种方法及剂量按相关产品说明

书规定操作。

⑥ 免疫效果监测　活疫苗免疫 28 天后，进行免疫效果监测。高致病性猪蓝耳病 ELISA 抗体 IRPC 值＞20 判为合格。存栏猪免疫抗体合格率≥70％判定为合格。

笔者提醒注意：目前对猪蓝耳病活疫苗、灭活苗的使用及效果尚有不同的意见，为此，要科学、合理、慎重使用现有的猪蓝耳病活疫苗。经产且抗体阳性母猪群不必接种。要在兽医指导下正确使用疫苗。剩余疫苗、疫苗瓶及接种用具应无害化处理。

（2）综合防治措施　一是从源头抓起，把好引种关，控制好种源。应尽量自繁自养，严禁从疫区或发生疫情的种猪场引种。种猪和精液在引进之前必须进行猪蓝耳病的检测，不要把蓝耳病病毒带到猪场。引进的种猪和补栏猪应当进行隔离观察，在隔离观察期间可用灭活疫苗进行基础免疫。

二是要科学规范化管理，严格实行"全进全出"饲养模式，各阶段猪转出后，彻底消毒所存栏舍，空置 2 周以上再进新猪。

三是搞好环境消毒。猪蓝耳病具有高度传染性，可通过粪、尿及鼻液、精液等腺体分泌物散播病毒。因此，要搞好环境卫生，对猪舍、粪便消毒彻底，切断传播途径。每周至少带猪消毒 1～2 次，场区至少每月消毒 1 次。当周边有疫病流行时，带猪消毒每周应增至 4～6 次，场区一般每 2 周消毒 1 次。

四是加强饲养管理。高温高湿季节做好透风、降温，冬春寒冷季节做好保温与通风。不饲喂发霉变质饲料。做到饮水洁净无污染。粪、尿应及时清除，并进行生物发酵等无害化处理。

五是加强生物安全措施。要实行封闭管理，尽量减少人员的流动，禁止闲杂人员进入。做好人员、物品和车辆的消毒。

六是做好猪瘟、猪伪狂犬病、口蹄疫、2 型圆环病毒病、猪细小病毒病等病毒性疾病和副猪嗜血杆菌病、猪链球菌病等细菌性疾病的疫苗免疫工作，防止与猪蓝耳病的混合感染。

七是注意观察猪群健康状况，发现疑似病例，应迅速报告，严格按照农业部发布的"高致病性猪蓝耳病防治技术规范（试行）"的要求进行处置。

八是对病死猪严格采取"四不准一处理"处置措施，即不准宰杀、不准食用、不准出售、不准转运病死猪，对死猪必须进行无害化处理。

九是对猪群进行药物预防，控制细菌性继发感染。在发病高峰前，可在饲料中添加对继发性细菌感染敏感的抗菌药物及增强机体非特异性免疫力的药物。如"骏安"（乙酰戊乙酰泰乐菌素——第2代替米考星）、替米考星、加康（10%氟苯尼考）、枝原净、强力霉素、黄芪多糖等。

第四节 猪圆环病毒病

近年来世界各国学者研究确认，猪2型圆环病毒（PCV-2）能引起猪的一些新传染病。PCV-2不仅是断奶仔猪多系统衰竭综合征（PMWS）的主要病原和罪魁祸首，也是猪许多其他相关传染病的始作俑者之一。正是PCV-2破坏了免疫系统，才加剧了诸如猪繁殖与呼吸障碍综合征（PRRS）、猪细小病毒病（PP）、猪伪狂犬病（PR）及其他病毒病的发生和流行。其中，PMWS是PCV-2引起的最重要的疾病复合症。此外，PCV-2还能引发猪的呼吸道病综合征（PRDC）、猪皮炎及肾病综合征（PDNS）、增生性坏死性肺炎（PNP）、母猪流产及死亡综合征（繁殖障碍）、新生仔猪先天性颤抖病（CT）、中枢神经系统疾病（CNS）以及肉芽肿性肠炎等。

1991年PMWS首次在加拿大被报道，1997年证实了PCV-2于PMWS的病变组织中存在。目前，PCV-2感染及其相关联的猪的疾病已在全球范围内流行，现已被公认本病是"蓝耳病"之后新发现的重要的猪的传染病。有学者将能造成猪体免疫抑制的"蓝耳病"和"圆环病毒病"并称为"猪的两大艾滋病"（不传染给人）。

我国的PMWS最早是在2001年报道的。自2002年以来，很多规模化猪场发生此病。其主要表现为断奶后2～3周的仔猪渐进性消瘦、病态、全身衰竭、背脊突出、被毛长且粗乱、皮肤苍白或黄疸、体表淋巴结肿大，并伴有呼吸道症状和腹泻症状，生长发育迟缓或停滞，饲料利用率降低，大群的发病率一般在7%～12%，严重者可导致死亡。康复猪成为僵猪而淘汰，损失惨重。

1. 病原学

猪圆环病毒（PCV）可分为猪1型圆环病毒（PCV-1）和猪2型圆环病毒（PCV-2）两个基因型，在抗原性和遗传性上都不同，二者基本上没有交叉反应。PCV-1不引起可见的细胞病变，感染猪也不出现临床症状，而PCV-2与近年来新出现的PMWS及相关疾病密切相关。猪PCV在微生物分类学上属于圆环病毒科。圆环病毒科包括鸡贫血病毒（CIAV）、鹦鹉喙羽病毒（PBFDV）、鸽圆环病毒（PICV）和猪圆环病毒等四种动物病毒。猪PCV基因组为单链环状DNA分子，呈20面体对称，直径约为17纳米，无囊膜，以滚换方式在细胞核内复制，对环境的抵抗力较强，在70℃可以存活15秒，56℃不能将其灭活，并且一般的清洁剂和消毒剂对其无效，只有含戊二醛的消毒剂效果较好。

猪PCV-2除引起猪发生原发感染甚至死亡以外，更重要的是使猪的免疫功能受到损害，结果导致机体免疫力或应答能力下降，使其疫苗效果降低或丧失，从而易遭受其他病原菌的并发或继发感染，使病情加重，造成更大损失。这种可导致免疫抑制的病毒，由于常以亚临床感染的形式出现，而易被忽视。

2. 流行病学特点

现各国的研究结果表明，PCV-2是引起PMWS发生的主要角色。PCV-2对猪有较强的感染性，可经口腔及鼻腔分泌物、呼吸道、粪便、尿液等途径感染不同年龄的猪群，尤其是粪便在PCV-2传播中起重要作用。育肥猪多表现为隐形感染，不表现临床症状。目前已有PCV-2垂直传播的报道，PCV-2能在胎儿体内繁殖并引起不同怀孕期母猪的流产或产死胎、木乃伊胎或弱仔及繁殖障碍。少数怀孕母猪感染PCV-2后，也可经胎盘垂直感染胎儿，造成仔猪先天性震颤或PMWS。自然感染PCV-2的成年公猪，在其精液内可检测到病毒的存在，人工授精或自然交配是PCV-2在种猪群中散布的潜在途径。

最新的研究发现：①猪感染PCV-2发展成PMWS需要一些诱发因素。虽然猪群感染PCV-2的概率非常高，但实际上只有相对较小比例的猪或猪群发病，因为要出现PMWS的临床症状，还需要诸多外在诱发因素。这些诱发因素有：a. 病原体合并感染，

PCV 常与 PRRSV、PPV、PRV 等其他病毒及肺炎支原体、副猪嗜血杆菌、猪链球菌、巴氏杆菌等混合感染，引发许多附加症状，使该病的诊断趋于复杂化和多样化，更加剧了该病的危害性，5～12 周龄的仔猪感染后多表现为 PMWS；b. 免疫刺激，如油乳剂灭活疫苗（如支原体、传染性胸膜肺炎、口蹄疫、蓝耳病灭活疫苗等）、佐剂，均可刺激病毒在猪体内的复制；c. 环境因素，如氨气、内毒素等；d. 应激因素，如运输、混群等。②PCV-2 母源抗体可通过初乳从母猪传到仔猪，可有效预防仔猪免于发生 PMWS，所以仔猪一定要吃足初乳。没有从母猪得到母源抗体的仔猪感染 PCV-2 后容易发生 PMWS。③PCV-2 相关疾病暴发与流行的原因：a. 集约化养猪的出现，导致管理、操作的改变；b. 宿主遗传的改变与世界范围内的流动；c. 早先出现的 PRRS、PR、PP 等病原体的混合感染。

3. 致病机理

PCV-2 感染引起肉芽肿性淋巴结炎，导致 B 淋巴细胞缺失，患猪体况下降，降低机体对 PRRSV、PRV 及 PPV 等多种病原体的免疫力，进而出现混合感染而导致猪的免疫失败，从而使猪体更容易遭受其他病原的感染，使病情加重。这也是 PCV 与猪的许多疾病综合征有关的原因，其中，PMWS 是由 PCV-2 引起的疾病之一。

也有人对断奶仔猪进行试验表明，仅用 PCV-2 感染猪，只有轻微的或中等的 PMWS 病变出现，但不能导致明显的 PMWS 症状；仅用 PPV 感染猪，猪无临床症状，仅有轻微病变可见；而用 PCV-2＋PPV 共同感染猪，则出现典型的 PMWS 症状和病变。这表明，PMWS 症状的出现不仅需要 PCV-2，而且 PPV 也具有重要作用。因此，确认 PCV-2 是引起 PMWS 的原发性病毒。仔猪接触不确定的可刺激免疫系统的环境因素或感染因子与 PCV-2 共同作用，从而促进临床疾病的发生。

4. 断奶仔猪多系统衰竭综合征（PMWS）

（1）病原学 PMWS 是由 PCV-2 和其他病原体共同引起的复合感染而引发的综合征，PCV-2 是 PMWS 的主要病原，但并非唯一因素，还有其他因素在 PCV-2 和 PMWS 之间起作用。试验发现，单纯接种 PCV-2 只能引起轻微的病理损伤，不能导致明显的临床症状，不会产生严重的生产损失，但当同时感染 PRRSV、PRV 或 PPV 等时便会出现典型的 PMWS 症状。PCV-2 经常与这些病毒混合感染。在很多猪场，PMWS 的发生还常常有其他病原如副猪嗜血杆菌（HP）、衣原体、肺炎支原体（MH）、胸膜肺炎放线杆菌（APP）、多杀性巴氏杆菌（PM）以及链球菌（SS）、沙门菌（SC）等继发感染或其他致病因素共同发挥作用。

（2）流行病学

① 哺乳仔猪很少发病，主要在断奶后 2～3 周发病；育肥猪多没有明显的表现；出生时体质较差、哺乳不好以及较瘦的猪、去势的公猪发生 PMWS 的可能性较大。

② PMWS 几乎在所有类型的猪场都可发生，无论猪场规模大小均可见该病。更重要的是 PMWS 的表现、变化不一，在一个特定的猪舍，只有个别的猪会表现出临床症状，这种猪多趋于死亡，或以消瘦为特征。

（3）临床症状 PMWS 通常发生于 5～16 周龄的仔猪，最常见于 68 周龄（断奶后 2～3 周）仔猪。主要表现在保育舍仔猪"僵猪"的比例以及死亡率和淘汰率均明显增加，最常见的、也是确诊 PMWS 所必需的临床症状是以渐进性消瘦、背脊突出、衰竭、被毛长而粗乱、生长迟缓或停滞、呼吸急促并逐渐出现呼吸困难（呈明显腹式呼吸）、皮肤苍白（也可见黄疸）、腹泻、体表淋巴结肿大为主要特征。特别是腹股沟淋巴结肿大 2～5 倍或更大，有时用手可触摸到。其他症状表现不一，一部分开始有发热症状（一般不超过 41℃）。有些猪有比较特殊的结膜炎（眼睑水肿，分泌物增多），面部、下颌和颈部水肿（要与仔猪水肿病相区别），有时可见精神沉郁、食欲不振、咳嗽、神经症状和突然死亡。还常见有皮炎、肘关节和膝关节肿胀、胃溃疡。其中有些症状与继发感染有关。但在同一头猪上不会全部表现出这些基本症状。在猪场中，可能会发现其他许多疾病与 PMWS 混合感染的情况。这些疾病包括 PRRS、PR、APP、副猪嗜血杆菌、链球菌性脑炎、沙门菌病、仔猪黄白痢、非特征性腹泻及化脓性支气管肺炎（主要由多杀性巴氏杆菌、支气管败血波氏杆菌、链球菌引起）。在所有这些疾病中，PRRS

的呼吸道表现一直备受关注，因为 PRRS 的临床症状与 PMWS 相似，而且 PMWS 和 PRRS 在许多猪场同时发病的概率很高。

（4）病理变化

① 外观可见：猪皮肤苍白（约 20% 出现黄疸），消瘦，可摸到淋巴结肿大等。

② 剖检可见：最明显的变化是肺部病变和全身淋巴结肿大，特别是腹股沟淋巴结异常肿大，可肿大 2～5 倍。淋巴结切面湿润、硬度增大、外翻，呈均匀的苍白色，可能是 PMWS 感染的早期特征。内脏淋巴结包括肺门淋巴结、肠系膜淋巴结、纵隔淋巴结也明显肿胀，有的呈土黄色，有的呈暗红色。若同时发生细菌感染，则淋巴结可见炎症和化脓性病变，使病变更加复杂化。部分严重的病例，有时可见淋巴结出现斑点状出血或点状坏死。在患 PMWS 猪中，也观察到正常或萎缩的淋巴结。大部分患猪可见多灶性支气管肺炎，肺水肿、气肿；有的可见间质性肺炎或胸膜肺炎，肺肿胀不塌陷，肺间质增宽呈斑驳样，手触之呈橡皮样感觉。严重病例有时肺出血。肝萎缩硬化变色。有的肝表面有纤维素物质附着。心包炎，心包肥厚，心包液浑浊，不透明，心脏变形，质地柔软，心冠状沟脂肪发生胶冻样萎缩。肾炎，肾肿大，颜色变淡，表现有大量灰白色病灶。也有的脾肿大，脑膜炎，腹膜炎，胃溃疡，结肠水肿等。以上病变要在同群感染猪中广泛采集病料，因为临床感染猪可能在一个器官系统出现病变，而在其他器官不出现病变，这可能与继发感染有关，也可能与 PCV 毒力、组织嗜性、感染时期、宿主本身遗传特点及其免疫应答不同有关。

大部分患 PMWS 的猪有支气管肺炎和胃溃疡，这并非与PCV-2 感染直接有关，支气管肺炎与细菌感染有关，胃溃疡与许多因素有关，胃的损伤会导致胃出血，这也是 PMWS 病猪死亡原因之一，也与该病的重要表现——皮肤苍白有关。

（5）诊断　仅依临床症状，很难与 PRRS、猪呼吸道病综合征（PRDC）以及猪副嗜血杆菌等区别开来，应根据以下四个方面综合考虑，做出正确的诊断。

① PMWS 相一致的临床症状：观察猪只是否有衰弱、消瘦、病态、脊背突出、被毛粗乱而长、生长迟缓、呼吸困难、腹泻、皮

肤苍白和黄疸，触摸体表淋巴结是否肿胀。但在同一头猪中常不会全部表现出这些基本症状。

②剖检已死亡或即将死亡的病猪，主要检查肺和淋巴组织，检查是否有全身淋巴结肿胀、肺炎、肝萎缩、肾肿胀或被膜下有白色坏死灶等病变，看是否有淋巴组织的特征性变化，如淋巴细胞由组织细胞代替、肉芽肿性炎症。

③猪的病变组织处检出PCV-2。检查PCV-2特征病变部位抗原或基因组染色体。

④血清学检查：用ELISA诊断方法检测PCV-2抗体。

5.怎样预防和控制PMWS

目前已有多家猪2型圆环病毒灭活疫苗投放市场，用于PCV-2免疫预防，如勃林格、普莱柯、维科、中牧、海利等。有条件的大中型养猪场可自制自家组织匀浆灭活苗，有一定效果。PCV-2对普通的消毒剂有很强的抵抗力。目前减少PCV感染所造成损失的有效方法是：加强饲养管理和生物安全措施，减少应激和潜在诱导免疫刺激的"诱发"因素。

（1）尽快确诊猪场是否感染PCV-2，尽快淘汰那些久治不愈或失去治疗价值的病猪，以消除传染源。

（2）在饲料中添加抗生素，控制细菌继发感染。

如氟甲砜霉素（氟苯尼考）、强力霉素、土霉素、金霉素、枝原净、泰乐菌素、爱乐新、阿莫西林、林可霉素等。因为不同猪场混合或继发感染的细菌不完全一样，单纯使用一种抗生素不能完全覆盖所要控制的细菌，因此必须采用药物组合的方法，既要控制支原体，又要控制链球菌、巴氏杆菌、猪副嗜血杆菌、胸膜肺炎放线杆菌以及沙门菌等。为减少猪肺炎支原体的影响，并控制继发感染，每吨饲料可添加80％枝原净（泰妙菌素）125克＋15％金霉素2000克（或强力霉素200克）。具体用药时间为：断奶仔猪，断奶后连续喂14天。保育猪也可添加泰乐菌素100克＋磺胺二甲基嘧啶220克，或爱乐新1000克，用药时间：断奶后喂2周。如果发现有猪链球菌或副猪嗜血杆菌并发感染，可同时在饲料中添加70％阿莫西林300克或者10％氟苯尼考800克。还可采用"脉冲式"投药方法，即以一定的间隔短期投药，如7天用药、3天停药的方式间隔选用敏感性强的药物，可降低发病率，缓解临床症状，控制继发感染。

（3）加强饲养与管理，实行"精细"管理。

不忽视每一生产环节；避免不同猪群或不同日龄的猪混养。

（4）对个别发病猪要早发现、早确诊、早隔离、早治疗。

采取病因治疗与对症治疗相结合的"标本兼治"的办法治疗。抗菌药物可选用枝原净、氟苯尼考、氟喹诺酮类、丁胺卡那霉素、庆大霉素、阿莫西林、氨苄西林、头孢类、磺胺类等肌注，并配合使用黄芪多糖、鱼腥草、双黄连等免疫增强剂、抗病毒药物及维生素 B_1 和维生素 C 等。高热者可配合使用安乃近、复方氨基比林等解热镇痛药。因为 PCV-2 病毒主要侵害猪的免疫系统，临床上尽可能不使用甲砜霉素、卡那霉素等免疫抑制作用的药物，除发生皮炎及肾病综合征外，也不宜使用地塞米松、氢化可的松等皮质激素类药物。也可采用血清疗法：采本场淘汰母猪血，分离血清，3～5周龄，腹股沟皮下或腹腔注射 5 毫升，或 2～3 周龄、5 周龄仔猪腹股沟注射 5～10 毫升。也可对发病猪进行治疗，每头病猪注射血清 10～20 毫升，隔日注射一次。

（5）建立生物安全体系，采取生物安全措施。

消灭蚊蝇鼠鸟，做好污水处理；尽可能实行"自繁自养"。加强兽医卫生，选用大北农"卫康"或广东威牌"复合醛"、绿叶"千毒除"或过氧乙酸、火碱等，定期对猪舍和运输工具进行彻底消毒。

（6）改善环境条件。

早期隔离断奶，降低混养猪的饲养数量，减少饲养密度，保持良好通风，冬季做好保温，提高空气质量，提供舒适环境，减少应激。保证充足饮水，让猪吃饱喝足，不冷不热。严格实行"全进全出"或小单元"全进全出"。搞好 PRRS、PP、PR、猪瘟疫苗的防疫注射，及早剔除无治疗价值的病猪及僵猪。

（7）加强营养，提高免疫力。

建议使用高档仔猪配合饲料，提高抗病能力。

（8）选择高品质的饲料原料，避免使用发霉饲料，必要时可添加脱霉剂。

第五节　猪伪狂犬病

伪狂犬病（PR）又名奥耶斯基病（AD），是由伪狂犬病病毒（PRV）引起的猪和多种家畜及野生动物共患的一种流行很广的急性传染病。以发热、奇痒（猪除外）及脑脊髓炎为特征。除猪外，其他动物均以死亡告终。

伪狂犬病一旦传入未免疫的种群，则呈暴发流行。哺乳仔猪出现脑脊髓炎和败血症，以震颤和运动失调等神经症状为主，伴有发热、呼吸困难，有的呕吐和腹泻，2周龄内仔猪发病率和死亡率高达100％；妊娠母猪发生流产、产死胎及弱仔等繁殖障碍；生长肥育猪发生严重的呼吸道症状，类似猪流感，发病率高达100％，死亡率虽低，但增重缓慢。此外，猪伪狂犬病常与猪蓝耳病、猪瘟、圆环病毒病、猪流感、支原体肺炎、副猪嗜血杆菌病、传染性胸膜肺炎等混合感染或继发感染，导致严重的呼吸道病综合征（PRDC），给养猪业造成重大经济损失。世界动物卫生组织（OIE）将其列为B类动物疫病，我国将其列为二类动物疫病。当前，由于免疫抑制、饲料霉变、各种应激、免疫不规范、疫苗质量参差不齐、免疫强度和免疫密度不够等原因，导致猪群长期隐性带毒和持续潜伏感染，时刻威胁猪群健康。为此，要进一步加深对本病的认识，准确运用现有较为成熟的技术，有效防控和逐步净化、根除本病。

1. 病原

伪狂犬病病毒属疱疹病毒科甲疱疹病毒亚科，主要特征是宿主范围广、有高度的细胞致病性、复制周期短、常在神经节内形成潜伏感染。伪狂犬病病毒为高度神经潜伏病毒，如果机体免疫状况很好，病毒就潜伏在神经组织内，不进行复制，不会引起临床症状和损失；一旦机体免疫状况变差，病毒就会大量复制并排毒，引起猪发病。基因型的差异决定了不同毒株的感染力、毒力、排毒数量和持续时间不同。伪狂犬病病毒基因组为线状双股DNA，呈球形或椭球形，全病毒的直径介于150～180纳米，有囊膜和纤突，对外界环境的抵抗力较强，在污染的猪舍可存活一个多月，对火碱、季铵盐、酚、醛、氯、碘制剂等化学消毒剂都很敏感。

2. 流行病学特点

（1）**易感动物** 猪、牛、羊、犬、猫、水貂、狐狸、鼠类等44种哺乳动物均可自然感染，除猪以外，其他动物感染均以死亡告终。它们不明原因死亡是发生伪狂犬病的重要信号。猪也不能与上述这些动物混养。猪场要禁养犬、猫，并严防其进场；猪场应灭鼠，实行猪群伪狂犬病净化。

伪狂犬病的发病率和死亡率随着年龄的增长而下降。易感性还与饲养密度、种猪数量、肥育猪数量、后备母猪的引入有直接或间接的相关性。第一次感染暴发伪狂犬病的猪群，会带来灾难性的后果，可在1周内传染至全群，仔猪有90％以上死亡，妊娠母猪流产，生长肥育猪出现呼吸道疾病和增重缓慢。

（2）**传染源** 任何曾感染任一PRV毒株的猪都可被认为是传染源。病猪、隐性（潜伏）感染猪、康复带毒猪以及带毒鼠为本病永久性传染源。病毒从病猪的鼻液、唾液、流产胎儿、胎盘、胎液、阴道黏液、精液、乳汁及尿中排出，可持续存在于猪场内，在猪群中不断传播，反复感染。许多外表健康的种猪终身带毒、散毒，成为猪群PRV的源泉，在出现应激因素或其他病原体侵入时，往往会造成伪狂犬病的大暴发。

（3）**传播途径** 主要通过鼻对鼻直接接触或间接接触，经呼吸道发生感染。也可通过接触鼠、猪或其他感染动物的尸体传播。还可通过摄入被病毒污染的饲料、饮水后经消化道感染。此外，可经破损的伤口和配种时接触污染的阴道黏膜和精液等途径感染。妊娠母猪感染后，病毒可经胎盘感染胎儿；泌乳母猪感染后6～7天乳中有病毒，并持续3～5天，哺乳仔猪可因哺乳而感染。在合适的环境下，病毒可以气溶胶的形式经空气传播。常见的其他传播媒介包括鸟类、昆虫（如苍蝇）、人、车辆、用具、垫草、粪尿等。

（4）**发病季节** 本病一年四季均可发生，但以冬春季节与产仔旺季多发，这是因为低温有利于病毒存活。

3. 发病机理

通过口鼻感染后，最初病毒在上呼吸道上皮细胞内复制，随后感染扁桃体和肺，造成病毒以自由扩散或感染白细胞的途径在体内扩散，引起肺炎或经胎盘感染胎儿，导致流产或死胎，也可进入三叉神经和嗅神经末梢，侵入中枢神经系统进行复制，以非化脓性脑膜炎为特征，最终导致严重的中枢神经紊乱。

4. 潜伏感染

潜伏感染是指机体存在病毒核糖核酸（DNA），但是并未产生子代病毒的状态。在潜伏期，病毒基因组仅转录其中特定的一部分基因组，这一时期称为潜伏相关转录期。潜伏感染的伪狂犬病病毒具有激活和排毒的潜能。绝大多数处于潜伏感染的猪通常无症状，是病毒持续携带者，是潜在的传染源。潜伏感染持续达 170～210 天，如有免疫抑制可持续到 18 个月，有的终身带毒，具有持久的危险性。当带毒猪遭受应激（如感染其他疾病、注射疫苗等），免疫力降低时，则病毒可以恢复复制而发病，并排毒感染健康猪。所以，不要以为只要注射了疫苗即可防制此病。这也是成功控制和根除伪狂犬病的困难所在。

伪狂犬病病毒潜伏的主要部位为三叉神经、嗅球和扁桃体。口鼻感染后，病毒首先在上皮组织复制或直接进入鼻咽部感染神经元的神经末梢。经第一轮复制后，子代病毒大量产生，导致大量的初级神经元被感染。病毒在三叉神经的定居与再感染之间有一定联系，潜伏伪狂犬病病毒的神经元，不可能接受伪狂犬病病毒其他毒株的再感染（即"占位效应"）。这些结果表明，致弱的活疫苗可以建立潜伏期去抑制野毒株的感染，这也是强调必须免疫的理由。

5. 临床症状

潜伏期一般为 2～6 天，仔猪的潜伏期短于大龄猪，为 2～4 天。

本病主要表现为呼吸系统和神经症状，遭受野毒感染临床症状的严重程度和病程取决于免疫水平以及猪只的年龄。此外，与感染途径、毒株的毒力、感染病毒的剂量等亦有密切关系。

年龄不同症状也不同。仔猪高度易感，2 周龄内的发病率可达 100%，3～4 周龄的猪发病率降为 50%，在这些仔猪中可观察到严重的神经紊乱。

免疫猪场与未免疫猪场发病情况决然不同。新疫区症状严重、明显，老疫区常呈隐性感染。

母猪是否接种过疫苗及抗体水平不同，则仔猪的临床表现也不同。有的整窝仔猪有临床症状，或同窝只有部分猪只可见临床表现而其他仔猪表现正常。

不同猪群感染伪狂犬病后的表现可能明显不同。本病可能迅速传播，感染同一猪场内各年龄段的猪群，或猪群临床症状不明显，只有进行血清学检测时才可发现。无新生仔猪，特别是处于分娩间隔期的猪群，伪狂犬病病毒感染的病程经常表现不明显。有新生仔猪的猪群第一次感染伪狂犬病病毒，症状很明显，这是因为新生仔猪高度易感，发病率和死亡率可达100％。

种猪和圈舍隔离的育成猪感染不明显，只表现为轻微的呼吸道症状，这种症状易被忽视或误诊为其他病原，如猪链球菌病、巴氏杆菌病、支原体肺炎、传染性胸膜肺炎等。

（1）未免疫猪群

① 哺乳仔猪　高度易感，潜伏期为36～72小时。突然发病，体温升至41℃以上，精神委顿，厌食，有的呕吐或腹泻。在24小时内迅速出现共济失调和抽搐等中枢神经系统症状是本病的特点。开始全身肌肉震颤，唾液分泌增多，遇到声响和触摸会发出鸣叫和抽搐；随后盲目走动，步态不稳，运动失调，有时呈不自主地前冲、后退或转圈运动，易跌倒；进一步发展则后躯麻痹，只能匍匐前进，不能站立，或呈犬坐姿势，还有的四肢麻痹呈劈叉姿势等；有的突然倒地抽搐，眼球震颤发展至头向后仰，四肢划动，口吐白沫，叫声嘶哑并间歇发作，最后呼吸困难，很快昏迷。病程最短为4～6小时，最长为5天，日龄越少，死亡率越高，大多数在神经症状出现后24～36小时后死亡。15日龄内仔猪的死亡率近于100％，多为全窝死光。20日龄之后仔猪发病率明显降低，但仍有较高的死亡率。妊娠后期的母猪感染后会产出弱仔，出生后很快可见临床症状，并在1～2天内全部死亡。

上述这些症状并非全部出现或一成不变，出现上述症状中的任何一种，务必通过实验室立即确诊，因为暴发本病后早期免疫可以大大减少损失。

② 断奶仔猪（3～6周龄）　幼龄断奶仔猪的临床症状与哺乳

仔猪相似，但导致昏迷和死亡的中枢神经症状相对少一些。3～4周仔猪初次严重感染时死亡率为 40%～60%。表现为精神沉郁、厌食和体温升高（41℃以上），通常出现呼吸道症状，如打喷嚏、流鼻涕、呼吸困难、剧烈咳嗽。有的出现间歇性抽搐，癫痫样发作，角弓反张，一般持续 2～4 分钟，症状缓解后病猪又站起来，盲目行走或转圈，或呆立不动，头触地或抵墙，持续几分钟，间歇10～30 分钟上述症状又开始。症状持续 5～10 天，如不出现神经症状，则猪体温降低、恢复食欲后迅速康复；出现神经症状的猪一般死亡。呼吸道感染伪狂犬病病毒的猪，容易并发巴氏杆菌、副猪嗜血杆菌、猪链球菌、胸膜肺炎放线杆菌等病原菌感染，损失加剧。

5～9 周龄猪感染后，若采取精心护理、及时合理治疗、防止继发感染等措施，其病死亡率一般不会超过 10%。严重感染的病猪，康复后生长发育不良，有的终身头颈歪斜，出栏晚 1～2 个月。

③ 生长肥育猪　潜伏期一般为 3～6 天，最常见症状为体温升高、厌食、不同程度的呼吸道症状，类似猪流感，发病率一般高达100%，但无继发症时死亡率低，约为 2%，很容易误诊为猪流感。病猪消瘦、严重掉膘，6～10 天后体温和食欲恢复正常，成为猪群感染的病毒库，上市至少推迟 1 周。仅零星可见神经症状，从轻微的肌肉震颤到剧烈抽搐不一，见此症者多数死亡。如果继发传染性胸膜肺炎等，损失会更为惨重。

④ 成年母猪和公猪　呼吸道症状与育肥猪相似。妊娠母猪流产是感染 PRV 的早期症状。病毒可通过胎盘屏障，感染胎儿，导致死胎。怀孕猪在妊娠 35 天内感染 PRV，胚胎会被吸收后而返情；怀孕中、后期感染，表现为流产、产死胎、木乃伊胎或弱仔，其中以产死胎为主，猪场流产率可达 50%。流产的胎儿无论大小都很新鲜，胎衣呈灰白色坏死，坏死层逐渐脱落，使胎衣变得很薄，呈现明显的胎盘炎，似"蛇蜕"样，胎儿表面常见出血斑点。临近足月感染时，新生仔猪会带毒，表现出典型症状，并在生后1～2 天内死亡。后备母猪和空怀母猪不发情或屡配不孕。公猪睾丸肿胀、萎缩、性欲降低或丧失种用能力。种公、母猪感染 PRV的病死率一般低于 2%。

（2）免疫猪群　免疫可减轻临床症状。多数经免疫后抗体保护水平低的猪群感染本病后不表现明显的临床症状，呈隐性感染，但带毒、排毒。因为PRV感染造成猪体不同程度的免疫抑制，往往并发或继发其他病毒性或细菌性疾病，表现出复杂的临床症状。

6. 剖检病变

病死猪剖检病变一般不典型或很轻微。可见角膜结膜炎（污秽不洁，泪液过多）、浆液性纤维坏死性鼻炎、咽炎、气管炎或坏死性扁桃体炎。下呼吸道的病变为肺水肿至肺散在性小叶性坏死、出血和肺炎等。肾针尖样点状出血，肝脏和脾一般有散在黄白色直径2～3毫米小坏死灶，这类病变最常见于缺乏被动免疫的幼龄猪（未免疫母猪所产仔猪）。流产病史结合肝、脾、肺、扁桃体散在坏死灶即可怀疑感染伪狂犬病。流产或分娩时可见坏疽性胎盘炎，胎儿流产。流产胎儿日龄不同，有的刚死，有的已浸软，有的已成木乃伊，有的正常，有的为弱仔。同窝内仔猪，可能会出现部分仔猪正常，另一部分虚弱或出生时死亡。

脑膜水肿、淤血、出血，脑脊髓液增多。仔猪空肠后段和回肠坏死性肠炎。

7. 诊断

（1）初步诊断　根据流行病学特点、临床症状和病理变化，综合分析即可建立初步推测诊断。诊断要点如下。

① 哺乳仔猪主要表现神经症状，2周龄内仔猪100%死亡。

② 流涕、咳嗽、迟钝、嗜睡和神经紊乱可见于仔猪或稍大龄的猪。

③ 怀孕母猪主要表现为高流产率和死胎率。

④ 猪龄不同，症状有很大差异，随日龄的增加发病率和死亡率逐渐下降。

⑤ 猪场的犬和猫发生死亡是发生伪狂犬病的一个信号。

⑥ 如果剖检能眼观到初生仔猪肝、脾出现白色坏死灶，扁桃体坏死，则推测诊断更可靠。

（2）鉴别诊断　要注意做好如下鉴别诊断。

① 当新生仔猪发生腹泻时，伪狂犬病与传染性胃肠炎、大肠杆菌病（仔猪黄痢、白痢）极为相似，应加以区别。

② 相似的呼吸道症状可见于细菌性感染，如猪肺疫（多杀性巴氏杆菌）、传染性胸膜肺炎、猪链球菌病或副猪嗜血杆菌病，并应与猪流感（无神经症状）、猪蓝耳病、猪瘟、圆环病毒感染等病毒病相区别。提醒注意的是，如果只有生长育成猪或成年猪发病，伪狂犬病的呼吸道症状极易与猪流感相混淆，常导致误诊；如果少数猪只出现神经症状，则伪狂犬病的推测诊断较容易，因为猪流感不会出现神经症状。

③ 病猪出现神经症状，应与猪瘟、仔猪先天性震颤、仔猪水肿病、猪肠道小核糖核酸病毒感染（不伴有呼吸道症状）、食盐中毒（表现为极度兴奋）、链球菌性脑膜炎、副猪嗜血杆菌病、仔猪低血糖、对氨基苯胂酸（阿散酸）中毒（发生突然且无体温升高症状，常导致呆滞）相区别。

④ 流产和死胎，要与猪细小病毒病、猪蓝耳病、乙型脑炎、钩端螺旋体、布氏杆菌病、猪链球菌病等相区别。

（3）在大多数情况下，通过实验室诊断来确诊是必要的

① 可使用猪伪狂犬病毒 GE 抗体检测试剂盒，通过酶联免疫吸附试验（ELISA）检测血清中的特异性抗体，判定是否有病毒感染并能区分出疫苗接种与野毒感染。

② 采用免疫荧光（IE）技术，对采集的扁桃体同时进行猪瘟和伪狂犬病两种病毒抗原检测，淘汰阳性带毒猪，用于猪场净化。

（4）动物接种 将典型病料（脑、脾等）磨碎后，加生理盐水制成 1:10 悬液，离心，取上清液 2 毫升，加青霉素、链霉素各2000 单位，给家兔皮下接种，经 2～3 天后，若家兔出现体温升高，继而注射部位出现奇痒，抓咬患部、脱毛、出血、肌肉痉挛、角弓反张，最后死亡，则可确诊。

8. 疫情扑灭

猪伪狂犬病疫情暴发后，应马上采取如下措施加以扑灭。

（1）紧急免疫接种 猪场所有猪一律立即接种优质伪狂犬病基因缺失弱毒活疫苗，间隔 4～6 周后再加强免疫一次。仔猪也可用弱毒活疫苗滴鼻免疫，可使用专用的滴鼻器，若用注射器滴鼻时，应先捂住一鼻孔，对另一鼻孔进行少量多次滴鼻，使鼻腔正常吸入疫苗。

（2）消毒　对栏舍、场地、道路等用3%火碱水溶液或1∶300复合酚、复合醛等消毒，工作服、鞋、帽等用消毒液浸泡或高压灭菌消毒。

（3）加强生物安全　严禁犬、猫、鸟类等动物进入猪场，加强灭鼠；严格限制外来人员和车辆进入场内，禁止场内人员串舍，防止人为扩散病原；对病死动物尸体、死胎、流产物和其他污染物、排泄物作销毁无害化处理，或按《病死动物及产品深埋处理技术规范》深埋处理。

9. 预防与控制

本病除早期用抗伪狂犬病特异血清外，目前尚无特效的治疗方法，为此，猪场应切实贯彻"预防为主，防重于治"的方针，采取综合防控措施。

（1）定期免疫　对种猪和仔猪都进行定期免疫是控制和根除伪狂犬病的重要手段。接种疫苗可刺激机体产生体液免疫和细胞免疫。体液免疫产生的抗体具有抑制病毒在靶细胞上黏附作用，还具有抑制病毒穿入的作用，从而阻断感染的第一阶段。此外，细胞免疫在抗伪狂犬病病毒感染中也具有重要作用。

免疫母猪可以通过哺乳使仔猪获得 PRV 特异性母源抗体，保护仔猪免受 PRV 的攻击，抑制 PRV 在中枢神经系统的复制。

疫苗接种虽然不能完全阻止病毒的感染和排毒以及潜伏感染的发生，但可以在一定程度上限制病毒的复制，减少病毒扩散，增加启动感染的病毒剂量，降低强毒感染后排毒量，缩短排毒时间，减轻临床症状，阻止发病，从而将损失减低到最小。

不同猪群应免疫不同的疫苗。目前伪狂犬病疫苗主要有两大类，即弱毒活疫苗和灭活疫苗两种。弱毒苗具有良好的免疫原性，灭活疫苗安全性好，免疫猪不存在排疫苗毒问题，但由于疱疹病毒本身的免疫原性与毒力有一定的相关性，因此，灭活疫苗的免疫效力，相对而言不如弱毒苗。综合各自的优缺点和利弊，种猪可选用灭活苗或弱毒活疫苗，断奶仔猪可用弱毒苗，因为它们存栏的时间短。由于活病毒之间有发生基因变换和重组的可能性，因此，弱毒活疫苗最好选用同一厂家的或统一毒株制作的，防止基因重组。

疫苗要选用知名品牌的产品。如辉瑞的 GE 单基因缺失弱毒活疫苗"扑伪佳"(布加勒斯特毒株-BuK),母猪产前1个月免疫后,可有效保护仔猪达2个月以上,仔猪只要在8周龄一次肌内注射免疫,就可有效预防伪狂犬病直到肥猪上市,并且不需要滴鼻,免疫后可使仔猪产生坚强的局部黏膜免疫、全身细胞免疫与体液免疫"三重免疫保护"。每头猪肌注2毫升。也可选用科前"猪伪狂犬病活疫苗(HB-98双价基因缺失株)"及"猪伪狂犬病灭活疫苗"(鄂A株)。其他知名品牌如勃林格或哈尔滨兽医研究所"伪狂犬病弱毒冻干疫苗"、普莱柯"普宁"、梅里亚"猪克伪"等,均为GE/GI双基因缺失的匈牙利巴萨株(Bartha-K61)。GE基因缺失标记疫苗是净化伪狂犬病首选疫苗,不仅可维护病毒良好的抗原性,而且免疫后可通过检测GE抗体区别疫苗与野毒的感染。具体的免疫程序及剂量参照厂家的使用说明书。

最后强调指出,只免疫母猪不免疫仔猪的做法是不科学的。由于一般伪狂犬病疫苗的母源抗体存在8～10周,母源抗体消失后,仔猪阶段未免疫的生长肥育猪即陆续开始感染伪狂犬病,虽然临床症状不明显,死亡率低,但成为带毒猪,不断排出病毒,诱发母猪流产与仔猪死亡。因此,仔猪注射疫苗与否,将决定猪场能否有效控制伪狂犬病。

(2)加强生物安全和兽医卫生 猪场不允许与牛、羊、兔、水貂、狐狸混养,要消灭野猫和鼠,禁止犬、猫进入生产区,防止相互传染。加强平日消毒,粪便要堆积发酵处理。引种时须做血清学检测,确定阴性时方可引入,并隔离饲养4周。

(3)搞好伪狂犬净化 有条件的猪场,在使用GE基因缺失疫苗免疫接种的同时,使用鉴别诊断试剂盒定期对种猪群进行监测,淘汰阳性种猪;对后备种猪进行监测,阳性者进行育肥处理。

第六节 猪细小病毒病

猪细小病毒病是由细小病毒科细小病毒属的猪细小病毒引起猪的繁殖障碍病之一,大部分发生于初产母猪。母猪不同孕期感染,可分别造成返情、木乃伊胎、死胎、弱仔、流产等不同临床症状。而母猪无明显的其他症状。该病在我国较多的猪场曾以"流产风暴"式发生，造成很大的经济损失。这种暴发流行已经过去，由于普遍进行了免疫注射，目前多为散发，但血清学阳性检出率高，在诊断时要具体分析。此外，该病还在猪 2 型圆环病毒引起的断奶仔猪多系统衰竭综合征（PMWS）的临床感染中起重要作用，要引起足够重视。

1. 病原学

成熟的病毒粒子是立体对称的，无囊膜和脂类，基因组是单股DNA。病毒对外界环境的理化因素有很强的抵抗力，对热稳定，对许多常用的消毒剂都有抵抗力。来自急性感染期的分泌物和排泄物的病毒感染力可保持几个月，病猪最初使用的圈舍至少在 4 个月内仍具有传染性。

2. 流行病学

（1）易感动物 猪细小病毒可引起多种动物感染，猪是猪细小病毒唯一的易感动物。猪细小病毒主要引起猪的繁殖障碍；不同年龄、性别和品系的家猪和野猪都感染；本病主要发生于初产母猪。

（2）传染源及传播途径 病猪、带毒猪及污染的圈舍是主要的传染源。流行期公猪在传播中也起重要作用。急性病猪可通过多种途径（其中包括精液）排出病毒。通过消化道和呼吸道水平传播，还可通过胎盘垂直传染，特别是购入带毒猪后，可引起暴发流行；本病具有很高的感染性，易感的健康猪群一旦病毒传入，3 个月内几乎可导致猪群 100%感染；感染群的猪只，较长时间保持血清学反应阳性。

3. 致病机理

母猪在妊娠期的前半期对能够诱发繁殖障碍的细小病毒是易感的。这个阶段母猪感染细小病毒后，会引起胚胎或胎儿死亡，分别表现为胎儿被吸收和木乃伊化；在妊娠中后期感染，病毒可通过胎盘，但胎儿在子宫内生存完好，通常没有明显的临床影响。其可能的原因是，通过胎盘感染通常需要 10～14 天或更长时间，而在妊娠 70 天时，大多数胎儿已能够对病毒产生保护性免疫应答。一般情况下，在妊娠 70 天之前宫内接种细小病毒可以造成胎儿死亡，但是在 70 天以后感染，胎儿通常在宫内幸存而不死并能产生抗体。

常见同窝胎儿中仅有部分胎儿经胎盘感染，然后该病毒在子宫内传播，使同窝中的一个或多个胎儿感染，因此同窝中可以不同形式组合或同时有木乃伊胎、死胎、弱仔或健康仔猪。

4. 临床症状

细小病毒感染的主要特征和仅有的临床反应是母猪的繁殖障碍，其结局主要取决于在妊娠期的哪一阶段感染该病毒。母猪有可能再度发情，或既不发情，也不产仔，或每窝只产很少的几只仔，或者产出的一部分为木乃伊胎。唯一表现出的症状可能是由于在怀孕中期或后期胎儿死亡，胎水被重吸收，母猪的腹围缩小。母猪繁殖障碍的其他表现，即不孕、流产、死产、新生仔猪死亡和产弱仔，也被认为是由细小病毒感染而引起，这些症状通常是该病的一小部分。一窝中如有木乃伊胎，妊娠期和产仔间隔可能延长，不管这些胎儿是否受到感染，都可能导致同窝健康胎儿的死亡。

规模化猪场，同一时期内先后有多头母猪尤其是初产母猪不规律地重新发情或只产出少数仔猪或产出大部分为木乃伊胎或产死胎、木乃伊胎、弱仔或健康仔猪，所有现象均反映有胚胎死亡或胎儿死亡或两者均有，而母猪本身没有其他明显的临床症状，但具有传染性。在母猪不同妊娠阶段感染，其临床表现也不相同，在妊娠30天以内感染胚胎，病毒通过胎盘使胎儿致死，死亡胎儿被重吸收（俗称"化胎"）而出现返情，返情母猪发情周期不规律；母猪妊娠30～70天内感染主要是胚胎死亡而产木乃伊胎儿；母猪妊娠70天后感染，一般不引起病害，有免疫反应，胎儿在宫内幸存，可产出弱仔或健康仔猪。公猪感染后，目前没有证据表明公猪的生育能力和性欲是否受影响。

此外，细小病毒病的临床症状有如下五个特点。

（1）配种后，出现不规律的返情。

（2）配种后，母猪未返情，但腹围也未增大，到期不分娩，用氯前列烯醇诱导分娩排出黑红色胚胎残留物或小于8厘米的木乃伊胎。

（3）妊娠中期或稍后胎儿死亡时，死胎连同胎液均被吸收，此时母猪外表可见的唯一症状是母猪腹围变小，到期分娩或诱导分娩排出大于 13.5 厘米的木乃伊胎。

（4）正常分娩与延迟分娩，全程感染可产出大小不等的木乃伊胎、成形死胎乃至弱仔。

（5）母猪没有症状，没有流产，也无乙型脑炎那样的发育异常的胎儿，但只表现延期分娩。

5. 剖检病变

母猪子宫内膜有轻的炎症，胎盘有钙化；感染胎儿在子宫内被溶解、吸收；受感染胎儿，出现不同的发育障碍：木乃伊胎、畸形、腐败的黑化胎儿等，胎儿可见到充血、水肿、出血、体腔积液、木乃伊化、坏死等病变。

6. 诊断

根据流行特点（只有猪发病，尤以初产母猪发生多）、临床症状（主要表现是母猪繁殖障碍，特别是初产母猪产出木乃伊胎、死胎、弱仔或偶有流产，以木乃伊胎为主；母猪无其他症状），结合参考以上五个特点，可怀疑本病。确诊需做实验室检查。取流产胎儿、死胎的脑、肺、肾等病料送检，做细胞培养和鉴定。血凝和血凝抑制试验、荧光抗体试验、酶联免疫吸附试验、乳胶凝集试验、PCR 等方法在临诊检测中广泛使用。

7. 鉴别诊断

引起母猪繁殖障碍的原因很多，有传染性和非传染性两方面，传染性因素主要与猪蓝耳病、伪狂犬病、猪瘟、猪乙型脑炎、布鲁菌病、衣原体病和弓形体病引起的流产相区别。

只要出现胚胎或胎儿的死亡或两者并存，在鉴别诊断猪的繁殖障碍综合征时，就应考虑到细小病毒。如果只有青年母猪出问题而不是老母猪，在妊娠期间不表现临床症状，也不出现流产或胎儿发育异常，然而有迹象表明这是一种传染病，可暂时认为是由细小病毒诱发的繁殖障碍。相对来看，母体不表现病症、没有流产和胎儿发育异常，这些可以把细小病毒和其他引起繁殖障碍的疾病区别开，然而最终确诊有赖于实验室的工作。

如果确实出现了木乃伊胎，应将几个这种胎儿（长度小于 16 厘米）或其肺脏送交实验室进行诊断。建议不要把大的（即妊娠70 多天的）木乃伊胎、死胎和新生仔猪送到实验室检查，因为即便这些胎儿感染了细小病毒，它们的组织内也含有抗体，将干扰实验室对病毒或病毒抗原的检测。

母猪如果既不发情也不分娩，是因为有时胎儿在妊娠中1/3期发生死亡，子宫内仅残存一些胎儿组织。即使没有感染的胎儿或胎儿残存组织，也不能排除细小病毒引起繁殖障碍的可能性。这是因为在妊娠的最早几周内如发生全胎死亡，并且胎儿被全部吸收，母猪仍可以保持妊娠期的内分泌状态，直到预产期前，所以不发情也不分娩。

8. 综合防控

本病无有效的治疗方法，主要采取预防措施。

（1）防止将带毒猪引入无本病的猪场。引进种猪时，进行猪细小病毒病的血清学检查，当 HI 滴度在 1：256 以下或阴性时，才能引进。

（2）对由细小病毒感染引起的繁殖障碍尚无治疗办法，后备母猪在配种前应接种疫苗或自然感染细小病毒。猪细小病毒只有一个血清型，因此人工免疫接种是有效的预防措施，我国普遍使用灭活疫苗，初产母猪和育成公猪在配种前一个月免疫注射，可确保后备母猪在怀孕前获得主动免疫，可以使母猪在怀孕的整个敏感期产生免疫。但接种必须在母源抗体消失（一般在 6 月龄）以后进行，因为母源抗体会干扰主动免疫的形成。接种灭活疫苗后，抗体滴度可维持 4 个月以上。对公猪进行免疫可减少病毒传播的机会。

（3）加强对病猪的饲养管理，做好流产物、活物、粪便的处理及污染场地、污染器具的清洗和消毒工作。

（4）因本病发生流产或木乃伊胎同窝的幸存仔猪，不能留作种用；同样，头胎母猪的后代也不宜留作种用。

第七节　猪乙型脑炎

猪乙型脑炎，简称"乙脑"，是由携带日本脑炎病毒（JEV）的蚊虫叮咬而引起的一种人畜共患传染病，能引起儿童脑炎。怀孕母猪被感染后，可通过胎盘垂直感染侵害胎儿，引起流产或延期分娩及产死胎、木乃伊胎、畸形胎或弱仔等繁殖障碍；青年公猪表现为睾丸炎，严重的可失去配种能力而被淘汰；少数仔猪常呈脑炎症状。本病的特点是必须通过蚊虫叮咬传播，有明显的季节性，主要侵害母猪和种公猪，感染后可获得一定的免疫力。

1. 病原学

乙脑病毒是动物和人共患的蚊媒病毒，属于黄病毒属，是有囊膜的单股 RNA 病毒，多种哺乳动物和鸟类均可感染。蚊子是该病毒的储存宿主。病毒在蚊体内繁殖，通过蚊虫叮咬侵入猪体后，经血液循环分布于各脏器，最后到达中枢神经系统及肿胀的睾丸内大量增殖。猪是重要的宿主和传播源。该病毒在外界环境中的抵抗力差，在它们活的宿主体外将迅速丧失感染性。

2. 流行病学特点

（1）主要是由蚊子叮咬传染　乙脑不能通过猪与猪之间的接触而传播。乙脑病毒在自然情况下，维持蚊子-鸟-蚊子的循环，带毒的野鸟在传播本病方面起重要作用，蚊子感染乙脑病毒后可终生带毒。病毒能在蚊体内繁殖和越冬，并可经卵传代，带毒越冬蚊子能成为翌年感染鸟类和哺乳动物（包括人）的传染源，因此蚊子不仅是传染媒介，也是病毒的储存宿主。带有乙脑病毒的蚊子叮咬易感染的猪后，病毒在猪体内大量增殖，并且猪发生病毒血症又成为危险的传染源。猪成为乙脑病毒的重要保毒动物、传播宿主和传染源，经蚊子再传播给终末宿主人类。由于规模化猪场的猪多，更新快，新生仔猪经一个夏季几乎全部被感染。在人群流行乙脑前，乙脑已在猪群中传播。蚊子叮咬患病毒血症的病猪后又反过来被病毒感染，再去叮咬感染人，如此反复循环。所以，预防猪乙脑和消灭蚊子对保护人类健康有至关重要的公共卫生方面的意义。

（2）本病有严格的季节性　多发生于蚊子大量滋生和活动猖獗的夏秋季节，特别是 7～9 月份（10 月底分娩的初产母猪仍有发生乙脑）。本病呈散发，有时呈地方性流行。

（3）各种品种、年龄、性别猪均易感　可呈显性感染或隐性感染，但以 6 月龄左右猪发病较多，这是因为被感染的母猪，其母源抗体可持续到 5 月龄（所以注射疫苗要选在 5 月龄以后首免）。尤其是秋季选留的后备猪至翌年春季配种怀孕后，在乙脑流行季节易被蚊子叮咬感染病毒而危害胎儿，母猪发生流产、死胎，而青年公猪发生睾丸炎。

(4) 易感染动物极广　多种哺乳动物（包括人、猪等）、家禽和野鸟都可感染本病，多数呈隐性感染，但不论有无症状，在感染初期（病毒血症阶段）均有传染性，成为传染源。

3. 临床症状

(1) 怀孕母猪流产、早产或延时分娩　怀孕母猪，特别是头胎母猪感染后，没有明显的临床症状，而是出现一时的厌食和温和的发热反应。主要症状是以流产和生产异常为特征的繁殖障碍。同窝仔猪有死胎、畸形胎、木乃伊胎、有脑腔积水和皮下水肿的弱仔（部分弱仔出生后几天痉挛死亡），也有发育正常的胎儿。母猪流产后，一般不影响下一次配种。本病有别于其他繁殖障碍病引起的流产的重要特征之一是同一窝流产胎儿，其大小、形态、病变有显著差别，并常混合存在，既有小如人拇指的木乃伊胎，还有与正常胎儿一样大小的死胎，也有发育正常的健仔。在感染病毒后 1～2 天内，猪发生病毒血症，病毒血症持续 1～4 天，怀孕母猪发生胎盘感染，并且在感染后第 7 天病毒能到达胎儿。胎儿感染后造成产出一窝小猪中有不同大小的正常仔猪、弱仔、死胎和木乃伊胎，表明在子宫内不断发生胎儿连续感染。此外也有个别母猪超过预产期而不分娩，胎儿长期滞留，特别是初产母猪，多为死胎和木乃伊胎，或整窝胎儿木乃伊化。

(2) 公猪发生睾丸炎　公猪感染后，初期出现高热，且常在高热后发生一侧性睾丸肿大，肿胀程度为正常的 0.5～1 倍，也有两侧性的。患病睾丸阴囊皱襞消失、发亮、有热痛感（此时很容易被忽视而未被发现），3～5 天后，肿胀消退，睾丸实质结缔组织化，与阴囊粘连，睾丸萎缩变小变硬（此时才往往被发现），性欲减退，精液品质下降，且通过精液排毒并传给母猪。大多数单侧睾丸炎能恢复功能，但发生两侧性睾丸炎，有时造成永久性不育。有些公猪夏秋季节配种怀胎率不高与本病有关。

(3) 仔猪和育肥猪的临床表现　人工感染的潜伏期为 3～4 天。感染猪几乎见不到症状而突然发病，体温升高（40～41℃），稽留约 1 周，病猪精神沉郁、喜卧、嗜睡、食欲减退或不食、粪便干硬、尿色深黄，少数猪后肢震颤或呈轻度麻痹，行走不稳，有的后肢关节肿胀疼痛而跛行。仔猪感染还可出现磨牙、口吐泡沫、视力障碍、摆头、转圈、盲目冲撞、震颤、痉挛、共济失调和后肢瘫痪等神经症状，重者倒地死亡。

4. 剖检病变

流产胎儿、死胎和弱仔表现最明显的是脑腔积水（脑组织液化），俗称"空脑"。打开脑腔只见"一湾水"而无脑组织，这点具有极重要的诊断意义，但往往许多人不知道。此外，胎儿可能脑膜充血、皮下水肿、胸腹腔积液、淋巴结充血，有的肝脾有坏死点；胎盘水肿或见出血。

5. 诊断要点

依据流行病学特点（有明显的季节性，7～9月份多发）、临床症状（母猪分娩时可见大小不等的死胎、木乃伊胎，有时也有发育良好的仔猪；公猪有睾丸炎）、剖检变化（空脑）可建立初步诊断。确诊要经实验室进行病毒分离或血清学诊断。

6. 鉴别诊断

怀孕母猪发生流产与早产、产死胎和木乃伊胎时，应与下列疾病相区别。

（1）猪细小病毒病　本病无季节性，流产几乎只发生于头胎，多为木乃伊胎，大小常不一致，且无乙脑的"空脑"现象，母猪除流产外无任何症状。

（2）猪繁殖与呼吸障碍综合征　俗称"蓝耳病"，本病无季节性，母猪发热、厌食、多怀孕后期流产，患病哺乳仔猪高度呼吸困难，2周龄内的新生仔猪死亡率很高。

（3）伪狂犬病　本病无季节性，流产胎儿的大小无显著差别，公猪无睾丸肿大现象。在母猪流产的同时，常有较多的哺乳仔猪患病，表现体温升高、呼吸困难、流涎、呕吐、下痢及眼球震颤、后躯麻痹、偏瘫、转圈等特征性神经症状，常伴有癫痫样发作，死亡率极高。

（4）繁殖障碍型猪瘟　母猪一般不表现明显的临床症状，食欲和精神较好。但部分母猪出现流产、早产、死胎或产出弱小仔猪的症状，活下来的仔猪被毛无光泽，皮肤色淡，发育不良，出现腹泻，有的甚至出现肌肉震颤或呈犬坐姿势。其存活的时间长短不一，有些很快死亡。并有相应的病理变化。

（5）布氏杆菌病　本病无季节性，体温正常，无神经症状，无木乃伊胎；公猪可发生睾丸炎。

（6）猪衣原体病　本病无季节性，母猪流产前大多数没有任何先兆；公猪呈现睾丸炎；常见小猪呈现慢性肺炎、角膜结膜炎（俗称红眼病）、多发性关节炎等症状。

7. 防制

（1）做好预防接种　乙型脑炎是由蚊子叮咬而引起的，无法完全消灭蚊子也无法阻止猪只不被蚊子咬，因此，注射疫苗成为预防乙型脑炎的首选。

即将临近乙脑流行期，当务之急是做好免疫。从3～4月初开始及整个蚊虫活动期间，6～7月龄的后备种公、母猪必须于配种前4周及1周进行2次猪乙型脑炎活疫苗接种（不要使用灭活苗），千万不能漏防。可选用中牧或武汉科前"猪乙型脑炎活疫苗（SA$_{14}$-14-2株）"，其病毒含量高，免疫原性好，1头份即可，无需加量使用。该疫苗种毒为人用弱毒疫苗株经猪体适应、克隆筛选获得，安全性能高。因注射后3周才可产生坚强的免疫力，所以要在蚊虫出现前1个月注射疫苗，南方每6个月免疫一次。

使用疫苗时要注意以下几点。①首免必须在150日龄以上，以防母源抗体干扰。②以间隔2～3周注射两次为佳。③2周岁以内的种公猪、初产母猪产后都要免疫一次，2胎以上的母猪可不免疫。④疫苗必须用专用稀释液，内含免疫增强成分，不要随意用生理盐水替代专用稀释液，并保证在稀释之后2小时内用完。⑤疫苗要严格按照规定在低温条件运输、储存，在2～8℃保存，有效期为6个月；在−15℃下保存，有效期为18个月。使用疫苗前应仔细检查，不要使用过期、失真空及接近失效期的疫苗。使用过程中应防高温、消毒剂和阳光照射。其他使用注意事项参见兽用生物制品一般注意事项。⑥乙脑活疫苗经安全性试验证实，1头份剂量接种早期怀孕母猪，接种后虽可能出现短时（2～4天）的病毒血症，但不影响母猪的繁殖性能，不能通过怀孕母猪的胎盘屏障引起胎儿发病，对胎儿的发育也未出现不良影响，因此，后备母猪漏免而已怀孕的，可在怀孕早期补免一次。这是一种"亡羊补牢"、不得已而求其次的办法，在配种前做好免疫是最佳选择。

（2）防蚊灭蚊　本病主要是由蚊虫传播。蚊子叮咬不仅传播乙脑，还能引起皮炎，严重干扰猪休息，影响生长与增重，防蚊灭蚊成为重中之重。为此，要采取措施减少蚊虫滋生与灭蚊，要通沟渠、填平洼地、排除积水、清除杂草，不让蚊子滋生。天黑后喷洒灭蚊药剂，如菊酯类、敌敌畏等。有条件的可装纱窗，防蚊进入。

（3）将死胎、木乃伊胎、胎衣等深埋，消毒污染场地。

8. 病猪治疗

尚无特效药物，只能对症治疗。公猪睾丸炎采取退热、抗菌药物（如辉瑞"易速达"——头孢噻呋晶体注射液）防止并发症；如两侧睾丸都有炎症而萎缩，则应淘汰。孕猪超过预产期 3 天不分娩且无胎动的宜用氯前列烯醇或前列腺素药物引产，孕猪引产不成或全窝木乃伊化的母猪作淘汰处理。

第八节　猪流行性感冒

猪流行性感冒（SI，简称猪流感）是由猪流感病毒（SIV）引起猪的一种急性、高度接触性呼吸道传染病。该病传播迅速，多呈流行性和大流行性。临床症状以突然发病、传播迅速、高热、流鼻液、咳嗽、呼吸困难及结膜炎为特征。该病短时间内可引起全群猪只发病，但致死率低。该病在我国时有发生，病猪表现厌食，7～10 天的病程可造成体重严重下降，同时，又是一种免疫抑制性疾病，可引起其他细菌和病毒的继发感染。猪流感病毒是猪呼吸道病综合征（PRDC）的基础病原之一，PRDC 现已被世界各国的兽医与养猪业者公认为是继猪蓝耳病之后新发现的最重要的猪传染病之一，给养猪业造成重大损失，应重视对该病的诊断和预防。

1. 病原学

引起猪流感的病原体是一种分节段的 RNA 病毒，属于正黏病毒科、A 型流感病毒属。A 型流感病毒（在我国又被称为甲型流感病毒）是猪、禽及人的病原，对盐酸金刚烷胺敏感。致使猪发生流感的 A 型流感病毒至少有 H1N1、H3N2、H1N2、H4N6、

H1N7、H3N6 和 H9N2 7 种不同血清亚型。近些年来，有禽流感病毒 H5N1 引起猪感染的报道。

导致猪发病的最常见的流感亚型是 H1N1、H3N2 和 H1N2 等。流感病毒的危害主要表现在抗原的重组变异对家禽、猪、人都会有感染的三重影响，且这种重组造成即使在同一卫生管理体系措施下，都可能存在不同类型的猪流感病毒。

猪流感对人类的健康构成威胁，具有重要的公共卫生意义。2009 年 3 月在美国和墨西哥首先发生人 A 型 H1N1 流感疫情，其病原就是禽流感病毒、人流感病毒和美洲猪流感病毒、亚洲猪流感病毒的四重杂合体。猪既可以作为禽流感和人流感的混合器，也可以作为禽流感病毒的储存宿主，因此，猪流感在公共卫生方面占有极其重要的地位。

2. 流行病学

（1）易感动物 不同年龄、性别和品种的猪均有易感性。

（2）传染源及传播途径 病猪和健康带毒猪（可带毒 6 周至 3 个月）是主要的传染源，呼吸道是主要的传播途径，主要是猪对猪的直接接触传播和空气飞沫传播。

（3）流行特点 没有明显的季节性，大多在深秋、早春和气候骤变季节发生。其发病急，传播速度快，2～3 天可传播全猪群，本病发病率高，几乎高达 100%，若无并发感染，死亡率较低，一般不超过 5%。恢复较快，呈一过性，整个病程为 7～10 天。其病程、病情及严重程度随病毒毒株、猪的年龄和免疫状态、环境因素以及并发或继发感染的不同而不同。本病常与其他呼吸道细菌（如副猪嗜血杆菌、胸膜肺炎放线杆菌、巴氏杆菌、猪 2 型链球菌等）和病毒（如猪蓝耳病病毒、猪呼吸道冠状病毒、伪狂犬病病毒等）继发或混合感染，使病情复杂、加重，病程延长，死亡增多。

此外，已经证实人和猪的流感病毒可在人和猪宿主之间交叉感染和传播。加拿大的研究表明，人流感病毒可传播给猪，并从猪体内分离到相同的病毒。

3. 临床症状

本病潜伏期短，一般为几小时至 3 天，人工感染为 24～48 小时。发病突然，传播快，全群几乎同时感染。病猪体温突然升高达

$40.5\sim42℃$，食欲不振或废绝、精神沉郁、反应迟钝、衰竭、蜷缩、个别猪只身体发红。结膜充血发炎，卡他性鼻炎、打喷嚏、流鼻涕，这些症状和人流感的临床症状差不多。呼吸急促，出现张口呼吸和腹式呼吸。大便干结、小便发赤。由于肌肉和关节疼痛，病猪常横卧在一起，不愿活动，强行驱赶时步态强拘，会出现张口呼吸，捕捉时发出惨叫声。此外，还伴发严重的阵发性咳嗽，其声音似犬叫。由于长时间厌食，病猪体重明显下降，虚弱甚至昏迷死亡。如果没有发生并发或继发感染，一般 $5\sim7$ 天开始恢复。部分母猪在妊娠后期感染猪流感可引起流产，或产下的仔猪在 $2\sim5$ 日龄时病情严重，有些在断奶前后死亡，存活的仔猪表现为持续性咳嗽、消瘦，病程一般在 1 个月以上。公猪会因体温升高而影响精液的产生，受精率低下，持续约 5 周时间。

本病发病率很高，可达 100%，但病死率很低，如无继发感染，通常不会超过 5%。如有继发感染，则病情加重，死亡率增高；少数慢性病例，生长发育不良。

4. 病理变化

以呼吸道病变最为明显，肉眼可见鼻、咽、喉、气管、支气管黏膜充血、肿胀，表面有大量黏稠液体，小支气管和细支气管内充满泡沫样渗出液，有时混有血液。肺脏的病变部呈紫红色，质硬如鲜牛肉状，病区肺膨胀不全、塌陷，其周围肺组织气肿，呈苍白色，界限分明。病变通常限于尖叶、心叶和中间叶，常呈不规则的两侧性对称。严重病例除呼吸道有病变外，脾脏轻度肿大，肠黏膜发生卡他性炎症，局部黏膜充血，胃大弯部充血严重，大肠有斑块状出血，并有轻微的卡他性渗出物。

5. 诊断

根据流行特点（各种年龄猪只均可发病；传播快，短时间内几乎全群发病；有明显季节性；发病多、死亡少）、临床症状（突然发病，高热，有明显的呼吸道症状；妊娠母猪可发生流产）和剖检病变（主要是呼吸道的炎症和肺炎变化）可做出初步诊断。确诊需经实验室进行病毒分离、鉴定、病毒检测和血清学检验。

规模化猪场呼吸道疾病复杂，要重视与猪呼吸道病综合征、猪气喘病、传染性胸膜肺炎、猪繁殖与呼吸障碍综合征等病的鉴别。

6. 综合防治

(1) 认真落实生物安全的各项措施，避免和其他动物（犬、猫、家禽等）混养，防止野鸟、野鼠将流感病毒传给猪，要用全进全出的生产模式。

(2) 加强规模化猪场平时的饲养管理，保持猪舍清洁、干燥，在气候多变时节防寒保暖，提供适宜的环境温度，保证良好的通风条件与适当的饲养密度。

(3) 健全猪场的兽医卫生、防疫制度。

(4) 防止从外引进带毒阳性猪，引入后隔离观察，进行血清学检测。

(5) 要在冬季来临之前，给员工注射流感疫苗，这是比较重要的管理措施，以防人把疾病传染给猪。

(6) 发病猪场应及时隔离病猪，病死猪要深埋或焚烧进行无害化处理。改善饲养管理，严格进行猪舍、环境、用具的消毒、卫生工作，可选用过氧乙酸消毒，防止猪流行性感冒蔓延和扩散。

(7) 在改善饲养管理基础上，积极做好病猪的治疗工作。发病时一般用柴胡、复方氨基比林、安乃近或对乙酰氨基酚注射液等解热镇痛药对症疗法以减轻症状和使用抗生素或磺胺类药物防控继发感染，如饲料添加阿莫西林、金霉素、氟苯尼考等，也可添加黄芪多糖和电解多维。还可采用中药方剂治疗。治疗人流感常用的抗病毒药物，对猪流感病毒也有较好的良效。在加强护理基础上进行对症治疗，才能收到好的效果。

(8) 要特别重视工作人员的防护工作，现已证实 H9N2 和 H5N1 血清亚型可感染人。

第九节　猪传染性胃肠炎

猪传染性胃肠炎（TGE）是由猪传染性胃肠炎病毒（TGEV）引起猪的一种急性、高度接触性的胃肠道传染病。临诊上以发热、呕吐、严重腹泻、脱水和 2 周龄以内仔猪高死亡率为特征。

1. 病原学

猪传染性胃肠炎病毒属于冠状病毒科、冠状病毒属，有囊膜。

病毒怕热不怕冷，对冷冻储存非常稳定。在液态肥料淤泥中保存，其感染性：5℃保持 8 周以上；20℃保持 2 周；35℃仅保持 24 小时。所以寒冷季节多发病。

2. 流行病学

病猪和带毒猪是本病的主要传染来源。通过分泌物和排泄物排出病毒，污染饲料、饮水、养猪环境、用具及空气，经消化道和呼吸道感染。母猪乳汁可以排毒，通过乳汁传播给哺乳仔猪。各种年龄猪均可感染发病，2～3 周龄以下的哺乳仔猪发病率和死亡率很高，15 日龄以内的仔猪死亡率高达 100%，随年龄增大死亡率稳步下降，5 周龄以上的猪感染后死亡率较低，成年猪几乎没有死亡；年龄稍大的猪症状也轻，多数能自然康复。其他动物对本病无易感性。

本病的发生有明显的季节性，多流行于冬春寒冷时节，尤以 11 月中旬到翌年 3 月中旬多发，夏季发病少，在产仔旺季发生较多。

本病主要以暴发性和地方流行性发生，在新发病猪群，急性暴发，传播快速，在 1 周内几乎全部猪只均可感染发病。在老疫区则呈地方流行，由于经常产仔和不断补充的易感猪发病，使本病在猪群中常存在。有 50% 的康复猪排毒时间长达 8 周。此外犬、猫和狐狸已被认为也是带毒者，可传播本病。

3. 临床症状

本病潜伏期短（通常为 18～72 小时），传播迅速，2～3 天内蔓延全群。随猪龄的不同，症状有明显的差异。仔猪的典型临床表现是突然呕吐，接着出现急剧的水样腹泻，粪水呈黄色、淡绿或发白色，常杂有小的未消化的凝乳块；病猪迅速脱水，体重下降，精神委靡，被毛粗乱无光，吃奶减少或停止吃奶、战栗、口渴、消瘦，于 2～5 天内死亡；2 周龄以下哺乳仔猪死亡率通常为 100%。临床症状的轻重、发病持续期长短和死亡率与猪的年龄呈负相关。随着日龄增加，死亡率降低；大部分 4 周龄以上哺乳仔猪将存活，但增重缓慢，生长发育受阻，甚至成为僵猪。

架子猪、肥猪及成年公母猪主要是食欲减退或消失，水样腹泻或轻微腹泻 2～5 天，偶尔伴有呕吐，粪水呈黄绿、淡灰或褐色，混有气泡，很快会停止而康复，有不治自愈的特点。哺乳母猪泌乳减少或无乳，从而进一步导致仔猪死亡率上升；食欲不振，腹泻，3～5天病情好转随即恢复，极少发生死亡。妊娠母猪症状轻微。

4. 剖检病变

病死小猪尸体脱水，主要病变在胃和小肠。胃膨隆积食，胃内充满凝乳块，胃底黏膜弥漫性充血、肿胀，有时有出血点；小肠肠壁变薄，肠腔充气，呈半透明状；肠内充满黄绿色或灰白色液体，含有气泡和凝乳块；小肠肠系膜淋巴管内缺乏乳糜，肠系膜淋巴结充血、肿大。

5. 诊断

根据发病特点（发病急速，年龄越小的仔猪死亡率越高）、症状（严重水泻、呕吐）和剖检变化（胃积食、发炎，小肠充气及炎症，小肠黏膜绒毛萎缩）可以做出初步诊断。实验室用血清学、免疫荧光法、RT-PCR等方法检查。

注意与猪流行性腹泻、仔猪轮状病毒感染、博卡病毒病、仔猪黄痢、球虫病等疾病区分。

6. 防治方法

目前尚无特效的药物可供治疗。可停食或减食，供给多量清洁饮水或易消化饲料。不管何种腹泻，引起仔猪死亡的直接原因都是机体严重脱水。除用抗菌药物或抗病毒药物进行病因治疗外，还要进行对症治疗，补充水分和电解质，防止脱水和酸中毒，这是目前很多猪场最容易忽视的。仔猪防脱水的好办法是腹腔注射5%的葡萄糖氯化钠注射液，还可采用世界卫生组织（WHO）在人医推广的口服补液盐（ORS），给猪口服补液，可有效地预防和治疗腹泻引起的轻、中度脱水，显著减少腹泻造成的经济损失。

口服补液盐配方：氯化钠（食盐）3.5克，碳酸氢钠（小苏打）2.5克，氯化钾1.5克，口服葡萄糖20克，加水至1000毫升。

用法与用量：中、轻度脱水时，补液总剂量按每千克体重40～50毫升，在4～8小时内自由饮完或多次少量灌服。使用口服补液盐时，要注意以下几点：一是必须严格按照配方的用量和加水量来配制，加水量不能多也不能少，否则渗透压改变，达不到补液的目的；二是补液总剂量不能超标，自由饮水不是无限制地随意喝，否则会造成食盐中毒。如果自己不能按配方配制口服补液盐，而是到兽医站买有批准文号的商品口服补液盐，大包里面有一小包，可大包小包混合均匀，每称取 27.5 克加水 1000 毫升，称量要绝对准确。或到药店买人用"口服补液盐"，每袋 13.75 克，加水 500 毫升。必要时口服抗菌药物，防止继发感染。

由于此病发病率很高，传播快，一旦发病，采取隔离、消毒等措施效果不大。在发病时要改善饲养，加强护理特别重要，日龄大的猪只可很快康复，康复猪可产生一定免疫力。因此，养猪场做好平时的饲养管理和消毒卫生工作是最主要的预防措施。

7. 做好科学免疫

猪传染性胃肠炎和猪流行性腹泻二联灭活疫苗可供预防注射。在疫苗免疫接种过程中，一定要讲究科学。在使用疫苗时应注意以下几点。

（1）要知晓疫苗的作用　妊娠母猪接种疫苗后，可以通过初乳中的母源抗体保护哺乳仔猪，称之为被动免疫。其他日龄猪群使用，可以通过主动免疫获得保护。

（2）灭活苗要免疫两次　依据免疫学原理，抗体产生的一般规律是：第一次接种疫苗引起的抗体产生过程称之为初次应答；初次应答产生的抗体较少，维持时间也较短，但能形成长寿记忆细胞。初次应答所产生的抗体会缓慢下降，有的甚至会全部消失，此时，当再次接种相同的疫苗时，将诱发再次记忆免疫应答，这时抗体产生的速度加快，仅 2～3 天，抗体的产量可比初次应答多几倍甚至几十倍，维持的时间也比初次应答长。再次应答的产生是免疫记忆的结果。免疫应答的这一特性已被广泛应用于传染性疾病的预防。传染性胃肠炎和流行性腹泻二联灭活疫苗在初次免疫一段时间后（通常 3～4 周）需做再次免疫（加强免疫），其目的就是刺激猪体产生再次应答，从而使猪获得更强、更持久的免疫力。不少猪场免疫失败的重要原因之一是忽视了免疫学的这一重要原理，只免疫一次是不行的。

（3）不能完全照搬疫苗使用说明书　在 9 月底或 10 月初要"一刀切"先普遍免疫一次。如果不先普免而完全依照说明书上写的"妊娠母猪于产仔前20～30天免疫",一旦全场肥育猪暴发疫情时,再给临产母猪注射就来不及了。同时由于全场暴发后,排出的病毒量太多,疫苗的保护力也是有限的。为此,应在9月底或10月初,有针对性地对所有种公猪、空怀母猪、怀孕母猪及10日龄以上(不足10日龄仔猪以后要补针)的猪全部普遍免疫一次,种公猪及商品猪一个月后再加强免疫一次。妊娠母猪于产仔前20～30天再加强免疫一次,其所生仔猪于断奶后7天内接种一次。

(4) 要后海穴注射并注意进针深度 后海穴又名交巢穴,在尾根与肛门中间凹陷的小窝部位。在这个穴位注射疫苗产生的抗体多,肌注效果不佳。接种疫苗时进针深度应根据猪龄大小有所不同。3日龄仔猪为0.5厘米,10日龄为1.0厘米,随着猪龄增大则进针深度加大,成年猪为4厘米。进针时保持与直肠平行或稍偏上,避免疫苗注入直肠内,不慎注入直肠的要补针。同时要掌握好用量,哺乳仔猪及25千克以下猪1毫升,25～50千克猪2毫升,50千克以上成年猪4毫升。

(5) 注意事项

① 使用前应仔细阅读使用说明书。

② 运输过程中防止高温和阳光照射,避免高温下存放,应在2～8℃的保鲜层,而不能冻结,有效期一年。

③ 使用前疫苗恢复至室温,摇匀后使用,用时随时振摇均匀。

④ 猪体有其他疫病时不宜接种免疫。

⑤ 给妊娠母猪接种时,动作要轻稳,不要造成惊吓,以避免引起应激造成机械性流产。

⑥ 哺乳仔猪一定要吃足初乳。

8. 试用人工感染"返饲疗法"

如果买不到疫苗,建议采用人工感染"返饲"的办法,使怀孕母猪提前感染获得免疫力,哺乳仔猪通过初乳获得被动免疫保护而不发病。具体操作是:将发病仔猪腹泻的粪便,或将因腹泻死亡仔猪的肠管用不能加热至沸的普通豆浆机打浆,连同肠内容物一起拌在饲料里,饲喂距产前15天以上的怀孕母猪(注意:临产前15天以内的怀孕母猪不能采用"返饲法",因为来不及产生有效的抗体,不能保护哺乳仔猪),1头仔猪的粪便和肠管可"返饲"

3头母猪。

第十节　猪流行性腹泻

猪流行性腹泻（PED）是由猪流行性腹泻病毒（PEDV）引起猪的一种急性、高度接触性肠道传染病，以急性暴发、传播快、排水样稀粪、呕吐和脱水为特征。临床上很难与猪传染性胃肠炎（TGE）相区别，但病原不同。当猪场暴发猪流行性腹泻时，7日龄以内哺乳仔猪死亡率高达100％，日龄稍大、侥幸存活的生长发育受阻；大猪少见死亡，但严重影响增重；哺育母猪少乳或无乳，造成重大损失，应严加防范。

1. 病原学

病原为冠状病毒科、冠状病毒属，为RNA病毒，有囊膜，与猪传染性胃肠炎病毒没有共同的抗原性。病毒怕热不怕冷，所以寒冷季节多发病。病毒对外界环境抵抗力不强，一般消毒药特别是碱性消毒剂均可杀死。

20世纪90年代，韩国、日本等亚洲国家暴发严重的哺乳仔猪高死亡率猪流行性腹泻，这些暴发是急性的，而且非常严重，以至于在临床上很难与典型的急性传染性胃肠炎相区别。在日本，哺乳仔猪的死亡率平均为70％（30％～100％），在流行期间，成年猪只表现短暂的食欲不振和母猪奶量减少。在韩国，导致所有日龄猪腹泻，10日龄内仔猪死亡率高达90％。研究表明：亚洲区域的流行性腹泻在部分免疫母猪群中呈地方性流行。我国从2010年12月起，急性暴发席卷全国的导致所有日龄猪腹泻和新生仔猪高死亡率的疫情，而且用传统的TP二联灭活疫苗免疫效果很差，病因众说纷纭。据杨汉春教授报道：通过对北京、河北、山东、河南、浙江等地区12个发病猪场的临床粪便和肠道组织样本的病原学检测结果表明，引起猪只腹泻的主要病原是猪流行性腹泻病毒。对毒株的全基因组序测定表明，是一种新的变异的毒株，其S基因与韩国的流行毒株同源性最高。其特点是发生于哺乳仔猪，大多3～10日龄以内发病最严重，呈现高发病率和高死亡率，导致整窝发病整窝死亡。发病率100％，病死率80％～100％。其他阶段的猪和母猪很少发病。虽有的猪场可见病例，但症状轻。据 OIE 调查，猪流行性腹泻与猪蓝耳病是近年来影响亚太地区养猪业最重要的两种疫病。

2. **流行病学**

（1）易感动物　各种年龄的猪都能感染发病，易感种猪群暴发本病时其发病率和死亡率差异很大。在有的种猪场，哺乳仔猪、断奶仔猪和肥育猪发病率有时达 100%，母猪发病为 20%～90%。以哺乳仔猪受害最严重，日龄越小死亡率越高，7 日龄内新生仔猪死亡率有时高达 100%。生长肥育猪症状相对较轻，出现一过性腹泻，呈良性经过，有不治自愈的特点，死亡率很低，甚至有时候没有腹泻症状，只是短暂性厌食。母猪症状较轻，有的出现一过性腹泻，有的甚至不出现腹泻症状，主要表现为厌食。哺乳母猪发病后，有的产奶量下降或无乳，造成哺乳仔猪由于饥饿而死亡率升高。

（2）传染源和传播途径　病猪和带毒猪以及污染物（运猪车辆、靴子等）是本病的主要传染源，粪便-口腔传播是主要的但并不是唯一的传染途径。病毒随粪便排出污染体表、周围环境、饲料、饮水、饲养管理用具、衣鞋和运输车辆等，易感猪摄入被污染的饲料、饮水或污染物等，通过消化道感染发病。同时，发病 15 天以内的母猪乳汁中也带毒，可感染哺乳仔猪。

（3）流行特点　本病有明显的季节性，主要发生在冬春寒冷季节，以 11 月至翌年 3 月间发病较多，尤以 12 月到第二年 2 月发生最多。保温不好、密度大、通风不良和饲养环境卫生差的猪场最容易发生本病，大中型规模猪场发病较多。在一些区域或种猪场本病常呈地方流行性。在连续的无间隙分娩猪场，流行性腹泻是新生仔猪死亡的主要原因。

本病传播迅速，猪只密集的猪场内，常数日波及全群。一般流行过程延续 4～5 周，种猪场暴发后可自然平息，也有的急性暴发后更容易持续存在，呈地方性流行。分娩和断奶仔猪数量多的猪场，猪流行性腹泻病毒通过感染丧失初乳免疫的仔猪而存活，因而呈现地方性流行；猪流行性腹泻病毒可能是导致这种猪场持续发生断奶性腹泻的原因。与猪传染性胃肠炎相比，本病传播较慢，病情轻缓，病程也稍短。

卖猪（买猪的车辆带毒）或引进猪（猪带毒）后 3～4 天，青年猪或肥育猪群出现急性暴发性腹泻时，可怀疑该病。

3. 致病机理

与猪传染性胃肠炎极为相似，猪感染流行性腹泻病毒后，病毒在小肠绒毛上皮细胞内复制繁殖并使其变性、坏死，绒毛长度显著萎缩变短并大量脱落，隐窝变浅，小肠内酶活性降低，其消化和吸收功能迅速被破坏，引起急性吸收不良综合征，不仅严重影响对水分的吸收，同时，未消化的乳糖存在于肠内造成渗透压升高，导致体液滞留甚至从机体组织内吸收体液，渗出剧烈增加，引起肠道内电解质和水积聚，肠蠕动加快，进而导致严重渗透性腹泻和脱水，脱水和代谢性酸中毒是病猪死亡的主要原因。

4. 临床症状

本病潜伏期一般为 22～36 小时，比传染性胃肠炎稍长，仔猪最早于 2 日龄才开始发病。本病最主要的明显症状是水样腹泻，症状和猪传染性胃肠炎极其相似，只是传播速度相对较慢（通常需要 4～6 周才能感染不同猪舍的猪群，甚至有的猪舍的猪群仍未感染）和哺乳仔猪死亡率稍低而已。

哺乳仔猪感染后，厌食，精神委顿，在吮乳时突然呕吐（但不是所有仔猪都有呕吐症状），接着出现腹泻，腹泻开始时排灰黄色或灰色黏稠便，并快速发展为剧烈水样腹泻甚至呈喷射状，颜色不一，并混杂有黄白色凝乳块，气味腥臭，体温正常或稍高（38.5～40.6℃）。粪便污染全身，仔猪体表肮脏。水样腹泻导致严重脱水和畏寒，渴感增加，迅速消瘦，运动僵硬，最后体温下降衰竭死亡。发病日龄不同，死亡率有很大差异，日龄越小则症状越重，病程越短，死亡率越高。一般情况下，7 日龄以内仔猪，常常在持续腹泻 2～3 天因脱水而死，死亡率有时高达 100%。10 日龄内死亡率最高可达 80%。15 日龄以上的仔猪死亡率相对较低，一般不超过 30%。日龄较大的仔猪多数在 1 周后康复，但耐过的猪体质虚弱，被毛粗乱，生长发育受阻。

保育猪、架子猪、肥育猪和母猪急性暴发时，1 周内全群都可出现水样腹泻，粪便呈水泥浆样。常见精神沉郁、厌食。在育肥后期，流行性腹泻感染引起的疾病比传染性胃肠炎引起的更为严重，体重迅速减轻（快出栏的肥育猪因腹泻体重可减轻 15 千克），但通常具有一过性特点，大多数经 4～7 天后不治自愈，仅有 1‰～3‰的猪急性死亡。

母猪常与仔猪一起发病，一般表现为厌食、水样腹泻或排软便，可很快自愈；有的乳房萎缩和产奶量减少，加重哺乳仔猪的死亡；有的症状相对轻微，仅表现短暂的食欲不振和呕吐，也有的甚至不出现腹泻症状。

暴发过急性腹泻的猪场，仔猪在断奶后 2～3 周可能出现持续性腹泻，新引进的猪只也可能相继发病。

5. 病理变化

剖检病变仅局限于小肠，可见胃内充满未消化的乳糜，肠管膨胀，充满大量黄色液体内容物，小肠壁由于肠黏膜表面绒毛变短或受损害而变得菲薄，呈半透明样，弥漫性充血、水肿；小肠系膜充血，肠系膜淋巴结肿胀。

6. 诊断

根据流行特点（多发生于寒冷季节，各种年龄的猪都可发病，日龄越小死亡率越高）、临床症状（呕吐、水样腹泻和严重脱水）和剖检变化（小肠膨胀，肠壁菲薄内有大量水样液体）可以做出初步诊断。本病与猪传染性胃肠炎十分相似，只是在猪群中传播速度相对较慢、症状较轻、哺乳仔猪病死率稍低，仅凭上述三项不能与传染性胃肠炎相区分，进一步确诊必须依靠实验室诊断技术：病原学诊断、免疫荧光抗体染色检查、RT-PCR、ELISA 等。

7. 哺乳仔猪治疗方法

目前本病尚无特效的治疗方法，抗菌药物治疗也无效（但可防止继发细菌感染），只能靠加强护理、提供充足饮水和采取对症疗法，可防止哺乳仔猪脱水和酸中毒，减少死亡，促进康复。

8. 综合防控

（1）做好疫苗免疫接种　目前尚未研制出变异了的流行性腹泻新毒株商品化疫苗。本病常与猪传染性胃肠炎相继发病或混合感染，为此可选用传染性胃肠炎-流行性腹泻二联弱毒活疫苗或灭活苗（弱毒活疫苗优于灭活苗），也可选用传染性胃肠炎-流行性腹泻-轮状病毒三联弱毒活疫苗。肌内注射无效，必须采用后海穴（又名交巢穴，即尾根与肛门中间凹陷的小窝部位）注射，进针角度为与脊背平行稍上扬 5°～10°角，不能平行进针，否则针头会穿透直肠将药液打进直肠而失去效果。

推荐的免疫程序如下。

① 生产母猪：9 月底或 10 月初，先首免 1 次，然后于产前 20～25 天加强免疫 1 次，可通过母乳使仔猪获得被动免疫，防止相关病毒性腹泻的发生。

② 后备母猪群：9 月和 10 月普免 2 次，然后在产前 20～25 天再加强免疫 1 次，提高初乳中抗体水平，为哺乳仔猪提供更长期的被动免疫，并要保证仔猪吃足初乳。同时，对初产母猪还要接种仔猪大肠杆菌病多价基因工程疫苗，以减少细菌性因素的危害。

③ 生产公猪：9 月和 10 月普免 2 次。

④ 仔猪：9 月底或 10 月初，对全场所有的越冬仔猪普遍免疫 1 次（11 月底能出栏的肥育猪可不免），间隔 3～4 周再加强免疫 1 次。

（2）加强各项生物安全措施　任何疫病的发生必须有传染源、传播途径和易感动物三个环节，通过疫苗接种只能减少易感猪群的数量，不能过于倚重疫苗，把疫苗当作万能的，免疫过后就万事大吉。还必须严格封闭猪场，禁止车辆及闲杂人员进入猪场范围内，并做好灭鼠、除蝇、驱鸟等工作，要防止猫、狗等进入猪场。加强平时的清洁卫生、严格消毒，切断传染源和传播途径。坚持自繁自养，严防从发病猪场引进处于潜伏期或排毒、带毒的种猪，引种后至少隔离饲养 1 个月后无病方可混群。

规模化猪场最危险的传染源是来自外的运猪车辆和出猪台，因为运猪车辆是最脏的，每个猪场都走，车上带有大量的粪尿污染物和各种病原微生物，加上猪场本身消毒不严，很容易将病毒带入猪场。因此，有条件的猪场应在远离出猪台的地方建一个固定的车辆消毒场地，并配有车辆清洗、消毒设备，清洗后用 3% 火碱水加强车辆消毒。饲养人员不得进入出猪台，每批猪出售结束后应立即组织后勤人员对出猪台彻底消毒。病死猪应深埋或无害化处理，不应贪图蝇头小利而将病死猪卖给专收病死猪的不法商贩，以免因小失大，引起疫病暴发而得不偿失。

（3）加强饲养管理和环境控制　小猪出生后 6 小时内要吃足初乳，以提供母源抗体保护。尽量实施"全进全出"的生产模式，至少保证产房和保育舍"全进全出"。寒冷季节要做好防寒保暖，1 周龄仔猪要确保保暖箱温度达到 32℃，舍温要达到 25～28℃，同时要保持干燥。严把饲料原料采购关，不饲喂发霉饲料，饲料中应添加霉消安、耐而菲、畜安生、霉卫宝等脱霉剂或按 0.2%～0.3% 的比例添加能增强机体非特异性免疫力的天然植物制品——保力胺。

（4）流行性腹泻暴发时的应急处理

① 对已发病的猪场，可选用传染性胃肠炎-流行性腹泻二联弱毒活疫苗或传染性胃肠炎-流行性腹泻-轮状病毒三联弱毒活疫苗，对临产前 20 天以上的未腹泻的怀孕母猪进行紧急预防接种，必须后海穴注射。

② 对已发病猪场，对初生仔猪实行"乳前免疫"，即没吃初乳前先免疫，分别口服和注射传染性胃肠炎-流行性腹泻-轮状病毒三联弱毒活疫苗，或传染性胃肠炎-流行性腹泻二联活疫苗 0.1 头份（稀释好的疫苗要在 1 小时内用完），1 小时后再吃奶；对 2～3 日龄仔猪可分别口服和后海穴注射 0.2 头份。可有效减少腹泻造成的损失，即使出现腹泻，症状也较轻微。

③ 立即隔离病猪，用 3% 火碱水消毒猪舍、运动场、用具、车辆等，严禁饲养人员窜舍，以防交叉感染。

④ 人工感染妊娠母猪。对于流行性腹泻变异株、嵴病毒、杯状病毒、牛病毒性腹泻病毒等引起的病毒性腹泻，目前尚无商品化疫苗。对于因未免疫或者免疫失败造成病毒性腹泻急性暴发的猪场，为将哺乳仔猪死亡率降到最低，可对 11 月至次年 3 月份期间分娩的、临产前半个月以上的怀孕母猪或空怀母猪进行强毒人工感染——"返饲法"：将含有病毒的病猪的粪便或采集 2～5 日龄发病症状典型的小猪的小肠（包括内容物）剪碎后（发病 24 小时内采集的病料最佳）拌在饲料里饲喂空怀或怀孕母猪，或将发病小猪的小肠结扎后连同肠内容物加适量的生理盐水，用不能加热至沸的普

通豆浆机制成匀浆饲喂母猪（1 头仔猪的肠管可返饲 3 头母猪），连续饲喂 2～3 天，间隔 3 周后再返饲一次。母猪经感染后 15 天便能激发产生抗体和乳汁免疫力，并通过初乳传递给哺乳仔猪，仔猪经被动免疫后可持续到断奶而不发病，并能缩短本病的流行时间。对临产 15 天的怀孕母猪只能返饲 1 次。"返饲法"有一定散毒风险，可使得强毒持续存在，成为重要的传染源，这是一种"亡羊补牢"、不得已而求其次的办法。提示注意：临产 15 天以内不能采用此法，因感染后 15 天内的乳汁带毒。

第八章

猪细菌性传染病

第一节 猪巴氏杆菌病

猪巴氏杆菌病又叫猪肺疫，是由特定血清型的多杀性巴氏杆菌引起的急性或散发性和继发性传染病。最急性病例呈出血性败血病，咽喉部急性肿胀，高度呼吸困难（俗称"锁喉疯"或"肿脖子瘟"）；急性病例表现纤维素性胸膜肺炎症状；慢性病例主要表现为慢性肺炎症状。呈散发性发生，常是其他病的继发病。

1. 病原学

多杀性巴氏杆菌为革兰阴性菌，呈两端钝圆、中间微凸的短杆状或球杆状，单个存在，无鞭毛，无芽孢，产毒株则有明显的荚膜，是猪鼻腔菌群的一个常在菌。

根据菌株荚膜抗原（K）结构不同，可将之分为A、B、D、E和F共5种荚膜血清型，常见A、B、D型。B型能引起多种严重疾病，从肺炎猪的肺脏中经常分离到A型毒株，也常分离到D型。依巴氏杆菌的耐热性抗原的不同，将其分为16个血清型，而且各型之间多无交叉保护或保护力不强。但在一定条件下，各种动物之间可发生交叉感染，猪吃了患禽霍乱的死鸡，有的也可感染发病。不过交叉感染一般呈散发，常取慢性经过。

本菌存在于患病动物全身各组织、分泌物及排泄物里，只有少数慢性病例仅存在于肺脏的小病灶内，健康动物的上呼吸道也常带菌。多杀性巴氏杆菌是畜禽出血性败血症的一种原发性病原，也常为其他传染病的继发病原。

多杀性巴氏杆菌的抵抗力不强，在自然界中生长的时间不长，干燥后2～3天内死亡，在血液及粪便中能生存10天，在腐败的尸体中能生存 1~3 个月，在日光和高温下立即死亡，1%火碱及 2%来苏尔等能迅速将其杀死。

2. 流行病学

（1）易感性　本病常见于中、小猪发病，成年猪患病较少，如发病则多为继发感染。

（2）传染源　多杀性巴氏杆菌能很容易地从正常、健康动物的鼻腔和扁桃腺中分离到。病猪和病猪排泄物、分泌物及带菌动物均是本病重要的传染源。

（3）传播途径　本病主要通过消化道和呼吸道感染，也可通过吸血昆虫和损伤的皮肤、黏膜而感染。流行性猪肺疫以外源性感染为主，健康猪通过被污染的饲料、饮水及其他器物经消化道感染发病。也可通过鼻对鼻的接触经呼吸道传播，偶尔通过飞沫传播（这不是重要的传播途径）。

（4）流行特点　本病一年四季都可发生，但以秋末春初及气候骤变季节发生最多，南方潮湿闷热及多雨季节易发生。由于部分猪只上呼吸道带菌（国内曾在 30.6%健康猪发现带菌，有人检查屠宰猪扁桃体带菌率达 63%），所以长途运输、频繁迁移、过度疲劳、饲料突变、营养缺乏、寄生虫等是发病的重要应激因素。我国北方或华北地区，少见有流行性猪肺疫发生，大多为散发或继发性猪肺疫，常是猪瘟、仔猪副伤寒和气喘病的继发病。南方则以流行性猪肺疫出现。

3. 发病机理

多杀性巴氏杆菌对多种动物和人均有致病性，动物中发生巴氏杆菌病时，往往查不出传染源，一般认为动物在发病前已经带菌。多杀性巴氏杆菌可大量寄生在动物的上呼吸道黏膜上，各种诱因使机体抵抗力降低时，病原菌即可乘虚侵入体内，经淋巴液而入血流，发生内源性感染。流行性猪肺疫以外源性感染为主。病原侵入机体并繁殖的能力同菌体的荚膜有很大的关系。高毒力菌株能够在体内存活和繁殖到产生大量内毒素，引起一系列的病理学过程。

4. 临床症状

临床症状的严重程度取决于多杀性巴氏杆菌的种类以及猪的免

疫情况。潜伏期1～3天，有时5～12天。依据病的发展过程和症状可分为2种类型。

（1）最急性型　以发生败血症和咽喉炎为特点，多见于初次发生该病的猪场。一般病程较短，可突然死亡。除体温升高至41℃以上、精神沉郁、食欲废绝等全身症状外，典型的表现是：急性咽喉炎，颈下咽喉部高度红肿，热而坚硬，呼吸极度困难，叫声嘶哑、伸颈、张口，口、鼻流出带泡沫液体，严重时呈犬坐姿势张口呼吸，最后窒息而死。

（2）肺炎型　又可分为急性型、亚急性型和慢性型三种。

① 急性型：通常由多杀性巴氏杆菌B型菌株感染引起，该型较少见。病猪表现发热（高达42.2℃）、呼吸极度困难和特征的张口呼吸（腹部突然收缩）、衰竭等典型症状；病程短，往往在2～3天内死亡；其死亡率很高，一般为5％～40％。发生内毒素性休克时，死亡和濒死猪的腹部皮肤出现紫色斑块。

② 亚急性型：多杀性巴氏杆菌的一些菌株（相当于A型）能引起纤维素性胸膜肺炎，其特征表现为呼吸系统症状，常发生于生长期和育成猪（16～18周龄），病猪通常表现为体温上升至40～41℃、咳嗽（通常是严重疾病发生的表证）和腹式呼吸。其临床特征与胸膜肺炎放线杆菌引发的胸膜肺炎非常相似，但很少导致病猪突然死亡。确切地说，病猪极其消瘦但是可以幸存很长时间。

③ 慢性型：是多杀性巴氏杆菌病最常见的表现形式，以偶发咳嗽、腹式呼吸、不发热或轻微热为特征。慢性型常见于保育后期或生长期（10～16周龄）的猪。多杀性巴氏杆菌的继发感染加重了肺炎支原体的原发性感染程度，因此很难将多杀性巴氏杆菌感染与单纯的猪肺炎支原体感染（猪气喘病）引起的临床症状相区别。

5. 病理变化

（1）最急性型　以败血症病变为主。最突出的特点是咽喉部及其周围结缔组织明显肿胀，呈出血性、浆液性炎症。切开颈部皮肤，可见大量胶冻样淡黄色的水肿液。全身淋巴结肿大、出血，切面呈一致红色，此种变化以咽喉淋巴结最为明显。

（2）肺炎型　最典型的病变就是肺炎，而败血症变化较轻。肺脏前半部（尖叶、心叶、中间叶及膈叶前部）发生各期肺炎病变，有出血斑点、水肿、气肿和红色肝变区，病变组织与正常组织界限明显，肺脏病变区的颜色从红色到浅灰色。严重病例表现不同程度的纤维素性胸膜肺炎，并伴发多发性脓肿，肺叶间广泛粘连。胸膜干燥、呈半透明状外观，并且肺脏常与胸壁发生粘连（感染胸膜肺炎放线杆菌时，常见胸膜附着有大量湿润、淡黄色的纤维蛋白渗出物，这可与多杀性巴氏杆菌感染相区别），支气管淋巴结肿大。也有的心外膜发生纤维素性炎，俗称"绒毛心"。

散发性、慢性肺炎型病猪高度消瘦，黏膜苍白；肺组织大部分发生肝变，并有大块坏死或化脓灶，有的坏死灶周围有结缔组织包裹；也有的肺炎灶与胸膜发生粘连。

6. **诊断**

多杀性巴氏杆菌感染后不产生特异性的病理变化，因此，不能依据病理变化作为诊断本病的唯一标准。应根据流行病学、临床症状、病理变化综合分析做出初步诊断。必要时通过实验室进行细菌学检查有诊断意义。近年来建立在现代分子生物学基础上的 PCR 是一种快速、简捷、敏感、特异的检测方法。

注意做好与猪流感、单纯性猪气喘病、猪传染性胸膜肺炎、猪肺炎型沙门菌病等的区别诊断。

7. **治疗**

个体治疗可选用第 3 代头孢菌素类和氟喹诺酮类，这是目前治疗本病最有效的药物。也可酌情选用氨基糖苷类、氨苄西林、阿莫西林、氟苯尼考、长效土霉素、强力霉素、磺胺类药物。预防用药可在饲料中添加选用氟苯尼考、泰乐菌素与磺胺二甲嘧啶联用等都有较好疗效。治疗时一般采用交叉用药，用药前尽可能先做药敏试验而后选用最敏感的药物。

8. **综合防制**

根据本病传播的特点，必须贯彻"预防为主，养重于防，防重于治"的方针，应坚持自繁自养的原则，由外地引进种猪时，应从无病的猪场选购，并隔离观察 1 个月。平时加强饲养管理，严格执行卫生防疫制度，采取全进全出的饲养制度，搞好清洁卫生消毒工作，使猪体保持较强的抵抗力。

每年春秋两季定期进行猪多杀性巴氏杆菌病灭活疫苗（中牧）

或 A 型猪肺疫弱毒苗（广东永顺）免疫接种。一旦发生本病时，必须采取有效的防制措施，病猪进行隔离治疗，圈舍、场地、用具必须彻底消毒，垫草要烧掉，可用疫苗进行紧急预防接种。

第二节　猪支原体肺炎

猪支原体肺炎（MP）俗称猪气喘病，是由猪肺炎支原体引起的一种慢性接触性呼吸道传染病。患病猪主要表现为咳嗽和气喘，生长迟缓，饲料转化率低，体温基本正常。解剖时以肺部病变为主，尤以两肺心叶、尖叶和膈叶出现对称性胰样变和肉样变为其特征。发病率高，死亡率低。猪肺炎支原体常与多杀性巴氏杆菌、猪链球菌、副猪嗜血杆菌或猪胸膜肺炎放线杆菌等病菌混合感染引起地方性肺炎；也常与猪蓝耳病病毒、猪 2 型圆环病毒、猪流感病毒或伪狂犬病病毒等混合感染，而发生猪呼吸道病综合征（PRDC）。该病仍是造成养猪业经济损失的常见病之一。

1. 病原学

猪肺炎支原体菌体常呈多种形态。猪肺炎支原体对外界环境的抵抗力不强。一般情况下，温度越低存活的时间越长。猪肺炎支原体由于缺乏细胞壁，因而对青霉素和磺胺类药物均不敏感，特别是对链霉素的高度耐受性有别于其他种属支原体，但对喹诺酮类药物、林可霉素、卡那霉素、土霉素、金霉素、四环素、强力霉素等抗生素类药物均敏感。很多消毒药物在短期内就能将其杀死，如 0.5％的苛性钠、20％的石灰乳、1％的石炭酸都能在几分钟至半小时内将其杀死。

2. 流行病学

猪气喘病呈世界性分布，国外报道发病率一般在 50％左右，带菌猪是本病的主要传染源，病猪和健康猪混群饲养，通过鼻腔接触和空气常引起本病的传播流行。

（1）易感动物　虽然各种年龄的猪都可感染本病，但以断奶仔猪和架子猪多见。育肥猪多呈慢性或隐性感染。仔猪对猪肺炎支原体的易感性较高，最早 3 周龄的猪就可发生，约 4 周龄后开始干咳，但往往直到 6 周龄甚至更大才表现出明显的症状，18 周龄左右表现最为明显。

（2）传染源　猪肺炎支原体存在于感染猪鼻腔中，患病母猪尤其是初产母猪是最重要的传染源，母猪将病原体传给仔猪，造成猪肺炎支原体在猪群中长期存在。症状消失但未完全康复的猪或用药物治疗但未完全治愈的猪体内仍然带菌，也可造成同圈断奶仔猪之间相互传染。

（3）传播途径　猪肺炎支原体是经呼吸道的飞沫、病猪与健康猪之间鼻子与鼻子相互直接接触传播的。当病猪与健康猪直接接触，或同圈饲养的病猪咳嗽、喷嚏或气喘时将病原体通过呼吸道排出体外，健康猪吸入病原体经呼吸道而感染发病。一般情况下，本病不易发生间接感染。猪肺炎支原体不会经胎盘垂直传播。

（4）流行特点　本病一年四季均可发生，以冬春寒冷季节多发。本病的发生与饲养管理、气候与环境的变化有很密切的关系。猪群过分拥挤、饲料营养水平不够、猪舍阴暗潮湿、通风不良、环境卫生条件差的猪场常易发生本病。环境的突然改变，如仔猪断奶、运输等各种应激造成猪过度疲劳，易使本病加重，也为继发或并发感染创造了条件。用一般药物治疗后，症状暂时消退以后又能复发。

许多病原体易与本病造成继发或混合感染，如猪蓝耳病病毒、2型圆环病毒、流感病毒及副猪嗜血杆菌、巴氏杆菌、胸膜肺炎放线杆菌及支气管败血波氏杆菌等，导致病情加重，死亡率升高。

本病的潜伏期较长，流行一般以慢性为主，在新疫区（场）或初次感染的易感猪群，开始可呈急性暴发或区域流行，发病或死亡较多，而后就转为慢性或隐性经过。在老疫区，多呈慢性流行或隐性感染，绵延不断地传染下去，循环流行不止，如不采取严密措施，很难彻底扑灭，危害甚大。

3. 致病机制

猪肺炎支原体首先与猪呼吸道黏膜上皮细胞的纤毛结合进而在呼吸道移生。猪肺炎支原体菌体表面有黏着素，而纤毛表面有特异性的受体。在正常情况下，进入猪呼吸道的病原和异物可以通过纤毛的屏障作用或运动作用将其排出体外，保证肺组织的健康，使呼吸畅通。一旦病原体进入体内就很快黏附到纤毛表面，尔后逐渐残蚀纤毛，直到造成纤毛大面积或全部脱落，而当纤毛脱落后，纤毛的作用就消失了，进入呼吸道的异物及气管黏膜产生的分泌物无法上排而下降到支气管末端及肺泡中，逐渐形成肺肉变或胰变，使肺脏功能遭到破坏，出现呼吸困难。

猪肺炎支原体可以改变表面抗原而造成免疫逃逸，导致免疫力减弱。还诱导免疫反应和疾病相关炎症反应，其产生的致炎因子加剧了肺脏的炎症反应，更易引起肺组织的损伤和疾病的发展。使肺巨噬细胞的吞噬功能降低，造成严重的免疫抑制作用。在急性期这种感染属于免疫抑制。免疫反应参与病变的发展进程，感染后17周的病肺组织中仍会有大量有活性的支原体，足以使易感猪发生肺炎。

单纯感染猪肺炎支原体常引起温和性、慢性肺炎，当与其他病毒、猪鼻支原体、副猪嗜血杆菌、巴氏杆菌等混合感染时，引起猪呼吸道病综合征和地方性肺炎，使呼吸道疾病加重，使蓝耳病病毒诱导的临床症状和肺炎严重性加剧，流行期也更长。

4. 临床症状

其潜伏期长短不一，一般为4～6周。急性感染的潜伏期是10～14天。本病是一种发病率高、死亡率低的慢性疾病。以咳嗽和气喘为特征，主要的临床症状是干咳和气喘，呼吸次数增多，呈明显的腹式呼吸。在一些新疫区和土种猪群，这种疾病开始大都为急性，其症状较为明显，发病率高，传播快。断奶后的仔猪及架子猪的临床症状较成年猪严重。这些猪首先是咳嗽（连续咳嗽7声以上），在早晚咳嗽表现很严重，有时出现痉挛咳嗽，咳嗽时站立不动、背拱、颈伸直、头下垂，有的趴伏不起，快速走动会使咳嗽加剧，有时咳至呕吐。通常表现为精神沉郁，呼吸短促呈腹式呼吸、犬坐式呼吸，严重时张口呼吸，气喘吁吁，呼吸次数剧增，每分钟达100次以上。在一些老疫区或纯种猪群，则主要表现为慢性过程。如无继发感染，体温和食欲变化不大。部分猪无临床不适，但显得沉郁，被毛粗乱，生长受阻，膘情严重丧失，甚至可能成为僵猪。也有一些感染猪，如成年肥猪和饲养管理条件好的猪场，常不表现出临床症状。如果饲养管理不良，或继发感染，常可使病程延长或病情加重，出现体温升高、食欲不振、呼吸困难和身体衰竭等症状，甚至出现死亡。

5. 病理变化

剖检病变常局限于肺，肺脏的病变总是出现在心叶、尖叶及中间叶的腹侧和膈叶的前部下缘。常可见到紫红色至灰色的实变区，与正常肺组织界限很清楚。病变大多数是先从两侧肺的心叶开始发生，其次为尖叶，然后波及中间叶和膈叶。无继发感染时，肺炎病灶开始多为点状或小片状，进而逐渐融合成大片病变。肺中病变部位的肉眼变化是结缔组织增生硬化，周围的组织膨胀不全，齐平或下陷于相邻正常的肺组织，比较容易鉴别。肺脏质度变硬，切割时有肉感，切面湿润，平滑而致密，像鲜嫩的肌肉一样，故又称肉样变，后期呈胰样变。气管中通常有黏液性渗出物，肺门淋巴结和膈淋巴结通常肿大，质度变硬，其他器官无明显变化。

6. 诊断

根据流行病学特点、临床症状、病理变化可以对本病做出初步确诊。在流行特点上，本病只发生于猪，春冬季多发，土种猪、新疫区易暴发，症状较重，老疫区多为慢性或隐性经过，常呈地方区域流行。在临床症状上，主要表现在慢性干咳和明显气喘，生长发育迟缓、病程长、死亡率低，发生及扩散缓慢，反复发作，体温和食欲变化不大。病理剖检主要表现在肺部心叶、尖叶、中间叶和膈叶的前缘部分肉样肺炎实变，而且多呈对称性。

确诊需经实验室进行血清学诊断，如 ELISA 和 PCR。猪肺炎支原体的分离、培养十分困难，故不被推荐为一种诊断技术。

通常情况下应与猪流行性感冒、猪放线杆菌胸膜肺炎、猪肺疫、猪蓝耳病、肺丝虫病及蛔虫病进行鉴别诊断。

猪流行性感冒：突然发病，传播迅速，症状明显，体温升高，精神疲惫，食欲明显减弱或废食，呼吸急促，运动后常可见剧烈阵咳，流鼻涕，病程较短（约 1 周），流行期短，康复快而完全。发病率高，死亡率低。剖检肺脏的心叶、尖叶呈紫红色，质硬，呈鲜牛肉样，界限分明。病原为 A 型流感病毒。而猪气喘病相反，体温稍有升高，病程较长，传播较缓慢。

猪放线杆菌胸膜肺炎：在感染初期通常表现为最急性和急性的临床症状，发病突然，往往是同圈或不同圈的许多头猪同时感染和发病，体温上升到41℃左右，精神沉郁，呼吸困难，咳嗽，严重时张口呼吸，从口、鼻流出带血样的泡沫液体。部分最急性猪于发病后24～36小时内死亡，部分急性病例可以转为亚急性和慢性。剖检肺脏呈出血性、坏死性肺炎和胸膜炎，病原为胸膜肺炎放线杆菌。

猪肺疫：多表现为急性传染病的特征，急性病例呈败血症和纤维素性胸膜炎症状，全身症状较重，突然发病，体温升高到41℃以上，食欲废绝，呼吸困难，哮喘、张口露舌、口鼻流出泡沫或清液，颈部咽喉区高度红肿，病程较短，如不及时治疗很快就死亡。散发型多表现体温升高到40～41℃，呼吸困难，间有咳嗽，后期鼻孔流出黏稠的渗出物，可拖至1～2周才死。如果转为慢性，高度消瘦，病程可达3～5周以上。剖检时见败血症和纤维素性胸膜肺炎变化，出现不同程度的肝变区，可见大小不一的化脓灶或坏死灶，病原是巴氏杆菌。而气喘病的体温和食欲无大变化，肺有肝变区，但无败血症和胸膜炎的变化。

猪蓝耳病：高致病性病症多表现为急性传染病的特征，突然发病，体温升高到41℃以上，畏寒扎堆、废食、呼吸困难，耳朵发紫，四肢及腹下皮肤发红，仔猪死亡率可达40%以上，肺脏呈现间质性肺炎病变。经典型多表现为仔猪感染，体温升高至40～41℃，呼吸困难，剖检肺部表现为弥漫性间质性肺炎。母猪流产和死胎及仔猪高死亡率可区别于猪气喘病。

肺丝虫病及蛔虫病：患病猪可出现咳嗽，有的猪可见到气管炎，但仔细检查可发现肺丝虫及蛔虫的幼虫，且炎症多出现在膈叶后端，做粪检时可见到虫卵或肺丝虫幼虫。

而猪气喘病主要呈慢性经过，发病慢、病程长，体温、食欲一般正常，恢复也慢，多表现为持续性干咳，死亡率低，可以与以上几种区别。

7. 治疗

多种喹诺酮类药、抗生素类药如林可霉素、泰妙菌素、泰乐菌素、替米考星、乙酰异戊酰泰乐菌素、四环素、土霉素、强力霉素、金霉素、卡那霉素等对猪支原体肺炎均有较好的治疗作用。

(1) 个体注射治疗 肌内注射，以体重计一次量。

① 恩诺沙星注射液，5毫克/千克，一天1次，连用3～5天。

② 林可霉素注射液，10毫克/千克，一天1次，连用3～5天。

③ 泰妙菌素注射液，20毫克/千克，一天1次，连用3～5天。

④ 泰乐菌素注射液，20毫克/千克，一天1次，连用3～5天。

⑤ 20%长效土霉素注射液（得米仙），1毫克/10千克，三天1次，连用3次。

⑥ 卡那霉素注射液，40毫克/千克，一天1次，连用3～5天。

（2）群体混饲给药　可采用如下策略。

① 阶段性用药：a. 气喘病严重的猪场，母猪产前、产后各用1周，防止母猪将病原体传给哺乳仔猪；b. 断奶时使用1周；c. 预计发病前1周，开始使用1周。

② 持续性用药：用于有疫情的流水线生产的群体，通常可添加7～10天，但不要超过2周。

③ 脉冲式给药：通过短期的治疗量给药，以尽快杀灭病原体，降低肺病变指数，治疗量添加给药通常为3～5天，停药2～3天后再给药3～5天。

常用药物每吨饲料添加量如下：

① 80%泰妙菌素预混剂（枝原净）125克＋10%盐酸多西环素预混剂1000克。

② 8.8%磷酸泰乐菌素预混剂200克＋15%金霉素预混剂2000克。

③ 替米考星预混剂（效价）200～400克。

④ 20%乙酰异戊酰泰乐菌素（又名泰万菌素、万乐霉素）预混剂400克。

因猪肺炎支原体没有细胞壁，因此通过干扰细胞壁合成发挥抗菌作用的青霉素、氨苄西林、阿莫西林和头孢菌素对单纯的支原体肺炎治疗无效，其他抗菌药物如甲氧氨苄和磺胺类药物、多黏菌素、链霉素、红霉素对猪支原体肺炎的治疗也不起作用。

8. 综合防控

高感染率种猪场仍以药物防治为主，免疫和生物风险管理措施配合，进行综合防控，同时要改善饲养管理和圈舍条件。

（1）弱毒活疫苗　中国兽医药品监察所研制出肺炎支原体兔化

弱毒活疫苗（培养基疫苗），采用鼻腔深部接种的方法，操作方便，免疫效果确实。可对种公、母猪及断奶前后的仔猪进行免疫，免疫保护率可达 75％以上，免疫期可达半年以上。

南京天邦生产的全球首个猪支原体肺炎克隆弱毒活疫苗（1687猪），采用 12 号短针头肺内注射方法，剂量：2 毫升，一次免疫保护可达 80％以上，免疫期 6 个月以上。免疫程序：在 6～10 周龄一次性免疫（在咳嗽前 4 周）。

（2）灭活疫苗　美国辉瑞、普泰克、先灵葆雅、梅里亚、海勃莱、荷兰英特威等多家公司通过浓缩猪肺炎支原体培养物先后研制成功猪肺炎支原体灭活苗并已销售。该苗可以用于哺乳仔猪、怀孕母猪和种公猪。肌内接种，免疫接种两次，对猪安全，无副作用。

疫苗免疫能有效降低临床疾病的发生率，包括肺炎和咳嗽等，但不能阻止病原菌在宿主体内的移行。为此要抓好四项工作：一要净化种猪；二要创造理想的通风、保温、密度等环境条件；三要疫苗免疫；四要药物预防和治疗。

9. 种猪场猪气喘病预防与净化

（1）早期诊断，早期隔离，及时消除传染源。小猪感染本病一般来自本窝母猪，检查母猪是否带菌或发病，对感染母猪要淘汰，逐步建立无本病的健康母猪群，使之扩大为无本病的健康猪场。

如果母猪已经怀孕，病猪及早挑出集中隔离饲养，要在接种疫苗的同时，在产仔前 2 周还要进行药物治疗，减少猪体内的猪肺炎支原体，以防哺乳期间传给仔猪。

（2）新生仔猪 5～7 日龄接种猪气喘病弱毒冻干疫苗，仔猪进行二次免疫可以提高猪群免疫力，5～7 日龄首免，60～80 日龄二免。也可接种进口的猪气喘病灭活苗。

（3）后备母猪连续免疫疫苗 2 年，可以控制猪气喘病。仔猪从哺乳期到架子猪都未出现气喘症状，通过疫苗接种，仔猪亦未发现气喘病的病变，可以定为健康猪群。

（4）从集市购买的苗猪或架子猪，临诊上如无咳嗽，又无气喘症状，体温正常（40℃以下），可以立即接种弱毒疫苗或灭活疫苗。

在暴发此病猪场进行紧急预防，可以降低发病率。

对国外引进的纯种猪，严格隔离饲养，对其仔猪21天断奶可有效防止猪气喘病的发生，但引进猪如与有猪气喘病的其他猪混群，在混群前则须进行疫苗防疫，并适当配合用药。引进猪由于生长速度快，抗应激能力差，对饲养管理和生物安全标准要求较高。多地生产已得到推广，其中有两地生产，即配种、怀孕、分娩和哺乳在一地，保育、生长和育成在另一地。另一种是三地生产模式，即配种、怀孕、分娩和哺乳在一地，然后集中在一起保育，生长及育肥在另一地。三地生产模式应用较多。

康复母猪一般带菌不排菌。康复母猪单个隔离饲养、人工授精、疫苗接种和辅以适当治疗，亦可育成后备健康猪群，利用康复母猪建立健康猪群在我国当前情况下是可行的。

总之，控制猪气喘病需要采取综合防制的办法。其中重点是要建立健康的种猪群，母猪临产前7天和分娩后7天，用泰乐菌素、泰妙菌素或土霉素拌料饲喂，防止经母猪把疾病传给仔猪。其次是要抓好仔猪的疾病预防控制。搞好环境卫生消毒和一栏或一舍的全进全出。定期检查、立即隔离发病猪；根据猪群具体情况采取定时用药、预防用药策略。只有从总体采取合理的综合防治措施，才能有效地控制猪气喘病的发生和流行。

第三节　副猪嗜血杆菌病

副猪嗜血杆菌病又称革拉泽病，是由副猪嗜血杆菌（HPS）引起的一种严重的接触性传染病和全身性疾病。临床上以发烧、咳嗽、严重呼吸困难、发绀、疼痛、被毛粗乱、进行性消瘦，部分猪出现关节肿胀、跛行和中枢神经症状，以及极高的死亡率为特征。剖检病变主要表现为纤维素性多发性浆膜炎、间质性肺炎、心包炎、胸膜炎、腹膜炎、多发性关节炎和脑膜炎。此外，HPS还可引起败血症，在不出现典型的浆膜炎时就呈现发绀、皮下水肿和肺水肿，以致死亡，并且在急性感染后可能留下后遗症，即母猪流产、公猪慢性跛行。

随着规模化养猪技术的应用和饲养高度密集，以及突发新的呼吸道病综合征等因素的存在，使得本病危害日渐严重，在世界各地广为流传，成为断奶前后和保育猪头号杀手。特别在有繁殖与呼吸障碍综合征（俗称蓝耳病，PRRS）和 2 型圆环病毒（PCV-2）感染这两种免疫抑制性疾病存在的猪场，本病更容易趁机暴发，且发病很快，确诊和治疗都有困难，死淘率大幅度上升，损失惨重。如果再与肺炎支原体（MHP）、胸膜肺炎放线杆菌（APP）、多杀性巴氏杆菌（PM）、猪链球菌（SS）等混合感染，便会发生所谓的呼吸道病综合征（PRDC）。本病是日益严重 PRDC 的首要细菌病，目前不少人缺乏对它应有的认识，而更多的人则经常将其与胸膜肺炎、链球菌病及猪附红细胞体病混淆而忽视其存在，造成不必要的灾难性的损失，应引起高度重视，严加防范。

1. 病原学

副猪嗜血杆菌是巴氏德氏杆菌科嗜血杆菌属的一员，是革兰阴性菌，具有多种不同形态，常可见荚膜。为上呼吸道的正常定居菌，属于条件性致病菌，也是保育猪死亡的最主要病原，可以攻击关节面、肠系膜、肺、心和脑，当环境条件发生变化或与其他病毒或细菌协同时可引起严重的全身性疾病，以纤维素性多发性浆膜炎、关节炎和脑膜炎为特征。

目前，我国已确认的副猪嗜血杆菌的血清型有 15 种，还有 12.1% 的分离株不能分型，不同血清型的发病特点、交叉保护，甚至治疗用药都可能不同。其中以 4 型和 5 型最为流行，其次为 13、14 和 12 型。不同的血清型致病力差异很大，1、5、10、12、13 和 14 型毒力最强，患猪归于死亡或处于濒死状态；2、4、8 和 15 型为中等毒力，患病猪死亡率相对较低，但可能出现败血症状，生长迟缓；其他型毒力较低，没有明显临床症状。同一猪场可能同时存在不同菌株。一些最新研究报道指出，HPS 也可以从患有严重胸膜肺炎的肺脏中分离出，这也可能是导致此类肺部损伤的原发病原。

2. 流行病学

（1）病猪和带菌猪是主要传染源。

主要传染途径是呼吸道，与病猪接触后，病菌可通过鼻汁等分泌物经飞沫直接传播，易引起群发，有时呈地方性流行。

（2）本病只感染猪。

可感染 2 周龄至 4 月龄的哺乳仔猪、保育仔猪和生长猪，但以断奶后和保育阶段猪较易发病，尤以 5～8 周龄猪最易感（因 HPS 的母源抗体大约在仔猪 4～6 周龄时降低，不再受母源抗体保护的敏感保育猪很容易与致病菌携带猪相接触而发病；有的早在断奶后一周就开始发病，这表明仔猪缺乏母源抗体保护力）。一旦暴发，通常以并发感染或混合感染出现，发病率一般 15％～30％，严重时死亡率高达 50％～60％；幸存者常成僵猪，生长缓慢。

（3）饲养环境恶劣、营养不良、天气突变、密度过大、通风不良、不同日龄猪混养、断奶、转群等各种应激因素常为诱因，导致本病的暴发。

（4）本病常与其他各种病毒和细菌混合感染或者继发感染。

单纯性感染较少。猪瘟、支原体肺炎、萎缩性鼻炎、猪伪狂犬病等原发病的流行为本病的继发和混合感染提供了可乘之机。特别是随着圆环病毒病和蓝耳病这两种所谓的"猪的艾滋病"的流行，使机体免疫功能下降，更易乘机暴发本病。本病往往是这两种病的影子。临床实践证明，保育舍内暴发蓝耳病后，HPS 的存在和继发感染可加剧病情并使临床表现复杂化，是造成 10 周龄以前仔猪死亡率升高的重要的细菌性致病因子。反过来 HPS 的严重感染又成为蓝耳病存在的"指示病"。

（5）本病无明显季节性，但冬春寒冷季节多发。

3. 临床症状

取决于炎症损伤的部位及菌株毒力的强弱及感染病菌的剂量。临床上多继发于其他呼吸系统疾病，如圆环病毒病、蓝耳病、猪支原体肺炎等，其表现不尽相同。

（1）急性型　发病很快，接触病原菌后几天内就发病。病初期，未出现典型多发性浆膜炎时的急性病例，可引起败血症或急性副猪嗜血杆菌性肺炎。早期症状包括发烧（40.5～42℃），精神沉郁，反应迟钝，不愿行走，采食量下降或不食，并伴有咳嗽或打喷嚏（典型特征是痛性短咳，每次只咳 2～3 声，与气喘病的连续 7 声以上的长咳不一样），严重呼吸困难（窘迫），呼吸次数加快（每分钟可达 60～80 次，甚至 100 次以上），呈腹式呼吸，有的张口喘;疼痛(可由尖叫推断);跗、腕关节肿胀,严重的会瘸腿;有的出现颤抖,共济失调,耳尖发紫,眼睑发乌肿胀以及中枢神经系统症状等。病情严重者随之可能死亡。临死前侧卧或四肢呈划水样。通常发病后2～5天死亡(通常由败血性休克或内毒素休克所致,在不出现典型的多发性浆膜炎时就出现发绀、皮下水肿及肺水肿,乃至死亡)。最急性的个别猪可能不表现任何症状而突然猝死。耐过急性发病的猪可转为亚急性型或慢急性型。

(2)亚急性型或慢急性型 常由急性型转化而来或由中等毒力毒株引起,主要表现为多发性浆膜炎、关节炎、脑膜炎等。病猪食欲下降、精神沉郁、发抖、扎堆、咳嗽、呼吸困难、被毛粗乱、渐进性消瘦、体表皮肤苍白;行动迟缓僵硬,后肢不协调;四肢无力,不愿站立;关节肿大或跛行。副猪嗜血杆菌性脑膜炎的症状,除共济失调、步伐蹒跚、头向后仰、四肢呈游泳状以外,笔者还观察到一种特殊表现:喜欢向同一侧躺卧,将猪翻过来它又很快便自动翻回去,可反复数次(可用复方磺胺间甲氧嘧啶配合阿莫西林或氨苄西林分别肌注,效果较好)。慢急性型有的可拖10多天后终因衰竭而死。侥幸不死的极度消瘦或生长缓慢。

总之,咳嗽、呼吸困难、进行性消瘦、关节肿大、跛行、被毛粗乱是主要临床症状。

4. 剖检病变

主要特征性病变是单个或多个浆膜面发生浆液性或化脓性纤维蛋白渗出物,表现为心包炎(心包积液,心包内常有干酪样甚至豆腐渣样渗出物,使心外膜与心脏粘连在一起,形成"绒毛心"。"绒毛心"是本病最为特征的病理变化,通常出现在病程较长的病例,急性发作或病程较短的病例难以见到此变化)、间质性肺炎、胸膜炎(胸腔有大量的淡红色液体及纤维素性渗出物凝块;肺表面覆盖有大量的纤维素性渗出物并与胸壁粘连,多数为间质性肺炎,部分有对称性肉样变化,肺水肿)、腹腔炎(常表现为化脓性或纤维素性腹膜炎,腹腔积液或内脏器官粘连)、多发性关节炎(跗、腕关节居多,关节肿大,关节腔内有大量浆液性纤维蛋白渗出物)、脑膜炎(脑膜表面出血或充血)等,尤以心包炎和胸膜肺炎的发生率最高。病初期也可引起败血病变化,在未出现典型的多发性浆膜炎时就出现耳尖及四肢末端皮肤发绀、皮下水肿和肺水肿、出血、淤血（肺间质灰白到血样胶冻样水肿也是本病的主要特征性病变之一），各脏器急性出血性病变，全身淋巴结肿大，呈暗红色，以及心包液、胸水和腹水增多等。

5. 诊断与鉴别诊断

（1）根据流行病学、临床症状和病理变化可做出初步诊断。

细菌的分离培养往往不能成功，确诊需借助实验室 PCR 检测和基因组分型。

（2）要将本病与其他败血性细菌感染相区别。

能引起败血性感染的细菌有：胸膜肺炎放线杆菌（APP）、猪链球菌（SS）、猪丹毒杆菌、多杀性巴氏杆菌（PM）、猪霍乱沙门菌、败血波杆菌（BB）、埃希大肠杆菌等。3～10 周龄猪的支原体多发性浆膜炎和关节炎能出现与 HPS 感染相似的损伤。同时也要与蓝耳病、圆环病毒病及断奶后多系统衰竭综合征（PMWS）等病毒性感染疫病相区别。主要应与传染性胸膜肺炎相鉴别，两者在发病群体和病理变化上有很大差异。副猪嗜血杆菌病主要发生在断奶前后和保育阶段，引起的主要病变有心包炎、胸膜炎、腹膜炎、关节炎和脑炎，呈多发性；而传染性胸膜肺炎主要发生在 6～8 周龄（中育猪），典型病例引起的病变主要是纤维蛋白性胸膜肺炎并局限于胸腔，肺脏有出血性、坏死性病变。两者鉴别的可靠依据是应用 PCR 技术。

6. 治疗

笔者总结了治疗 HPS 的几条原则和体会，如下。

（1）治疗应在暴发早期，必须早发现、早确诊、早治疗、越快越好。

要在整个猪群大量发病之前 1～2 天就能发现病猪。此病传染性很强，一定要对病猪进行隔离治疗，同时要对整个猪群采取严格的控制措施。

（2）一旦临床症状已经出现，一是应立即采用肌注或静注用药的方式，不能采用口服用药。二是必须应用大剂量的敏感抗菌药物对同栏的所有猪（感染猪或非感染猪）进行治疗，才可能有部分效果，而不仅仅是对那些表现出症状的猪用药。此条被临床实践证明很重要，不然的话，貌似正常的猪，过 2～4 天就发病；今天发病治疗 1 头，第 2 天 2 头，第 3 天 3～4 头，形成恶性循环，没完没了，治都治不过来，直至全栏覆灭。三是必须适当加大剂量，至少要按照使用说明书上的上限剂量，或再提高 25%～50% 的用量，以保证足量药物达到相应组织和病灶，因为发病类型及病情不同，使用剂量有较大差异，准确的剂量通常难以把握，这也是临床治疗效果不佳的重要原因。应在治疗实践中探索，总结出自己的经验方。四是连续治疗不得少于 4～5 天，防止复发；慢性病情酌情增加治疗天数和疗程。五是要在耳后、颈部、臀部、股部等处多选择几个注射部分，以利药物吸收，注射部位已出现肿胀就不要再注射。

（3）很多慢性病例都是由于长期不吃食，饥饿衰竭而死。为此，要"3 分治 7 分养"，加强护理。可在饮水中加电解多维、口服葡萄糖、黄芪多糖等，增加营养，提高自身恢复能力。

（4）本病临床治疗非常困难。在发病初期采用下列抗菌药物进行早期治疗，同时要"标本兼治"，病因疗法与对症疗法相结合，酌情配合解热镇痛药、地塞米松、维生素 C、排疫肽、猪转移因子、干扰素以及黄芪多糖、复方柴胡、穿心莲、板蓝根、双黄连、鱼腥草等抗病毒及增强机体免疫力的注射剂等，有一定疗效，治愈率 60% 左右。如果治疗不及时，则疗效欠佳。

① 头孢噻呋钠，5 毫克/千克体重，1 次/天，连用 4～5 天。或头孢拉定，30 毫克/千克体重，每 6～8 小时 1 次。

② 庆大霉素注射液，4 毫克/千克体重，2 次/天；同时配合左氧氟沙星 5 毫克/千克体重，2 次/天（或甲磺酸达氟沙星 2.5 毫克/千克体重，1 次/天），连用 4～5 天。

③ 阿莫西林，15 毫克/千克体重，2 次/天，连用 4～5 天（也可选用：氨苄西林/舒巴坦，20 毫克/千克体重，2 次/天，连用 4～5 天；或青霉素 G，5 万单位/千克体重，2～3 次/天，连用 4～5 天）。或氨苄西林 10～20 毫克/千克体重，2～3 次/天，连用 2～3 天。

④ 纽弗罗注射液，20 毫克/千克体重，1 次/天，连用 3～5 天。

⑤ 氟苯尼考注射液，30毫克/千克体重，2次/天，连用3～5天（如果按国内厂家使用说明书用量20毫克/千克体重，48小时一次，连用2次，效果不好）。

⑥ 复方磺胺间甲氧嘧啶，首次量0.1克/千克体重，维持量0.05克/千克体重，2次/天，连用4～5天。

⑦ 其他抗菌药物，如头孢菌素类、氟喹诺酮类、泰妙菌素、四环素类亦可酌情选用。

7. 综合防控措施

副猪嗜血杆菌病作为一种新的传染病，其流行与严重程度日益增加，尤其是大型养猪场，应加深对其潜在危害性的认识。由于本病治疗效果不好，要遵循"养重于防，防重于治"的原则，以预防为主，采取综合防控措施。

(1) 加强饲养管理　应查找饲养管理方面存在的突出问题，深刻领会"营养是最好的药物"的理念，要给猪创造一个舒适的环境，让猪吃好、喝好、休息好。

(2) 加强生物安全　严格兽医卫生，杜绝外来病原菌，特别要防止引种时引入病原；要按科学合理的免疫程序做好猪瘟、伪狂犬、蓝耳病、支原体肺炎等防疫工作；搞好舍内外环境卫生及经常化的隔离、消毒（每周带猪消毒1～2次），防控好圆环病毒病及其他病毒性疾病，消除其他呼吸道病原。

(3) 产房和保育舍应坚持严格的"全进全出"制度　要严格分群，避免将不同日龄猪只混养。

(4) 减少各种应激因素　猪舍要保持干燥、通风、密度适中、温度适宜。采取相应措施，将断奶、转群、防疫注射等应激因素减到最小，消除诱因。

(5) 疫苗免疫预防　有条件的猪场，最好的办法是从脑分离菌株制作自家灭活疫苗。所谓的自家苗是指从本场发病猪分离致病毒力菌株，经实验室分离培养鉴定，大规模制备、灭活，添加免疫佐剂，并经初步试验后供本场使用的疫苗。因为血清型符合本场的实际，使用效果较好。无条件的可选用进口灭活疫苗（西班牙海博莱或勃林格）免疫母猪，初产母猪产前40天首免，产前20天二免；经产母猪产前30天免疫一次即可，一般情况下2～3周后产生保护力，母猪抗体可保护6～7周龄的仔猪；如果仔猪在8周龄以后发病，则需要在仔猪2～3周龄首免，2～3周后二免，使其产生主动免疫力。也可选用国产疫苗（武汉科前），母猪接种后可对4周龄仔猪提供保护。再用含有相同血清型的灭活苗接种小猪，对断奶仔猪产生主动保护性免疫力。由于HPS具有明显的地方性特征，血清型多，不同血清型之间无交叉保护力，目前还没有一种灭活苗同时对猪所有的致病株产生交叉保护力，商品疫苗效果有时不确定。也可试用常规的本场的病变组织匀浆制成的自家组织灭活苗。

（6）在日粮或饮水中添加药物进行预防，并要科学用药　本病在严重暴发时，使用药物预防可能无效。为此，应摸清本病在本场的发病规律，应在发病前3周提前对整个猪群进行药物预防。有条件的最好能做药敏测验，采用敏感药物，但用药量不可过少，防止产生耐药性，或在全群的饮水中添加阿莫西林或强力霉素。

① 进口纽弗罗或国产氟苯尼考，如"加康"按 100×10^{-6}（效价）添加，连喂1周后再减至 50×10^{-6}，再喂1～2周。

② 泰妙菌素 100×10^{-6} ＋阿莫西林 250×10^{-6}，连喂2周。

③ 头孢噻呋钠 $(50 \sim 100) \times 10^{-6}$ ＋TMP $(50 \sim 100) \times 10^{-6}$，连喂1周后剂量减半，再继续喂1～2周。

④ 每吨饲料添加英国伊科"爱乐新"预混料1000克或伊科力康（10％氟苯尼考）1500克，或"氟奇霉素"800克，或"加康"500克，或替米考星200克（效价），连用2周。

第四节　猪链球菌病

猪链球菌病是由 C、D、E 及 L 等不同血清群的致病性链球菌感染所引起的猪的多种疾病的总称。由于链球菌的种类不同，其所致的病理过程和临床症状亦不同，主要表现为急性败血症、脑膜炎、关节炎及化脓性淋巴结炎、心内膜炎、母猪流产、哺乳仔猪下痢等。特别是猪2型链球菌（SS），还是一种重要的人畜共患病病原，可通过皮肤损伤或切口感染特定人群患败血症、脑膜炎、心内膜炎以及化脓性关节炎、眼内炎、永久性听觉丧失等，严重时可在短时间内导致人死亡。1998～1999年，江苏部分地区连续两年在盛夏季节流行了危及人和猪的 2 型链球菌病，25 人感染发病，死亡 14 人。2005 年 6～8 月，四川暴发了猪 2 型链球菌病，农户饲养的猪群发病，急性死亡，因屠宰病死猪或人吃病死猪肉，造成 204 人感染发病，死亡 38 人。随着饲养密度的增加，以及蓝耳病、圆环病毒病、霉菌毒素等造成的免疫抑制，猪 2 型链球菌病已成为规模化猪场的常见病和多发病，可呈地方性暴发。猪链球菌病的流行，不仅给养猪业造成巨大的损失，同时也给人类健康带来了威胁，引起了国内外的高度重视，应严加防范。兽医、屠宰人员及生猪从业人员等特定人群更要特别当心，防止感染，特别是在尸体剖检时。

1. 病原

链球菌广泛存在于自然界中，种类繁多，引起人类及动物患病仅占一小部分。对猪致病的链球菌有多种，不同种所致的疾病也不尽相同，有的还可感染人。链球菌的细胞壁中含有一种群特异性抗原，称为 "C" 物质。按照 C 抗原的不同，兰氏分类法将其分为从 A 至 V（中间缺 I、J 群）共 20 个血清群。在我国，引起猪发生链球菌病以 C 群的马链球菌兽疫亚种（旧称兽疫链球菌）及停乳链球菌似马亚种（旧称类马链球菌）和 D 群的猪链球菌报道最多。马链球菌兽疫亚种至少有 15 个血清型，而猪链球菌按照荚膜多糖的差异，可分为 1～34 及 1/2 型 35 个血清型。猪链球菌血清 1、2 及 15 型分别等于穆尔新的 S、R 及 T 血清群。1 型菌株呈地方流行，与哺乳仔猪脑膜炎、败血症和散发的多发性关节炎有关。而 R 群 2 型可感染任何日龄的猪，可引起猪的急性败血症、脑膜炎、肺炎、多发性浆膜炎、关节炎及急性死亡，还可引起人脑膜炎和败血症等。在所有国家发病猪中，2 型都是主导菌株，是最重要的和临床分离率最高的血清型，流行最广，对猪和人的致病性最强，是一种重要的人畜共患病病原体。与 1 型和 2 型抗血清均有反应的菌株称为荚膜型 1/2（最初为 RS 群），T 群被称为荚膜 15 型。

猪链球菌呈卵圆形双球或呈短链状，长短不一，革兰阳性，兼性需氧菌。对环境有较强抵抗力，25℃条件下，在粪便和灰尘中至少能存活 8 天；在腐烂的猪尸体内，4℃时可存活 6 周，25℃为 12 天，这为鸟类的间接传播提供了传染源。

猪链球菌毒力因子的组成及其作用机理非常复杂，已知的有溶血酶释放因子、细胞外蛋白因子、溶血素、荚膜多糖和黏附素等。

链球菌是条件性致病菌，通过皮肤伤口、脐带和扁桃体进入血液，随后发生菌血症或败血症，然后细菌定居在一种或多种组织器官中，引起脑膜炎、关节炎和心内膜炎等。

2. 流行病学特点

（1）传染源　病猪、病愈带菌猪是主要传染源。病猪血液、肌肉、关节、内脏、尿液含有较多病原菌，通过其体液、排泄物和分泌物散播病原。产后母猪的阴道分泌物和乳汁是仔猪最危险的传染源。

（2）易感动物　链球菌可感染多种动物和人，各种年龄的猪都可感染发病，但5～10周龄的仔猪发病率及病死率最高，易发生急性败血症及脑膜炎而死亡。中猪多发生化脓性淋巴结炎，母猪易多发子宫炎或出现流产和不孕。

（3）自然感染部位　猪的上呼吸道（特别是扁桃体和鼻腔）、生殖道、消化道和伤口。

（4）传播途径　可经多种途径感染，伤口和呼吸道是主要传染途径。母猪经呼吸道传染给哺乳仔猪，初生乳猪常因脐带伤口感染、切除犬齿、断尾、打耳号、阉割、注射时消毒不严、地面粗糙引起皮肤擦伤、床面上的毛刺创伤皮肤等均可造成细菌通过伤口侵入。部分猪也可通过接触和食入脓肿排出物污染的饲料、饮水及粪便而经消化道感染。猪链球菌存在于阴道和消化道内，在分娩和哺乳过程中，仔猪也可能被感染。苍蝇携带的2型链球菌至少长达5天，污染食物至少4天，能在猪场内或不同猪场间传播本病。用具、用品污染也是传播因素。

（5）本病无明显季节性　一年四季均可发病，但夏秋潮湿闷热季节易大面积流行。

（6）应激因素可加重发病　断奶应激、保育舍饲养密度过大、拥挤、通风不良、空气污浊、温度骤变、换料应激、免疫接种、不同日龄猪混养、咬架、长途运输等应激因素均可引发本病。仔猪吃初乳不足，抗体水平低，更易诱发本病。

（7）与病毒的混合感染及霉菌毒素可加重病情　与蓝耳病、2

型圆环病毒、猪瘟、伪狂犬病等病毒混合感染，或饲喂霉变饲料，导致免疫抑制，均可加重猪链球菌引起的临床症状。

3. 临床症状

由于猪链球菌病菌群和感染途径不同，其致病力也有较大差异，因此，其临床症状和潜伏期差异也较大。潜伏期一般1～3天，最短4小时，最长者不超过7天。习惯上将链球菌分为急性败血症型、脑膜炎型、关节炎型、淋巴结脓肿型四种表现形式。根据病程，又可分为最急性型、急性型和慢性型。

(1) 最急性型　在流行初期常为最急性败血症型，发病急，病程短，往往不见任何前期症状，仅数小时而突然死亡。有的头天晚上还吃食，次日早晨已死。

(2) 急性型　常见的为猪败血性链球菌病，病原为C群的马链球菌兽疫亚种、D群的猪链球菌或L群链球菌，又可分为以下几种类型。

① 急性败血症型　突然发病，最早出现的症状是高烧，体温升高至41℃左右，最高可达42.5℃，呈稽留热。此前无任何其他明显的症状，随后伴随着菌血症或败血症，全身症状明显，发抖，精神沉郁，食欲不振或不食，结膜红肿、流泪，流浆液性鼻液，便秘，此时治疗有效。如果治疗不及时，短时间内（几小时至2天内）部分猪见多发性关节炎，关节肿大，并有痛感，跛行或不能站立；有的病猪出现共济失调、走路摇摆、磨牙、空嚼、转圈等神经症状，继而后肢麻痹，前肢爬行，四肢作游泳状或昏迷不醒，此时治疗有些晚，效果较差。后期，呼吸困难，耳尖、颈背、四肢下端、腹下呈紫红色。病程急，常在2～4天内死亡。病死率极高，可达80%以上。治疗不及时或药量不足则转为亚急性或慢性。此外，少数妊娠中、后期的母猪亦可因败血性链球菌病导致流产和死胎。

② 脑膜炎型　此型多见于哺乳仔猪和断奶仔猪。早期刚刚染病2～3小时内的患猪，耳朵朝后，双眼直视，结膜发红，除体温升高至40.5～42.5℃、精神沉郁、不食、便秘、有鼻漏等全身症状外，很快表现出神经症状，包括盲目行走、共济失调、转圈、磨牙、空嚼，出现反常姿态，很快进展到后躯麻痹，不能站立，前肢

爬行或侧卧。临近死亡的病猪，四肢作划水动作，口吐白沫，头往后仰呈角弓反张，惊厥和眼球震颤，或昏迷不醒。急性型多在几小时或1～2天内死亡。亚急性或慢性型病程稍长，部分猪还可同时出现多发性关节炎，跛行，逐渐消瘦、衰弱死亡，病程3～5天，或经治疗逐渐康复。有时可见瞎眼等。

③ 胸膜肺炎型　少数病例表现为化脓性支气管肺炎或胸膜肺炎，病猪体温升高、呼吸急促、咳嗽，呈现犬坐姿势，最后窒息死亡。

（3）慢性型　因治疗不及时或药量不足而由急性败血症型或脑膜炎型转化而来，也可能在流行中、后期发病时即表现为独立的病型。其特点是病程较长，症状比较缓和。主要表现为关节炎、淋巴结脓肿、局部脓肿、子宫炎、阴道炎、乳腺炎、哺乳仔猪下痢、皮炎（脓疱疮）等。临床上以关节炎、淋巴结脓肿多见。

① 关节炎型　多由C群和L群链球菌引起，主要是哺乳仔猪及断奶仔猪多发，表现为一肢或四肢关节肿胀、疼痛、跛行，严重者常卧地不能站立，并伴随体温升高、精神沉郁、食欲不振和败血症的其他症状，逐步消瘦、衰弱或突然恶化而死亡，也有的逐渐好转而康复，病程2～3周。

② 淋巴结脓肿（化脓性淋巴结炎）型　由E群链球菌引起，一般发生于架子猪，传染缓慢，发病率较低，病愈后可获得免疫力。多见颌下淋巴结，有时见于咽部和颈部淋巴结。易感猪摄入病猪脓汁污染的饲料、饮水后，通过咽部黏膜感染。有时并发或继发另一种血清群链球菌和其他化脓菌，再通过血源扩散，引起其他部位脓肿，局部淋巴结最初出现小脓肿，逐渐增大，触诊硬固、热、痛，全身不适，由于局部受压迫和疼痛，影响采食、咀嚼、吞咽，甚至引起呼吸困难，有的咳嗽、流鼻液；淋巴结脓肿成熟后，中央变软，皮肤变薄，可自行破溃，流出脓汁后，全身症状好转，局部治愈，一般不引起死亡，病程2～3周。

③ 局部皮肤脓肿型　常见于肘或跗关节以下或咽喉部，呈现多个肿块，浅层组织脓肿突出于体表，破溃后流出脓汁，深部脓肿触诊敏感或有波动，穿刺可见脓汁，有时出现跛行。

④ 心内膜炎或心包炎型　临床不易发现特征症状，可突然死

亡，或表现不同程度的呼吸困难，发绀，食欲不好，精神沉郁，不爱活动和消瘦。

⑤ 链球菌的其他感染型

a. 子宫炎型　可引起不孕、流产或死胎，主要发生早期流产，由于流产的胚胎很小，经常被母猪立即吃掉，不易被发现，但可以通过配种后 30 天左右出现不规则返情而推断是流产。流产后，由于子宫炎继续存在，阴户流出脓性分泌物，如不及时治疗，则可造成长期不发情，屡配不孕。

b. 乳腺炎型　引起母猪无乳。

c. 哺乳仔猪下痢型　母猪患病，乳汁带菌，可引起仔猪下痢。

以上分型不是绝对的，一头猪可表现为多个型，败血症、脑膜炎与关节炎并发，脑膜炎和多发性关节炎也可同时发生在一头猪身上。

4. 病理变化

（1）最急性型　剖检常无明显病理变化，口、鼻流出红色泡沫液体，气管、支气管充血，充满带泡沫液体。

（2）急性败血症型　呈现出一般的败血症表现，病死猪尸僵不全，尸体皮肤大片发红，有的体表弥漫性发绀。也有的耳、胸、腋下和四肢皮肤有紫斑或出血点，血凝不良，以全身组织器官败血症病变和浆膜炎为主。鼻、喉头、气管黏膜充血、出血，布有大量泡沫；全身淋巴结肿大、出血，有的淋巴结切面坏死或化脓。常见心包液增多、浑浊；病程稍长的病例，见有纤维素性心包炎，部分病例有纤维素性胸膜炎和腹膜炎，絮状纤维素与脏器发生粘连（注意与副猪嗜血杆菌区别）。多数病例脾肿大，少数可增大 2～3 倍，呈现紫黑色；肾轻度肿胀；肠黏膜充血、出血；脑膜充血，间或出血；部分关节周围肿胀，关节囊内积有黄色胶冻样或纤维素性脓样物（化脓性关节炎）。

（3）急性脑膜炎型　脑和脑膜水肿、充血、出血，脑、脊髓白质和灰质有小点出血，其他病变与败血症型相似。

（4）急性胸膜肺炎型　肺呈纤维素性化脓性支气管肺炎，出现不同程度的实变，多见于尖叶、心叶和膈叶前下部，病部坚实，灰白、灰红和暗红的肺组织相互间杂，切面有脓样病灶，挤压后从细支气管内流出脓样分泌物。肺胸膜粗糙、增厚，有的与胸壁粘连。

（5）慢性关节炎型 常见四肢关节肿大，关节周围有胶冻样水肿，严重者关节周围化脓坏死、纤维组织坏死、增生，滑膜肿胀充血及关节液浑浊、淡黄色，有的形成干酪样黄白色块状物。

（6）慢性淋巴炎型 常发生于颌下淋巴结，淋巴结红肿，切面有脓汁或坏死。

（7）慢性心内膜炎型 心瓣膜比正常肥厚 2～3 倍，病灶常为不同大小的黄色或白色赘生物，赘生物呈圆形，如粟粒大小，光滑坚硬，常常盖住受损瓣膜和整个表面，赘生物不仅可见于二尖瓣、三尖瓣，而且还向心房、心室或血管延伸。

5. 诊断

根据流行病学特点、临床症状和特征（脑膜炎是最典型的症状，如果很长时间以来，断奶仔猪当中总是有脑膜炎发生，就很可能是链球菌感染）及病理解剖可做出初步诊断。确诊需做细菌分离鉴定，可采取血、肝、脾等组织抹片、染色、镜检，发现 G^+ 的链球菌可确诊。必要时，可进行动物试验。

6. 鉴别诊断

注意与猪瘟、猪丹毒、猪肺疫、副猪嗜血杆菌、传染性胸膜肺炎、沙门菌病、伪狂犬病、仔猪水肿病等相区别。

7. 治疗

（1）治疗原则

① 早发现，早治疗。早期脑膜炎病猪难以发现，应每天观察2～3次，感染猪表现耳朵朝后，眼睛直视，出现犬坐姿势。发现链球菌性脑膜炎早期症状后，立即选用大剂量敏感抗菌药物肌内注射，连续多次使用，疗程要足，这是目前提高仔猪成活率的最好方法。如果用药量不足或病情稍有好转又中途停药，很有可能几天后又复发，再用同一种药物治疗往往收不到效果，必须加大剂量或改用其他药物。

② 选择最有效的抗菌药物时必须考虑细菌的敏感性、感染类型。如脑膜炎型要首选磺胺嘧啶钠，再联合使用其他抗菌药物，如青霉素类、头孢霉素等，有条件的要做药敏试验，确定首选药物。

③ 在使用抗菌药物的同时，要配合使用抗炎药物，如地塞米

松等作辅助治疗，效果更佳。地塞米松副作用小，有良好抗炎、抗过敏、抗休克、抗毒素、促进症状缓解及降温作用，临床上用于各种急性严重细菌性感染，以及由猪链球菌引起的脑膜炎等。

④ 体温超过 41.5℃ 以上，酌情使用安乃近、复方氨基比林等解热药，安乃近小猪按 10 毫克/千克体重。

（2）常用注射药物的治疗方案

① 败血症型

a. 早期可用大剂量青霉素类抗生素类，因大多数分离菌株对青霉素敏感。如青霉素 5 万～8 万单位/千克体重，每天 2～3 次，连用 3～5 天；或氨苄西林 10～15 毫克/千克体重，2 次/天，连用 3～5 天；或阿莫西林 15～20 毫克/千克体重，每天 2 次，连用 3～5 天。如果再联合应用庆大霉素 4～5 毫克/千克体重，2 次/天，或丁胺卡那霉素（阿米卡星）10 毫克/千克体重，2 次/天，效果更佳。注意，不能用庆大霉素等稀释青霉素类，要分别肌注。

b. 头孢噻呋钠 5～10 毫克/千克体重，1 次/天，连用 3～5 天；或速解灵（盐酸头孢噻呋注射液）1～2 毫升/20 千克体重，1 次/天，连用 3～5 天；或硫酸头孢喹肟注射液 5～10 毫克/千克体重，1 次/天，重症 2 次/天，连用 3～5 天。

c. 氟苯尼考注射液 20～40 毫克/千克体重，1～2 次/天，连用 3～5 天。注意：如按厂家使用说明书 48 小时一次，连用 2 次，效果不佳。

d. 环丙沙星、恩诺沙星、马波沙星、达氟沙星、培氟沙星任选一种，2.5 毫克/千克体重，2 次/天；沙拉沙星、二氟沙星、左旋氧氟沙星任选一种，5 毫克/千克体重，2 次/天，连用 3～5 天。

在酌情选用上述抗菌药物的同时，一定要配合使用消炎药地塞米松，5 毫克/20 千克体重，1 次/天，用 3 天后，逐渐减量，不要骤停。

② 脑膜炎型　选用磺胺嘧啶钠或复方磺胺间甲氧嘧啶或复方新诺明等磺胺类药，利用它们能通过血脑屏障的特点，达到杀菌的目的，同时配合使用青霉素类和地塞米松。注意：磺胺类药和青霉素类不能混合注射。

③ 关节炎型　同败血症型。

④ 淋巴结脓肿型　早期使用抗生素，形成脓肿后，要及早手术切开排脓。

（3）注意事项　据报道，猪链球菌对四环素、林可霉素、卡那霉素、链霉素均有耐药性。

8. 防制

（1）加强饲养管理和生物安全　要加强兽医卫生，对圈舍、场地要保持清洁卫生，要严格消毒，可用双链季铵盐、安灭杀、氯制剂、碘制剂等带猪消毒。环境消毒可选用3％火碱。要创造良好的饲养条件，包括灭蝇和鼠，减少密度，防止外伤，一旦发生，要及时按照外伤处理原则进行处理。断脐、打耳号、阉割、注射时要用兽用5％碘酊（不能用人用2％碘酊）消毒，切断其传播途径。

（2）减少环境应激因素　参考本节流行病学特点中的（6）。

（3）预防接种　可选用上海海利生物药品公司"链球净"——猪链球菌灭活疫苗（二联六价，内含马链球菌兽疫亚种和猪2型链球菌），仔猪21～28日龄首免，20～30天后二免，每次2毫升；母猪在产前45天前首免，产前30天二免，每次3毫升。或广东永顺生物药厂的2型链球菌灭活苗。

（4）策略式使用抗菌药物　从断奶至断奶后6周的时间段内，确定暴发时间，在此之前2～3天通过饲料或饮水进行预防性用药，可在每吨饲料中添加70％阿莫西林300克，或在每升饮水中添加200毫克，连用7～10天。在有蓝耳病等病毒病的猪场，更应做好链球菌的防控。同时要妥善处理脓汁，防止污染环境，扩大传播。

第五节　猪传染性胸膜肺炎

猪传染性胸膜肺炎（PCP）是由猪胸膜肺炎放线杆菌（APP）引起的一种高度接触传染性、致死性呼吸道传染病。临诊上以发生急性败血症、发热、咳嗽、高度呼吸困难，剖检病变以双侧性胸膜肺炎和出血性、坏死性肺炎为特征。是国际公认的危害规模化猪场的重要传染病、多发病。

1. 病原

病原为胸膜肺炎放线杆菌，是革兰阴性、有荚膜的多形球杆菌，目前鉴定的有 15 种血清型，主要是 1、2、3 和 7 型，各血清型之间很少有交叉免疫保护作用。已知的毒力因子有外毒素（有四种，其中三种具有溶血和/或细胞毒性）、荚膜多糖、脂多糖、转铁结合蛋白和脲酶等，其中外毒素是最主要毒力因子。这些毒素能杀灭宿主肺内的巨噬细胞和损害红细胞，是引起感染肺严重病损的主要原因。急性和亚急性病变产生的全身症状类似于人的败血病。

2. 流行特点

和猪肺炎支原体一样，APP 通常与其他病原体一起引起猪呼吸道病综合征（PRDC），但 APP 也可是 PRDC 的原发性病原体，并且其发病率也和猪气喘病一样，随饲养密度和其他环境应激因素的增加而增高。

（1）病猪和病愈带菌猪是主要传染源　APP 是一种呼吸道寄生菌，4 周龄便可定居在扁桃体上并黏附到肺泡上皮，并且有高的宿主特异性。病猪的肺炎病灶或败血症中的血液、鼻液中有大量本菌存在，故存活猪可以变成带菌猪，并在肺、扁桃体及鼻腔中继续带菌，病猪和带菌猪是主要传染源。

（2）2～3 月龄生长猪最易感　各种日龄的猪都可感染，但多发在 2～3 月龄的生长猪。

（3）本病的感染途径是呼吸道　主要传播途径是通过污秽空气、猪与猪之间的接触或通过咳嗽、喷嚏喷出的污染排泄物或人员传播。猪群的转群或混养可增加本病发病的危险。

（4）初次发病猪群的发病率和病死率较高　经过一段时间，逐渐趋向缓和，发病率和病死率显著降低，但隔一段时间后又可能暴发流行。这是因为急性感染侥幸存活猪或隐性感染猪将成为带菌者，是再次暴发和流行的潜在传染源。

（5）急性期本病的死亡率很高　主要与毒力及环境因素有关，其致病率和死亡率也与其他疾病，如伪狂犬病及蓝耳病等的存在有关。慢性感染生长缓慢，饲料报酬降低，延长出栏时间。

（6）本病的发生受外界因素影响很大　饲养环境突变、密度过大、恶劣的气候条件、气温骤变、通风不良、氨气过浓、闷热潮湿、卫生条件差、饲养管理不善、长途转运等，均会加速本病的传播，尤其在应激因素存在条件下，同一猪群可同时感染几种血清型。

（7）患呼吸系统疾病时容易发生继发感染或混合感染　当前临床上有70%的病例经常与蓝耳病、猪伪狂犬病、2型圆环病毒、副猪嗜血杆菌、肺炎支原体、多杀性巴氏杆菌、支气管败血波氏杆菌、链球菌等病原混合感染，加深胸膜肺炎的发展，使发病率和死亡率明显升高，造成巨大损失。

（8）一般无明显的季节性　但晚秋冬春寒冷季节及恶劣气候条件下更易多发。

（9）本病是猪的一种重要呼吸道疾病　近几年，猪呼吸系统传染病成为养猪业的头号杀手，本病在一些集约化的大中型猪场广为流行，危害严重，应严加防范。

3. 主要临床症状

胸膜肺炎发病突然，病程短，发病率和死亡率都很高。潜伏期长短不一，一般为1～7天，在实验感染中，临床症状发生在感染后4～12小时。本病具有肺炎和胸膜肺炎的典型症状，临床症状与年龄、免疫状况、环境应激因素等及病原菌感染的数量多少、毒力强弱等不同而存在差异，一般可分为最急性、急性、亚急性或慢性三种。

（1）最急性　感染开始时，一个或几个断奶猪群中1头或几头突然发病，并可在无临床症状情况下突然死亡。随后疫病在敏感猪中传播很快，体温高达41.5℃，精神委顿，不愿活动，厌食或废食，并出现短期腹泻或呕吐。早期病猪躺卧时无明显的呼吸症状，只是心跳加快，后期则出现心衰和循环障碍，鼻、眼、耳及后躯皮肤发绀，晚期出现严重呼吸困难，呼吸时表现特别费力，有时张嘴呼吸，继而体温下降，窒息死亡。临死前淡红色泡沫从嘴、鼻孔流出，病猪于出现临床症状后24～36小时内死亡，死亡率高达80%～100%。以后疾病会蔓延至同圈和邻圈的健康猪，发病猪会很多。

（2）急性　在同一猪群或不同猪群内许多猪发病，15%～30%，呈败血症，病猪体温可上升到40.5～41℃，皮肤发红、倦怠、不愿站立、厌食、不爱饮水，咳嗽、呼吸急促、呼吸高度困难，有时张口呼吸，极度痛苦，常呈犬坐姿势。由于心衰血流不畅而致耳鼻、四肢末端发绀，有时口流泡沫，有时鼻腔流血。上述症状在发病初的24小时内表现明显。整个病情稍缓，不间断出现胸膜肺炎症状的病猪，通常于发病后2～4天内死亡。若病初症状较为缓和者，能耐过4～5天以上，症状逐渐消退，常可康复，或转为亚急性或慢性，但病程延续较长。不同猪的病程长短不一，取决于外界因素的影响、菌株的毒力、肺部损害程度及治疗情况，因此，在同一猪群内可能出现各种程度的病猪。

（3）亚急性或慢性　多在急性期后出现，常由急性转来，或低剂量感染病菌则可呈现亚临床症状。病猪体温不升高或略有升高（39.5～40℃），食欲不振，有不同程度的自发性或间歇性咳嗽，呈现一定程度的异常呼吸，若环境良好，无其他并发症，经过数日至1周则可耐过，但生长缓慢，饲料利用率下降，成为危险的带菌者。在慢性感染群中，常有很多亚临床症状的隐性感染猪，当受到其他病原微生物侵害或有应激条件出现时，容易发生继发感染或混合感染而发展为急性病例，临床症状明显加剧。

上述三种分型不是绝对的，不要截然分开。猪群急性暴发本病时，发病率可达50%，以后有较多的猪会咳嗽，而突然死亡的发生较少。猪在休息时，可见腹式呼吸，疾病持续时间较长。耐过的病猪可表现精神沉郁，生长缓慢，直到上市年龄但体重仍然很轻。本病在临床上常与猪支原体肺炎（猪气喘病）混淆，易造成误诊。另外，慢性期的猪群症状表现不明显，也可能被其他呼吸道感染（如支原体、细菌、病毒）所掩盖。疾病暴发初期，母猪常发生流产或胎儿感染。个别猪可发生关节炎、心内膜炎及中耳炎，不同部位出现囊肿，如果囊肿压迫腰椎神经可致后躯瘫痪。

4. 主要病理变化

剖检病变主要见于胸腔，具有不同程度的纤维素性出血性、坏死性肺炎和胸膜炎的典型病理变化。肺炎多是双侧性的，并多在肺的心叶、尖叶和膈叶出现病灶，与正常组织界限分明，膈叶上的肺炎区常常是局部的，色深、肿胀、质坚、易碎，肺与胸膜粘连或在肺表面和心包有纤维素样物覆盖。在急性死亡病例，气管、支气管充满泡沫状、淡红色、血性黏液及黏膜渗出物，在最急性型的后期，肺炎病灶变暗、变硬，但无纤维素性胸膜炎出现。由于纤维素性胸膜炎发生于发病至少 24 小时后，因此，急性期死亡的猪可见明显的病变，并在喉头充满血性液体。随着病程的发展，纤维素性胸膜炎蔓延至整个肺脏，使肺和胸膜或同时与纵隔粘连，以致尸检时难以将肺脏与胸膜分离。原先暗红色或发黑的会变得又亮又硬。随着病程的延长，病灶会逐渐变小，最后变成慢性期的结节状（大多数结节发生于膈叶），它们可被结缔组织包裹而形成硬壳并与纤维素性胸膜炎部位粘连。多数情况下，肺部病灶会逐渐溶解，仅剩下与纤维素性胸膜炎粘连的部位。也有时可见心外膜与心包膜粘连，心包膜与肺粘连，心肌表面呈绒毛状。

5. 诊断

依据流行病学特点、临床症状和尸检时带有胸膜炎的肺部病变特征如在坏死灶周围出现渗出性肺炎，慢性感染者可发现在其胸膜及心包有硬的、界限分明的囊肿，则可建立初步诊断。确诊则须通过实验室。

鉴别诊断：急性病例，要与猪瘟、猪丹毒、猪肺疫及链球菌病相区别；慢性病例应与猪气喘病、副猪嗜血杆菌病相区别。

传染性胸膜肺炎与猪肺疫的症状和肺部病变相似，也能产生类似胸膜炎的病变，较难区别。但急性猪肺疫常见咽喉部肿胀，皮肤皮下组织、浆膜以及淋巴结有出血点，肺部感染病变多在前下部；而胸膜肺炎的病变往往局限于肺和胸腔，肺部感染部位多在后上部且有局限性的纤维素性胸膜炎。与猪气喘病症状有些相似，但气喘病的体温不高，病程长，一般表现为咳嗽与气喘，不引起死亡，肺部病变对称，呈胰样或肉样病灶，病灶周围无结缔组织包囊。副猪嗜血杆菌病的发病有多系统性，呈多发性浆膜炎（心包、胸腔和腹腔都有纤维素样物）、多发性关节炎、脑膜炎等，以保育猪尤为多发。伪狂犬病及蓝耳病的诊断要结合猪群的发病流行特点及血清学、病原学的检测。

6. 治疗

此病发病迅速，首次治疗必须用注射剂，治疗成功与否主要依靠早期确诊及快速而有效的治疗，以抗菌消炎、解除呼吸困难为原则，治疗过程中要采用病因治疗与对症治疗相结合的综合治疗，标本兼治，中西医结合并重视联合用药，同时要防止出现耐药性。在患病早期，当猪已不能采食和饮水时，及时用大剂量抗菌药物肌注，能限制病变的程度，有效减少死亡率，但要保持足够的剂量和疗程，用药前要做药敏试验。应按药物动力学特征，按时按量进行重复注射，以保证抗生素在血液中达到有效浓度。由于本病肺部损伤严重，不是短时间可以修复的，因此一个疗程需5～7天，疗程太短易复发，剂量太小效果不好。临床治愈后，要坚持用药1～2天，避免反复。若延误治疗，由于肺部受到严重损伤，或转为慢性，则疗效不佳。由于本病常常还与其他细菌或病毒混合感染，因此建议采用广谱抗生素或者合用数种抗生素。在发生病猪突然死亡并有鼻出血时，要立即注射高效抗生素对整个猪群进行治疗。然后要在饲料中加入高剂量的药物添加剂给猪饲喂10～14天。也可采用"脉冲式"用药，即间歇性地在短时间内应用高剂量药物，用药5～7天，停药3～5天，再用药。无论是持续用药或脉冲式间歇用药，均不宜使用时间过长。对未发病猪群在饲料或饮水中添加给药，先用治疗剂量给药数天后，改用预防量给药数周可控制本病发作。

（1）推荐注射用药方案　应选择对革兰阴性菌敏感的药物。首选药物是头孢噻呋（或头孢噻肟）和氟苯尼考。强力霉素、庆大霉素配合阿莫西林、恩诺沙星、磺胺六甲氧、泰妙菌素、阿奇霉素等可酌情选用。

①头孢噻肟钠，60毫克/千克体重，2次/天，连用3～5天。或头孢噻呋注射液（速解灵）或头孢噻呋钠，5毫克/千克体重，1次/天，连用3～5天。

②氟苯尼考注射液，20～30毫克/千克体重，每天1～2次，连用3～5天。

③复方盐酸多西环素（强力霉素）注射液，2.5毫克/千克体重，1次/天，连用3～5天。

④复方庆大霉素注射液（加有抗菌增效剂TMP），4毫克/千克体重，2次/天，连用3～5天；同时配合阿莫西林，15毫克/千克体重，2次/天，连用3～5天。但不能用庆大霉素稀释阿莫西林，否则庆大霉素将减效。阿莫西林·克拉维酸亦可。

⑤2.5%恩诺沙星注射液，0.2毫克/千克体重，2次/天，连

用3～5天。其他氟喹诺酮类，如环丙沙星、氧氟沙星等亦可选用。

⑥ 替米考星注射液，肌注，一次量，10毫克/千克体重，1次/天，连用3～5天。严禁超量使用，否则引起中毒死亡。

（2）注意事项　据报道，本病对氨苄西林、链霉素、四环素已产生较强耐药性。在选用上述抗菌药物"治本"的同时，可配合使用地塞米松。地塞米松是控制严重肺炎的有效药物，按0.1毫克/千克体重，急重病例可适当加量，最大量0.2毫克/千克体重，2次/天。以每支1毫升（含5毫克）的地塞米松为例，50千克的猪可用2支，30千克的猪每次可用1支，其他依体重大小酌情增减。注意不可突然停药，用2～4天后逐渐减量，第5～7天停药。在使用地塞米松时，必须同时配合抗菌药物。如果体温达到40.5℃以上时，可酌情选用解热药"治标"。30%安乃近可按0.2毫克/千克体重；10%复方氨基比林或安痛定，10千克体重可注2毫升；或复方柴胡注射液。为提高机体免疫力和抗病毒能力，可肌注复方黄芪多糖注射液，每10千克体重2～3毫升，1次/天，连用3～5天；或鱼腥草注射液。选用止咳药，如金蛤蟆咳喘针，0.2毫克/千克体重，1次/天，连用2～3天；或冰蟾熊胆注射液、咳嗽1号、强力喘康。平喘药如氨茶碱、麻黄素，或酌情选用板蓝根、双黄连等中药制剂。强心可用安钠咖、樟脑磺酸钠。增强免疫力可选用免疫球蛋白（排疫肽，第一天肌注2毫升，第2、3次肌注1毫升，1次/天，连用3天）、猪转移因子等。

（3）饮水和饲料添加药物是治疗本病的良好手段　饮水治疗只适用于尚能饮水的病猪，而药物投喂只有在所有的猪采食和饮水正常的情况下才能奏效。对于发病初期，患病猪群还有较好的食欲和饮水情况下，或对未病猪群使用混饲给药，每吨饲料添加药物如下。

① 氟苯尼考100克（效价），连续使用7天，然后将剂量减半，再继续使用2周。

② 头孢噻呋25～50克（效价），连续使用5天，然后将剂量减半，再继续使用2周。

③ 阿莫西林200～300克（效价），连续使用7天，然后将剂量减半，再继续使用2周。

④ 强力霉素 300 克（效价），连用 2 周。

⑤ 替米考星 150～200 克（效价），连用 2 周。

⑥ 其他如爱乐新、泰乐菌素、泰乐菌素＋金霉素、泰妙菌素、利高霉素等也可用。混饲最好与抗菌增效剂 TMP 合用（5∶1），以增强疗效。

对于因发病而不能采食，但饮水较好的病猪可采用混饮，方式如下。

① 每 100 升饮水中添加强力霉素 15 克，连续混饮 5 天，同时添加可溶性多维添加剂。

② 每 100 升饮水中添加阿莫西林（效价）15 克，连续混饮 5 天。

③ 每 100 升饮水中添加替米考星（效价）20 克，连续混饮 7 天。

7. 综合防制措施

本病很难根除，要做好控制和消除感染，采取畜牧学与兽医学相结合的防制方法加以控制。

（1）坚持预防为主、养重于防、防重于治、防治结合的原则　做好猪伪狂犬病、猪瘟、传染性胸膜肺炎、气喘病、蓝耳病、副猪嗜血杆菌病等有关疫病的免疫接种，搞好综合防制。

（2）加强生物安全　本病病原菌对许多常用消毒剂均敏感，要定期消毒，搞好消毒灭菌工作，减少环境中病原菌的数量和减少传染性微生物从母猪传播到仔猪。

（3）改善和加强饲养管理　避免拥挤、减少密度、改善通风、做好保温防暑、限制舍温变化过大等应激诱因，能减少急性病例的发生。

（4）坚持全进全出、提早断奶、隔离饲养、隔离治疗　抗生素的治疗尽管能在临床上取得一定成功，但不可能在猪群中消灭感染。慢性感染者或携带者的鼻腔中都存在对其他猪造成感染的病原，应尽量淘汰那些久治不愈的失去经济价值的重病猪，杜绝恶性循环。

（5）掌握好控制蓝耳病四条黄金原则　蓝耳病能够加重本病及支原体感染（气喘病）、巴氏杆菌感染（猪肺疫）、副猪嗜血杆菌感染和链球菌感染等其他呼吸道疾病的严重程度和提高其发病率，并且能发展为呼吸道病综合征（PRDC）。但在猪群中根除蓝耳病是不太可能的，必须对该病的复杂性和潜在的危害有充分的清醒的认识，不能掉以轻心。要具备与蓝耳病"长期共存"、"与蓝共舞"的心理准备。要掌握控制"蓝耳病"的四条黄金原则：①限制猪之间的接触；②"应激"是杀手，应尽量减少；③好的卫生条件；④良好的营养。

第六节　猪传染性萎缩性鼻炎

猪传染性萎缩性鼻炎（AR）是由产毒素多杀性巴氏杆菌（PM，主要为 D 型）和支气管败血波氏杆菌（BB）Ⅰ相菌引起的一种慢性呼吸道传染病。其特征为鼻炎，颜面部变形，鼻甲骨尤其是鼻甲骨下卷曲发生萎缩和生长迟缓。临诊症状表现为打喷嚏、流鼻血、颜面变形、鼻部歪斜和生长停滞。常发生于 2～5 月龄的猪，呈散发性发生。

1. 病原学

产毒素多杀性巴氏杆菌和支气管败血波氏杆菌是引起猪传染性萎缩性鼻炎的病原。波氏杆菌为一种细小能动的革兰阴性杆状或球状菌，本菌严格需氧，根据毒力、生产特性和抗原性有 3 个菌相，其中病原性强的菌相是有荚膜的Ⅰ相菌，具有 K 抗原和强坏死毒素（似内毒素）。BB-Ⅰ相菌株单独不能引起猪传染性进行性萎缩性鼻炎（PAR），只能引起非进行性萎缩性鼻炎（NPAR），但 BB 与多杀性巴氏杆菌毒素源菌株荚膜血清型 A 或 D 株联合感染，能引起鼻甲骨严重损害、鼻吻变短和鼻出血，称为进行性萎缩性鼻炎。

用多杀性巴氏杆菌 D 型或 A 型株毒素，单独给健康猪接种，可以发生猪传染性萎缩性鼻炎和严重病变（进行性萎缩性鼻炎，PAR）。多种应激因素、营养、管理和继发的微生物如铜绿假单胞菌、嗜血杆菌及毛滴虫等，可加重病情。

PM 和 BB 的抵抗力不强，一般常用消毒剂均可使其灭活，包括季铵盐化合物、碘制剂、戊二醛等。

2. 流行病学

（1）易感动物　本病在自然条件下只见猪发生，各种年龄的猪都可感染，最常见于 2～5 月龄的猪；在生后几天至数周的仔猪感染时，症状较重，发生鼻炎后多能引起鼻甲骨萎缩；年龄较大的猪感染时，可能不发生或只产生轻微的鼻甲骨萎缩，但一般表现为鼻炎症状，症状消退后可成为带菌猪。便需要说明的一点是，BB 对 3 周龄以上仔猪的感染力明显下降。有研究表明，只有未吃初乳的仔猪才能诱发本病，而正常生产及由母猪喂养的仔猪不发病，这表明初乳可保护仔猪不受 AR 损伤。各种猪群均有本菌的存在，但致病程度各异，包括一定程度的鼻软骨萎缩和鼻中隔扭曲。

（2）传染源及传播途径　病猪和带菌猪是主要传染来源。病菌存在于上呼吸道，通过飞沫传播，经呼吸道感染。本病的发生多数是由有病的母猪或带菌母猪传染给仔猪的。不同栏圈仔猪混群后通过水平传播，扩大到全猪群。

（3）流行特点　本病在猪群中传播较慢，多为散发或地方流行。如果不引进带菌猪，一般不会发生此病。猪圈潮湿、寒冷，猪群拥挤，缺乏运动，饲料单纯及缺乏钙、磷等矿物质，以及缺乏青绿饲料等应激因素，常易诱发本病，并加重病理过程。

3. 致病机理

产毒素多杀性巴氏杆菌和支气管败血波氏杆菌首先定居吸附在猪的鼻黏膜纤毛上皮细胞上，然后在黏膜表面增殖并产生不耐热毒素和皮肤坏死毒素，导致黏膜上皮细胞的炎症、增生和退行性变化，包括纤毛脱落，然后毒素侵入鼻甲骨的骨核部而导致骨质破坏，引起鼻甲骨发育不良、萎缩变形到完全失去鼻甲骨形态。

4. 临床症状

6～8 周龄仔猪感染后出现鼻炎症状，打喷嚏呈连续或断续性发生，呼吸有鼾声。鼻孔流出少量清亮黏性鼻液，有些病猪可因剧烈喷嚏而发生不同程度的血性鼻漏。病猪常因鼻炎刺激黏膜而表现不安，如摇头、拱地、搔抓或摩擦鼻部直至摩擦出血。由于鼻泪管阻塞，泪液增多，在眼内眦下皮肤上形成弯月形的湿润区，被尘土沾污后黏结成黑色痕迹，称为"泪斑"。严重时，因喷嚏用力，鼻黏膜破损而流血，甚至往往喷出单侧性的鼻甲骨碎片。

经 2~4 周后，多数病猪进一步发展，引起鼻甲骨萎缩，鼻腔阻塞，有明显的鼻变形。当鼻腔两侧损伤大致相等时，鼻腔的长度和直径减少，使鼻腔缩小，可见到病猪的鼻缩短，鼻端向上翘起，鼻背皮肤发生皱褶，下颌伸长，上下门齿错开，不能正常吻合。当一侧鼻腔病变较严重时，可造成鼻子歪向一侧，甚至成 45°角歪斜。由于鼻甲骨萎缩，致使额窦不能以正常速度发育，以致两眼之间的宽度变窄，头的外形发生改变。这些都是萎缩性鼻炎的特征性临床症状。病猪体温、精神、食欲及粪便等一般正常，即使出现明显症状时，体温也不一定升高。应该注意的是，该病不限于单纯的鼻病，也常导致整个机体的新陈代谢障碍，生产停滞，有的成为僵猪。如伴发其他呼吸道传染病如支原体、猪繁殖与呼吸障碍综合征或副猪嗜血杆菌病等可加重病情，严重的可导致死亡。

5. 病理变化

将可疑病猪屠宰后，在其头部的上颌骨第一臼齿和犬齿之间用锯锯成横断面，观察鼻甲骨及鼻中隔的形状和变化。正常的鼻甲骨明显地分为上下两个卷曲，占据整个鼻腔的大部分，鼻中隔正直；大多数病例，最常见的是鼻甲骨下卷曲受损，鼻甲骨上下卷曲及鼻中隔失去原有的形状，鼻甲骨萎缩，卷曲变小而钝直，严重时，甚至消失，形成空洞，鼻中隔弯曲。

6. 诊断

根据流行特点（只有猪发生，2~5 周龄猪多发）、症状（频繁打喷嚏、鼻塞、吸气困难、流鼻血、鼻歪斜、眼角内侧有泪斑、生长缓慢等典型症状）和剖检变化（鼻甲骨不同程度萎缩）可以做出确诊。必要时才进行细菌学和血清学检查。

7. 防制

应采取综合防制方法对猪传染性萎缩性鼻炎进行有效控制，如加强管理、改善环境、采取药物治疗及疫苗接种等，没有一种办法适用于所有感染的猪群。一般来说，可以采取以下措施：①靠免疫母猪，饲料中拌药或抗生素治疗来减少主要细菌在仔猪群中的感染和流行（波氏杆菌病和巴氏杆菌病）；②对患有急性鼻炎的猪要进行治疗，以减轻细菌感染和鼻萎缩性变化，并保持猪生长速度及饲料转化率；③改善圈舍的通风条件，加强管理，全面提高猪的生长环境条件。

（1）治疗

① 母猪和仔猪 为了减少母猪的感染及传播，可在母猪产仔前在饲料中添加药物以达到治疗的目的。可用磺胺二甲基嘧啶或强力霉素拌在饲料中。哺乳仔猪在 3～4 周龄注射较大剂量的抗菌剂进行治疗。最有效的有增效磺胺、土霉素、青霉素及链霉素。如果仔猪主要由支气管波氏杆菌感染，则磺胺是首选药物。在 3～4 周龄时，最好每周给 1～2 次长效药物，如果细菌没有产生耐药性，长效药物应对治疗巴氏杆菌病很有效。试验证明，长效土霉素能降低鼻腔感染的患病率和由多杀性巴氏杆菌引起鼻甲骨萎缩程度。也可使用强力霉素。

② 断奶仔猪和育肥猪 若断奶仔猪患病，可通过在日粮中添加药物或饮水中投放抗生素的办法加以治疗。此法也有助于饲料转化和维持生长。

磺胺类药物是第一个成功用于控制本病的药物，到目前，此药仍在单用或与其他抗生素以及磺胺增效剂合用。许多猪支气管败血性波氏杆菌的分离物对四环素敏感，这些药物特别是土霉素的长效制剂，对仔猪注射给药，可用于控制本病。新的氟喹诺酮类药物也对猪支气管败血波氏杆菌有效。大多数的抗菌药物可单用也可联合使用，它们既能有效治疗 PAR 又有助于生长。

③ 个体治疗 肌注，一次量：a. 磺胺类药物配合磺胺增效剂的复方制剂，如复方增效磺胺或复方磺胺嘧啶钠注射液，12.5 毫克/千克体重；b. 长效土霉素注射液，20 毫克/千克体重；c. 青霉素（4 万单位/千克体重）配合卡那霉素（20～30 毫克/千克体重）或氨苄西林（10～20 毫克/千克体重）或阿莫西林（10～20 毫克/千克体重）；d. 氟喹诺酮类注射液，2.5～5 毫克/千克体重；e. 头孢噻呋钠，5～10 毫克/千克体重；f. 仔猪打喷嚏时也可用卡那霉素注射液滴鼻，每天 1 次，每个鼻孔滴 0.5 毫升，连用 2～3 天。

④ 混饲给药 每吨饲料中可添加：a. 泰乐菌素 100 克＋磺胺二甲基嘧啶 100 克；b. 强力霉素 150 克；c. 拜尔"利好"20％复方磺胺间甲氧嘧啶，首次量 2000 克，维持量 1000 克，连用 7 天。

（2）预防 本病的感染途径主要是由哺乳期带菌或患病母猪，

通过呼吸道和飞沫传染给仔猪，使其仔猪受到传染。病仔猪串圈或混群时，又可传染给其他仔猪，传播范围逐渐增大。因此，要想有效控制本病，必须执行一套综合性兽医卫生措施。

① 无本病的健康猪场的防制原则　坚决贯彻自繁自养，加强检疫工作及切实执行兽医卫生措施。必须引进猪时，要到非疫区购买，并在购入后隔离观察 2～3 个月，确认无本病后再合群饲养。

② 淘汰病猪，更新猪群　将有明显临床症状和可疑临床症状的猪全部淘汰育肥，以减少传染机会，及时消灭传播来源。

③ 改善饲养管理　断奶保育猪及肥育猪均应采取全进全出，以防止病原菌侵入；降低饲养密度，防止拥挤；做好清洁卫生工作，保持猪舍清洁；严格执行消毒卫生防疫制度。这些都是防止和减少发病的基本方法，应予以重视。

④ 疫苗免疫

a. 初产母猪在母猪产仔前 2 个月及 1 个月、经产母猪在分娩前 2～4 周接种支气管败血波氏杆菌（Ⅰ相菌）灭活菌苗或支气管败血波氏杆菌及 D 型产毒素多杀性巴氏杆菌灭活二联苗，通过母源抗体保护仔猪出生几周内不受感染。也可以给 1～3 周龄仔猪免疫接种，间隔 1 周进行二免。

b. 母猪分娩前 1 个月用含有波氏杆菌、巴氏杆菌、波氏杆菌类毒素、巴氏杆菌类毒素 4 种抗原成分的萎缩性鼻炎疫苗免疫，仔猪在 4 周龄、6 周龄分别免疫 1 次。

第七节　猪大肠杆菌病

大肠杆菌是猪肠道内正常寄居菌，一般来说，对动物是有利的，但也有一些类型可引起猪只发病，特别是对仔猪，依据日龄的不同，可致仔猪黄痢、仔猪白痢、仔猪水肿病。

1. 病原

大肠杆菌属革兰阴性菌，根据大肠杆菌毒力机制，可将致病性大肠杆菌分为肠毒素性大肠杆菌（ETEC）、水肿病大肠杆菌（EDEC）、黏附和损伤性大肠杆菌（AEEC）。引起仔猪下痢的主要是肠毒素性大肠杆菌。水肿病大肠杆菌主要引起仔猪水肿病。大肠杆菌的致病机理及毒力因子如下。

（1）黏附作用　ETEC能致腹泻，主要是因为致病菌株能产生一种或多种菌毛黏附素，如F_4（K88）、F_5（K99）、F_6（987P）或F_{41}吸附在小肠黏膜上，并产生一种或几种肠毒素。

（2）肠毒素　大肠杆菌黏附在小肠黏膜上产生的肠毒素，可使肠黏膜细胞分泌氯离子，导致小肠中水与电解质的量增加，同时抑制肠绒毛上皮细胞对钠离子的吸收，从而导致水及电解质在肠道内蓄积而引起下痢、脱水、代谢性酸中毒，最终死亡。

（3）水肿素　水肿病大肠杆菌含有水肿素，将提纯的水肿素注射给仔猪，可见眼睑水肿、共济失调等神经症状及血压升高等。血压症状可能是死亡的原因。

（4）内毒素　以水肿病菌株的内毒素注射给猪，可引起内毒素血症，主要表现为血压急剧下降、呕吐、里急后重、血管内凝血和白细胞先减少后增多等现象，最后导致内毒素性休克。

（5）过敏反应　仔猪与大肠杆菌接触时，产生特异性的大肠杆菌抗体，使组织致敏。这时，仔猪再接触大肠杆菌抗原，几分钟后发生呼吸困难、咳嗽、恶心、呕吐、里急后重、脸部水肿等过敏反应症状。

2. 仔猪黄痢

仔猪黄痢又称早发性大肠杆菌病或新生仔猪腹泻，是发生在出生后几小时到1周以内的一种仔猪急性高度致死性传染病，以剧烈腹泻、排出黄色或黄白色水样粪便以及迅速脱水为特征。腹泻程度与大肠杆菌毒力、仔猪日龄和免疫状况有关。严重时临床表现为脱水、代谢性酸中毒及死亡。有些情况下，特别是日龄小的猪常常在没有出现腹泻时就已死亡。

（1）流行病学

① 易感动物　主要感染1周龄以内的仔猪，以1～4日龄最为常见，7日龄以上很少发病，同窝仔猪中96％以上发病，死亡率也很高，不死者需较长时间才能恢复正常。初产母猪所产仔猪比经产母猪所产仔猪更易感。在产仔前未曾接触过致病性大肠杆菌的母猪所产仔猪发病率高、死亡率也高，因其初乳中无特异性抗体。同样，因受伤、体弱、母猪初乳缺乏等种种原因不能获得初乳的仔猪

也易感。若产房中大量仔猪被感染，死亡率在出生头几天会更高，腹泻症状可能非常轻，无脱水表现或腹泻物清亮，呈水样。

② 传染源　主要是带菌母猪，其次是感染过本病的断乳仔猪。

③ 传播途径　主要经消化道传播，只有食入大量大肠杆菌才能产生腹泻。带菌母猪的粪便污染自身皮肤与乳头后，仔猪吮乳或舔舐母猪皮肤时病菌进入肠道引起发病。下痢仔猪由粪便排出大量细菌，污染外界环境，通过水、饲料和用具传染给其他猪只，成为新的传染源。

④ 流行特点　无季节性，但在低温和潮湿的环境下多发，一般在猪场一次流行后，经久不断，只是发病率与死亡率有所下降，一般不会自行消失。

（2）发病机理　肠毒素性大肠杆菌进入乳猪体内后，如果母猪初乳中缺乏对该病原菌的特异性抗体，病原菌即可吸附在仔猪小肠黏膜上皮定殖，产生一种或多种毒素，肠毒素可使肠黏膜上皮细胞分泌大量液体，同时抑制绒毛上皮细胞的吸收作用而引起剧烈腹泻，导致脱水和代谢性酸碱平衡紊乱，最后虚脱死亡。

（3）临床症状　仔猪在出生时体况正常，最早可在出生后 2～3 小时发病，一窝仔猪突然有 1～2 头表现全身衰弱、很快死亡，以后其他仔猪相应发生腹泻，粪便颜色不一，从清亮到白色稍带程度不一的棕色，或是黄色浆状，含有凝乳小片。捕捉仔猪时，在挣扎和鸣叫中常由肛门冒出稀粪，粪便也可能仅从肛门滴落到会阴部，须仔细检查会阴部才可见到。在较严重流行时，少量病猪可能呕吐，由于体液流进肠管可迅速消瘦，体重下降 30%～40%，并伴发脱水症状，腹肌松弛、无力，精神沉郁、迟钝，眼睛无光，皮肤蓝灰色、干燥无光泽。若为慢性或不很严重，猪的肛门和会阴部可能由于与碱性粪便接触而发炎，脱水不严重的病猪可能还饮水，治疗及时可以恢复。

（4）病理变化　很少有特异病变，大体病变包括死亡仔猪脱水干瘦、皮肤皱缩、肛门裂开且周围粘有黄色粪便。显著的变化是胃肠道黏膜上皮的变性和坏死。胃膨胀，胃内充满酸臭的凝乳块，胃底部黏膜潮红，部分病例有出血斑块，表面有多量黏液覆盖。小肠尤其是十二指肠扩张，肠壁变薄，充血水肿，肠腔内充满腥臭的黄色、黄白色稀薄内容物，有时混有血液、凝乳块和气泡，其他肠段也出现气体，黏膜上皮脱落，绒毛袒露，肠系膜淋巴结肿大、充血，切面多汁。在并发休克的 ETEC 感染时，其特征性病变是小肠壁和胃壁显著充血及血性肠内容物。

（5）诊断　根据特征性病理变化和 5 日龄以内的初生仔猪大批发病、拉黄色稀粪，可以初步确诊。如从病死猪肠道内和粪便中分离出致病性大肠杆菌，具有黏着素 K 抗原和能产生肠毒素，则可确诊。注意与传染性胃肠炎、轮状病毒病、仔猪红痢或球虫病等区别。

（6）综合防治

① 加强饲养管理　注意清洁卫生，及时清粪，保持干燥，定期消毒，接产时用 0.1％高锰酸钾擦拭乳头和乳房，并挤掉乳头中的少量乳汁，使仔猪尽早吃上初乳。

② 疫苗预防　选用大肠杆菌 K88 K99 987PF41 四价苗，初产母猪产前 4 周、2 周各接种一次，经产母猪于产前 2 周接种一次。或选用仔猪腹泻基因工程 K88、K99 双价灭活菌苗，于母猪产前 21 天接种一次，要用专用稀释液。

③ 微生态制剂疗法　最常用的是乳酸杆菌和双歧杆菌制剂，如调痢生（8501）、促菌生等，仔猪在吃奶前喂服，有益菌迅速在肠道内定殖，消耗氧气，促进厌氧菌增殖，有利于肠道正常菌群的建立与恢复，有效防治腹泻，但不能与抗生素同时使用。

④ 药物治疗　丁胺卡那霉素、头孢噻呋、恩诺沙星、吡哌酸、庆大霉素、新霉素、增效磺胺甲基异噁唑、安普霉素、痢菌净等均为敏感药物。但是，由于长期使用上述药物，大肠杆菌对其普遍产生较强的耐药性，有些菌株同时耐受多种药物。因此，为了提高药物治疗效果，应每隔一段时间（一年或半年）进行一次大肠杆菌药敏试验，掌握细菌药敏状态的变化，减少用药的盲目性。治疗时尽量联合用药，或 2~3 个月轮换用药，既可提高疗效，又能减少耐药菌株的产生。

⑤ 补液　可灌服"口服补液盐（ORS）"或腹腔注射 5％葡萄糖生理盐水。防脱水的好办法是采用世界卫生组织在人医推广的口服补液盐，给仔猪口服补液，可有效地预防和治疗腹泻脱水，显著

减少仔猪死亡。ORS 配方：氯化钠（食盐）3.5 克，碳酸氢钠（小苏打）2.5 克（新配方改用枸橼酸钠 2.9 克），氯化钾 1.5 克，口服葡萄糖 20 克，加水至 1000 毫升。用法与用量：严重脱水时，补液总剂量按每千克体重 40～50 毫升，在 4～8 小时内自由饮水，或分 3～4 次灌服。使用口服补液盐时，要注意以下几点：一是必须严格按照配方配制，加水量不能多也不能少，否则渗透压改变，达不到补液的目的；二是补液总剂量不能超标，自由饮水不是无限制地随意喝，否则会造成食盐中毒。如果自己不能按配方配制口服补液盐，而是到兽医站买有批准文号的商品口服补液盐，大包里面有一小包，可大包小包混合均匀，每称取 27.5 克加水 1000 毫升，称量要绝对准确。

3. 仔猪白痢

仔猪白痢又称迟发性大肠杆菌病，是 10～30 日龄仔猪多发的一种急性传染病，以排出腥臭的灰白色稀粪为特征，发病率高，但死亡率低，对猪的生长发育影响很大。

（1）流行病学　仔猪 10～30 日龄内发病，20 日龄左右最多，也较严重。发病率多则十之八九，少则十之三四，此愈彼发，采取一般的防制措施不易扑灭。发生本病与应激因素有关，如气候突变、严冬寒冷、阴雨潮湿、冷热不定、饲料品质不良或配合不当或突然改变、母猪奶少且营养稀薄、圈舍不洁等。

（2）发病机理　一方面有肠毒素所致分泌性腹泻，另一方面还有因炎症促进液体从肠壁向肠腔渗出，以及肠道蠕动增加导致肠内容物通过肠道加快。在这些条件下，食糜中的大量脂肪向后推移，与大肠内的碱性阳离子（钙离子、镁离子、钠离子、钾离子）结合，成为灰白色的脂肪酸皂化物而使粪便成为灰白色，因此在临床上表现为白痢。

（3）临床症状　与仔猪黄痢（初生仔猪腹泻）症状相似，但多趋于缓和，仔猪突然腹泻，哺乳仔猪粪便颜色呈灰白色，刚断奶仔猪粪便颜色呈褐色。体温与食欲无明显改变。病猪逐渐消瘦、脱水、皮肤苍白、发育迟缓、拱背、行动缓慢、皮毛粗糙无光、不洁、肛门及尾根部粘着灰白带腥臭的粪便。病程 3～7 天，多数能自行康复，但生长发育受阻。

（4）病理变化　主要病变位于胃与小肠部分，胃内有少量凝乳块，黏膜充血、出血、水肿性肿胀，肠壁菲薄，灰白色半透明，肠黏膜易剥脱，肠内有大量气体与少量灰白或黄白色腥臭粪便。

（5）诊断　根据临床症状，一般即可做出诊断，再加上血清学检查，即可确诊。

（6）防治　与仔猪黄痢相似，治疗的同时可以用收敛剂，抗生素可交巢穴（又称后海穴）注射。

4. 仔猪水肿病

仔猪水肿病是由水肿病大肠杆菌的毒素引起断奶前后仔猪多发的一种急性肠毒血症。常突然发病，眼睑水肿、叫声嘶哑、共济失调、惊厥和麻痹，剖检胃壁和肠系膜水肿，本病发病率不高，但致死率很高（90%以上）。

（1）流行病学

① 传染源　为带菌母猪和感染仔猪。

② 易感动物　断奶不久的仔猪，其他年龄的猪只（小至数日龄，大至3～5月龄）也偶有发生，体格健壮、生长快的仔猪最为常见。发生过仔猪黄痢的猪，一般不发生本病。

③ 传播途径　病猪由粪便排出病菌，污染环境、饮水和饲料，通过消化道感染健康仔猪。

④ 流行特点　地方性流行，只限于个别猪场，不广泛传播，春秋季多发。猪群发病率10%～30%，死亡率极高。

⑤ 诱因　断奶、分群、运输、免疫注射、驱虫、环境及饲料与饲养条件改变、气候突变等各种应激因素，硒与维生素E缺乏以及集约化饲养免疫亚健康状态和其他感染因素的存在。

（2）发病机理　目前研究认为，至少有志贺样毒素、F107菌毛抗原和宿主受体基因型等因素与水肿病的发生紧密相关。

（3）临床症状　突然发病，精神沉郁，食欲降低或口流白沫，体温无明显变化，心跳急速，呼吸快而浅，后变得慢而深，常便秘，但发病前一两天常有轻度腹泻。病猪静卧一隅，肌肉震颤，不时抽搐，四肢划动做游泳状，触动时表现敏感，发出呻吟声或做嘶哑的鸣叫。站立时背部拱起，发抖，前肢如发生麻痹，则站立不稳，至后躯麻痹，则不能站立。行走时四肢无力，共济失调，步态摇摆不稳，盲目前进或做圆圈运动。本病特殊的水肿变化：常见于脸部、眼睑、结膜、齿龈，有的波及颈部与腹部的皮下，也有个别病例无水肿变化。病程：长的7天以上，短的几小时内即可死亡。

（4）病理变化　主要是水肿，胃壁、结肠系膜、眼睑和面部以及颌下淋巴结肿胀，切面多汁，有时出血，有时胃黏膜厚与肌层分离，水肿层有时可达2～3厘米厚，结肠的肠系膜呈现透明胶冻样水肿。

（5）诊断　根据发病猪的日龄、特征性临床症状及病理变化，一般即可做出诊断。确诊应从肠内容物分离出大肠杆菌，鉴定其血清型。同时，临床上应与贫血性水肿、缺硒性水肿鉴别，二者无明显神经症状，注射抗贫血药或硒制剂，很快收效。

（6）防治

① 加强饲养管理。保持猪舍清洁舒适，仔猪适当运动，不要突然改变饲料与饲养方法，防止饲料单一，应增加一些含维生素丰富的饲料，并补饲亚硒酸钠-维生素E粉。

② 在饲料中添加适当的抗菌药物，如土霉素、新霉素等，有一定预防作用。

③ 本病无特效的药物治疗方法，报刊介绍的治疗方法不少，但疗效都不确实。一般可使用一些敏感的抗菌药物治疗或用葡萄糖、氯化钙、甘露醇等静脉注射，亚硒酸钠-维生素E肌注，安钠咖皮下注射，利尿素口服等对症治疗，对较慢性病例有一定疗效。

5. 利用血清预防猪大肠杆菌病

利用抗血清防治大肠杆菌腹泻由来已久，是防治本病最有效的方法。老母猪血清或用大肠杆菌全菌免疫制备的血清含有针对各种菌体成分的抗体，可与黏附抗原结合，防止大肠杆菌黏附至肠黏膜上大量增殖，也可中和肠毒素和细菌裂解后释放的内毒素，终止其致病作用。血清作为异体蛋白质，还可非特异性地提高机体的抵抗力，在发病初期通常一次注射5～10毫升就能使仔猪在4天内康复。

抗血清的来源很广，各个猪场可用淘汰的老母猪制备。用本场常见血清型的大肠杆菌制成灭活菌苗后，每隔1～2周给母猪肌内注射一次，用量逐渐加大。最后一次免疫10天后无菌采血，分离血清，在血清中加入抑菌剂（双抗适量）后置冰箱备用。这种抗血清成本低，效果好，操作也不复杂，可以推广使用。

6. 综合防治

感染肠毒素性大肠杆菌是发生本病的先决条件，但饲养管理和环境因素对本病的发生及严重程度有着重要影响。因此，预防本病还应该从搞好饲养管理、环境卫生着手，尽可能降低环境中的细菌数量（特别是仔猪初生期），使仔猪有充足的营养、舒适的生活环境，尽可能减少应激，使仔猪有较强的抵抗能力。首先分娩栏的设计要合理，最好能随母猪的大小而调节，配合使用漏缝地板并及时清洁，减少母猪粪便的污染强度和范围。其次要保持舍内通风、干燥、温暖。三是给母猪提供营养丰富而易消化的饲料，加强母猪乳房的保健，使母猪有旺盛泌乳能力。四是减少应激，体热散失过多（舍温过低）、室温突然改变、转栏、混群、密度过高等各种应激会诱发本病。

7. 注意事项

① 购买的大肠杆菌疫苗，由于血清型可能与本场菌猪不同，免疫效果欠佳。一是可采用人工感染的方法，即对怀孕母猪在分娩前 2 周，用仔猪黄痢的粪便或死亡小猪的肠内容物拌料喂母猪，进行人工感染，母猪不发病，但能刺激母猪产生抗体，通过初乳保护仔猪。

② 一定要吃好吃足初乳。众所周知，人类胎儿是通过母体胎盘获得免疫球蛋白（一种抗病蛋白）。母体血液循环系统中的抗体能自由穿过胎膜进入胎儿体内，保护出生的胎儿。而猪的胎盘（6 层）是上皮绒毛膜型的，这种胎盘阻止母猪抗体通过胎盘直接传递给胎儿，新生仔猪出生时没有抵抗病原体的免疫力。所有初生仔猪最初的免疫力是出生后从母猪初乳获得的，称为被动免疫。仔猪出生后必须尽快吃到初乳（最迟不得晚于 2 小时），并令其在出生后12 小时内尽可能多地吃到母源抗体含量丰富的初乳，尤其是头 6 小时内更重要，因为此时初乳中不仅母源抗体水平高（免疫球蛋白多，在 4～6 小时后很快下降），而且此时的免疫球蛋白不必经过消化就能完全地被消化道吸收到血液中。仔猪出生后对免疫球蛋白的完全吸收能力仅可持续 12～18 小时，18 小时后，免疫球蛋白必须

分解后才能吸收进血液，所以要尽快吃初乳。饲喂初乳6次可使仔猪获得充分的免疫保护。

③ 收集好初乳。在分娩时和分娩后1小时内，初乳很容易排出。为保护吃不到初乳的仔猪，应在分娩过程中用人用的"吸奶器"立即收集母猪的初乳（每个乳头收集的奶不应超过5毫升），每头母猪可收集到60毫升，足够供3～4头仔猪使用（每千克体重15毫升）。初乳可冷冻保存，需要时取出，在37℃温水（不要热水）中解冻。初生仔猪只要能进食40～60毫升初乳（每小时灌一次，每次灌10～20毫升，连灌3～4次），将能提供足够的免疫球蛋白（如果有条件连灌5～6次更好）。收集初乳的工作目前仍被很多猪场所忽视，不吃初乳的仔猪仅靠吃牛奶是难养活的。

总之，大肠杆菌病的防治是一个复杂的问题，必须综合考虑，多方面去控制（如在应用药物疫苗进行防治的时候，还得考虑营养代谢问题、补铁补硒的应用等）。

第八节　猪增生性肠炎

猪增生性肠炎（PE）也称为回肠炎。是由胞内劳氏菌引起猪小肠和结肠黏膜增生为特征的一种肠道传染病，又称猪增生性肠病（PPE）、猪肠腺瘤病（PIA）、猪增生性出血性肠炎（PHE）等。呈全球性广泛流行，而且20％～40％的猪场有显著的临床症状和亚临床病例。由于感染剂量、动物年龄及体质和继发炎症的变化不同而表现急性和慢性等不同临床症状的综合征及不同形式的增生性肠炎。但在尸体剖体时一般都有相同的病理变化，即小肠和结肠的黏膜增厚。

本病除引起死亡，还会因生长缓慢、猪的出栏时间延长和胴体重下降、饲料转化率降低、繁殖问题等给养猪业造成巨大经济损失。

1. 病原学

猪增生性肠炎的病原是胞内劳氏菌（也称为胞内劳森菌），是一种专性胞内寄生菌。胞内劳氏菌主要寄生在病猪肠上皮细胞的细胞浆内，属于脱硫弧菌属，具有典型的弧菌外形，多为弯曲形、逗点形、S形或直的弧状杆菌，具有波状的3层膜作外壁，无鞭毛和孢子，革兰染色阴性。细菌在培养基培养未获成功，也不适应鸡胚生长，但在鼠、猪和人肠细胞上均能生长，细菌在5～15℃环境中至少能存活2周，细菌培养物对季铵类消毒剂和含碘消毒剂敏感。

2. 流行病学

（1）易感动物　猪为受胞内劳氏菌影响的主要物种。通常最初的慢性回肠炎感染多发生在6～20周龄，急性回肠炎感染则多发生于3～12月龄，一般6周龄以内及1岁以上的猪不易发病。回肠炎的潜伏期为2～3周。胞内劳氏菌引起的回肠炎总是发生于断奶之后。

在猪龄较大时才接触胞内劳氏菌的猪可能会出现更严重的临床症状。12周龄以上的阴性猪口服大量的胞内劳氏菌通常便会发生急性出血性回肠炎。如果年轻猪接触低剂量或中剂量的胞内劳氏菌，即使这些细菌来自急性感染猪排出的粪便，也只会发展成回肠炎的慢性或亚临床形式。与其他通过粪口途径传播的肠道病原相比，胞内劳氏菌的感染剂量很低（只需很少细菌便可使一头猪感染该病），并且适宜条件下该菌可在粪便中长时间存活（一般2周左右）。阴性动物感染剂量增加会导致疾病严重程度的显著变化。

（2）传播途径　粪口传播。易感动物吞食含有携带病原的粪污即可感染。

（3）流行分布状况　对欧洲、亚洲和北美洲许多国家猪场的流行病学调查，结果表明20%～40%的猪场存在严重的回肠炎感染。血清学调查表明多数国家超过90%的猪场存在该病原。受影响猪场一次发病中有5%～7%的生长猪和育肥猪被感染。胞内劳氏菌及其引起的增生性肠炎非常普遍，对世界上不同管理条件（精细或粗放，单点或多点）下的猪都有影响。世界上所有养猪区域都可检测到该病原和疾病。

据报道，勃林格公司于2005年用ELISA进行了一项全国性调查，结果表明：①国内不同区域的规模化猪场普遍存在胞内劳氏菌的感染；②胞内劳氏菌是2～4月龄猪发生腹泻的主要原因；③粪便排菌和回肠组织抗原的PCR检测结果显示这两者间有很高的相关性，提示可通过采集腹泻猪的粪便进行胞内劳氏菌引起回肠炎的早期诊断，以减少进一步的经济损失；④PCR检测结果不仅与腹泻症状呈正相关，而且与血清阳性猪的比例一致；⑤ELISA检测的血清流行病学对比结果提示中国猪场发生胞内劳氏菌感染的时间早，感染猪数目多，这种感染模式会给中国养猪业经济带来比欧洲更大的危害。

3. 致病机理

胞内劳氏菌主要的致病机理是肠腺窝中未成熟上皮细胞受感染和明显增生，并形成一种增生性腺瘤样黏膜。通常没有明显的全身性炎症反应，感染局限于肠道上皮细胞中。

细菌黏附于未成熟肠上皮细胞的顶部并由此侵入细胞，黏附和侵入的过程似乎需要细菌-宿主细胞间的相互作用。肠道感染、病灶增生和排毒大约持续4周，长的可达10周，通常50%的猪有中度腹泻，100%的猪产生增生性肠炎组织学病变。

细胞增生是增生性肠炎的一个重要特征，在慢性的无并发症的感染猪中，体内蛋白质和氨基酸都流失到了肠腔内以及由于肠黏膜缺乏成熟的细胞，使得营养吸收降低，而引起体重下降和饲料转化率降低。

猪增生性出血性肠炎的显著症状就是肠腔严重出血，但也有慢性增生性肠炎病灶。出血的同时常伴随有许多上皮细胞大范围的变性和脱落。

4. 临床症状和病理变化

猪增生性肠炎有两种主要的疾病类型：临床型和亚临床型。临床型又可分为两种病症，一种是急性即增生性出血性肠炎（PHE），另一种是慢性即猪肠腺瘤病（PIA），最为常见。有些猪则发展成为坏死性肠炎（NE），最终导致局部性回肠炎（RI）。

（1）急性回肠炎　常发生于4～12月龄的后备种猪及育成猪。在临床上表现为急性出血性贫血。首次观察到的临床症状是常排出暗红色柏油状粪便，这些粪便通常松散不成形，可能会逐渐变稀。感染猪失血导致贫血而显得非常苍白。有些猪无粪便异常仅表现皮肤苍白即发生死亡。若怀孕母猪被感染后在出现症状的6天内，则会发生流产。

增生性出血性肠炎（PHE）感染回肠远端和结肠近端，表现为肠壁变厚、肿胀，黏膜增厚，浆膜水肿，与严重的慢性回肠炎病例所见的情况非常相似。急性出血性回肠炎不同的就是在回肠和结肠肠腔内有一个或多个大的血凝块，这些血凝块往往和血水、纤维蛋白或食物颗粒混在一起。黏膜除增生性增厚外，没有出血点、溃疡或糜烂。排出正常灰绿色的疏松、稀薄直至水样粪便（出血或黏液粪便不是慢性回肠炎腹泻的特征）。直肠内可能有黑色柏油状粪便，也和血及消化物混在一起，单个出血栓或黏膜溃疡很少见到。

（2）慢性回肠炎　常发生于6～20周龄的断奶仔猪。临床表现为轻度腹泻、增重减缓以及生长猪的体重差异较大。研究表明感染了胞内劳氏菌的猪群中约有10％的猪会持续表现这些临床症状。

慢性回肠炎的病变部位多发生于小肠末端50厘米处以及邻近结肠上1/3处，增生程度有很大差异，但进一步的病变则为肠壁明显变厚，肠腔直径显著增加。感染的肠黏膜形成很深的横向及纵向皱褶而隆起。由于增生导致的黏膜皱褶增厚而将其命名为肠腺瘤病。肠黏膜表面潮湿，但没有黏液。肠黏膜表面上有点状、炎症渗出物和纤维素松散黏附。病变较轻微或病变范围较小时，应仔细检查回肠末端靠近回盲瓣10厘米处，因为此处是最易发生感染的部位。

（3）亚临床回肠炎　多发生于6～20周龄猪，即保育阶段的中期到肥育的晚期。感染亚临床回肠炎的猪群比率高达70％，这些猪只腹泻症状轻微或者没有腹泻，但采食量下降，肥育阶段结束时，可以发现日增重减少，整齐度差，僵猪数量增加。

轻微的病例很难被发觉，在猪群中相对常见。因此猪场必须仔细检查出现贫血和不规则腹泻引起外观消瘦、生长不良的猪和矮小的猪。检查断奶仔猪的平均日增重和饲料转化率的变化。猪肠道有病变但不发生腹泻的原因是实际的损伤可能局限在回肠，引起消化机能下降和生长缓慢，但是病变可能没有扩散到结肠，因此粪便中的水分正常（不表现为腹泻）。亚临床感染猪中有一部分会发展成较严重的慢性病例，长期排菌和慢性病变导致个体明显矮小。

某些发生回肠炎的猪会继发如坏死杆菌、放线菌或类杆菌等的感染从而加剧病情，在慢性增生性病变的基础上发生炎症或坏死性病变。这种病型被称为坏死性增生性肠炎，其表现为体重严重下降并且经常持久性腹泻。剖检时可观察到在原有的回肠炎病变部分上重叠着凝集坏死并有明显的炎性渗出物。渗出物为黄灰色的干酪样团块，紧紧黏附于空肠-回肠黏膜上并且可能随着原发的增厚黏膜延伸。在深层组织检测到增生肠上皮细胞的残留物即可确认回肠炎引起的坏死性肠炎。

一小部分回肠炎感染猪的回肠壁会变得坚实且纤维化，如同胶皮硬管，但这些病例的黏膜多发生萎缩。由于肠壁发生纤维化，这种病型曾被称为局部性回肠炎或"软管肠"，但这种病例临床上相对少见。

5. **诊断**

由于胞内劳氏菌很难人工培养，可通过用免疫化学检测和特异的 DNA 探针法，以及胞内劳氏菌的特异性引物进行 PCR 试验，通过证实粪便中含有胞内劳氏菌才能做出临床确诊。

本病特别容易被误诊为猪痢疾（猪短螺旋体病），并应与仔猪副伤寒等肠道疾病相区别。猪痢疾剖检病变主要限于大肠（结肠、盲肠），肠壁充血、出血及水肿，病猪排出的粪便附有大量的黏液和坏死组织。仔猪副伤寒主要发生于断奶后 1～2 个月的仔猪，急性病例表现为败血症，慢性病例以坏死性肠炎为主，盲肠、结肠甚至回肠后段肠壁增厚，黏膜肿胀，出现堤状溃疡灶并覆盖一层糠麸样坏死伪膜，肝有黄色坏死小点。

6. **治疗**

常用于治疗回肠炎的抗生素有泰妙菌素、泰乐菌素、林可霉素、金霉素、强力霉素等。但治疗时常面临失败的可能，失败的原因可能有：①猪发病期间，采食量下降，因而药物的吸收量不足；②用药途径不合理，急性感染猪不能通过饮水或饲料获得治疗量的药物；③胞内劳氏菌间歇性排菌，故治疗时间难以确定或治疗太晚，在疾病的后期用药效果不理想；④抗生素的耐药性问题；⑤抗生素的有效作用时间有限。为此要根据发病猪的年龄和病的类型采用不同的治疗方法。新引进种猪在混群前，应采用治疗剂量水平的抗菌药物，通过混饲进行口服给药连续治疗 14 天，以防发生临床症状。治疗处方是每吨饲料中添加 80% 泰妙菌素预混剂 120 克、泰乐菌素 100 克（效价）或林可霉素 110 克（效价）。

（1）急性回肠炎　需要采取得力的治疗方法，治疗既包括临床感染的猪，也包括有接触的猪。首选的治疗药物是每吨饲料添加80％泰妙菌素预混剂150克或泰乐菌素100克（效价）或林可霉素110克（效价），可通过预混料口服，连续治疗14天。

对症状明显的病猪可肌内注射如下药物。

① 诺华公司生产的注射用延胡索泰妙菌素（泰妙灵、枝原净），肌内注射，一次量，15毫克/千克体重，每天1次，连用3～5天。注意事项：a. 要现配现用，当天用完；b. 不能与泰乐菌素、氟苯尼考、林可霉素联用，否则由于互相竞争作用部位而导致减效。

② 泰乐菌素注射液或注射用酒石酸泰乐菌素，10毫克/千克体重，每天2次，连用5天。

③ 配合肌内或静脉注射止血敏（酚磺乙胺），一次量，10毫克/千克体重，每天1次，血便好转后停用。

特别提醒注意：乙酰甲喹（痢菌净）只对猪痢疾效果较好，而对急性增生性肠炎无效。

（2）严重的慢性回肠炎　对6～10周龄、临床表现为猪体消瘦、有或无坏死性肠炎的病例，在胞内劳氏菌感染高峰刚到之前就将抗菌药物通过预混料给药，能够取得很好的治疗效果。添加抗菌药物的时间不可太迟或过早。太迟不能减轻临床症状；反之，如果添加时间太早，那么"洁净"的猪群没有机会产生对此病的主动免疫，仍维持其原有的易感状态，从而在以后更容易发生严重急性回肠炎。治疗处方是：每吨饲料添加80％泰妙菌素预混剂150克，或每吨饲料添加美国礼来公司8.8％磷酸盐泰乐菌素预混剂250克，连用14天。

7. 综合防控

猪场必须采取综合性的防治措施，以减轻增生性肠炎造成的损失，包括药物治疗、改善饲养管理以及消毒等。

（1）加强饲养管理，减少猪群转栏和混群的次数，降低饲养密度，加强猪舍的通风，做好冬天保温和夏天防暑工作，保证足够的饮水器和食槽数量，尽量减少各类应激因素。

（2）保持猪群稳定、合理、均衡的营养水平，提高猪体抵抗力。

（3）加强猪舍内外环境的清洁卫生和消毒工作，建议采用全进全出的饲养方式。胞内劳氏菌等病原体存在于猪的粪便中，对复合醛类和卤素类消毒剂非常敏感，建议使用复合醛或双链季铵盐复合碘消毒液，在每批猪出栏后严格冲洗消毒猪舍，空置1周后再转入新的猪群。猪场生产区消毒池以及各栋猪舍门口脚浴盆，都应添加消毒剂。

（4）加强灭鼠、灭蝇、驱虫。健康猪与受胞内劳氏菌污染的粪便接触被传染，因此，必须及时清除猪群粪便，切断传播途径。

第九节 仔猪副伤寒（猪沙门菌病）

仔猪副伤寒主要是由沙门菌属中的猪霍乱沙门菌和鼠伤寒沙门菌引起的仔猪传染病。急性病例为败血症变化，慢性病例为大肠坏死性炎症及肺炎。本病大多发生于幼龄仔猪，成年猪很少见到。

本病在我国各地的猪场都有发生，特别是饲养卫生条件不好的猪场，经常有本病发生，给养猪者造成很大损失。规模化养猪场的养猪环境和饲养条件较好，发生较少。

1. 病原学

沙门菌属是一群形态、生化特性相似的菌属，革兰阴性菌，能运动，不形成芽孢，具周身鞭毛，存在于肠道中。沙门菌在环境中生存能力强，在粪便氧化池存活47天，在潮湿的粪便中可存活至少3个月，在干燥的粪便中可存活6个月以上。此菌很容易被热、阳光灭活，也能被一些常用的酚类、氯类以及碘类消毒剂灭活。

2. 流行病学

（1）易感性 本病主要引起1～2月龄（10～15千克体重）小猪发病，常呈散发，有时呈地方流行，在不良因素作用下，发病猪增多。

（2）传染源及传染途径 病猪及某些健康带菌猪是主要的传染来源。病菌存在于肠道中，通过粪便排泄到外界环境中，污染饲料、饮水、猪圈、食槽及周围环境，通过消化道感染健康猪。其暴发主要通过介质以及饲养人员的传播，从一个猪栏传播到另一个猪栏，甚至到很远的猪栏。所有的猪同时发病时，应考虑其有共同的传染源，即共同的饲料、垫草、水或污染的环境等。某些健康猪肠道、胆囊中存在沙门菌，但不引起发病，当饲养管理不当、密度过大、各种不良应激因素使猪体抵抗力降低时，便可引起内源性感染，通过感染猪体，细菌毒力增强，扩大传染，引起发病。

（3）流行特点　本病一年四季都可发生，但以冬春气候寒冷、多变及阴雨连绵季节发生最多。仔猪饲养管理差，圈舍潮湿、拥挤，饲养单纯、品质差，缺乏维生素及矿物质，骤然变换饲料，气候突变（霜冻、雨、雪等），长途运输等不良应激因素都可诱发本病。仔猪副伤寒也常是某些传染病（如猪瘟等）的继发病或并发病。

3. 致病机理

黏膜坏死、炎症及败血症与腹泻可同时发生，但可能独立出现。沙门菌的致病力与毒力质粒、内毒素以及肠毒素等毒力因素有关。

（1）毒力质粒　可增强细菌对肠黏膜上皮细胞的黏附与侵袭作用，提高细菌的增殖能力。当存在不良因素使猪处于应激状态，以致肠道正常菌群失调时，可促使沙门菌迁居于小肠下端和结肠的绒毛顶端进入上皮细胞或进入黏膜下层和黏膜固有层中继续繁殖，引起微血栓，导致黏膜局部缺血、炎症和内皮细胞坏死，这也可能是对局部产生的内毒素的反应。

（2）内毒素　败血性沙门菌病的全身症状和病变，是因为沙门菌细胞壁中内毒素（脂多糖）也是一种毒力因素，作用于白细胞而引发炎症、高烧、黏膜出血、败血症等，最后因休克死亡。

（3）肠毒素　有助于细菌的侵袭和发生肠炎。

4. 临床症状、病理变化及诊断

猪沙门菌病的临床症状为败血症及小肠结肠炎。急性败血症后存活的猪根据其败血症的部位，可发展为以下临床症状：肺炎、肝炎、小肠结肠炎以及偶见脑膜炎。患小肠结肠炎的猪，后期可发展成慢性消耗性疾病，偶尔地发展为直肠狭窄。

最常用的沙门菌诊断方法是细菌的分离和鉴定，结合相应的病变，可作为诊断的基本依据。血清学诊断应用日益增多，常用的是酶联免疫吸附试验（ELISA）。

（1）败血症性沙门菌病　通常由猪霍乱沙门菌引起的这一型沙门菌病发生于 5 月龄以内断奶仔猪中，但也时常可见于出栏猪群、未断奶仔猪或育肥猪，其症状为败血症或流产。

① 临床症状　病猪食欲丧失、嗜睡，体温升高至 40.5～41.6℃，怕冷、扎堆，可能伴有湿性咳嗽及轻微呼吸困难、黄疸。发病的最初症状可见猪只不爱活动，此时病猪衰弱、弓背弯腰、行走不稳或蜷缩于猪栏的拐角内，甚至死亡。耳部、鼻端、颈部、四肢末端及腹部发绀，出现弥漫性紫红色。一般不见有腹泻发生，直到发病后三四天才出现水样、浅黄色粪便或稀粪。此病暴发时，死亡率很高；发病率不同，但一般在 10% 以下。此病的暴发往往与应激因素有关。每次流行时，猪的病程以及每次发病时间及严重程度是无法预测的，如不进行有效的治疗，病程会变长。疾病传播可通过摄食了污染的粪便和鼻咽分泌物，潜伏期为 2 天至数周。幸存下来的猪可继续带菌，粪便排菌至少达 12 周。

② 大体病变　主要表现为败血症的变化，死猪耳、四肢内侧、尾部和腹部皮肤发绀；胃底黏膜充血；脾肿大并伴有轻微肝肿大；胃、肝及肠系膜淋巴结肿胀，紫红色；肺变硬有弹性、弥漫性充血，常伴有小叶间水肿及出血；黄疸不常出现，一旦出现将非常严重。细微病变是肝上出现粟粒状的白色坏死灶（伤寒结节），这是特征性病变，但不常见。发病几天后仍存活的猪可见浆液性至坏死性小肠结肠炎。如出现淤点性出血，最常见的部位是肾皮质或心外膜。

③ 诊断　败血症性沙门菌病的诊断不能仅仅依靠临床症状，因为这些症状与其他病原引起的猪败血症症状（特别是猪丹毒丝菌、猪链球菌、猪放线杆菌引起的病症），以及由猪瘟和猪胸膜肺炎放线杆菌引起的死亡症状非常相似。肉眼所见的病变，如脾肿大、肝肿大、淋巴结病变、间质性肺炎及局灶性肝坏死等都是败血症性沙门菌病的诊断依据，但这些病变不可能在每个病例中都出现。大多数情况下，确诊需要从感染猪组织中分离出大量的沙门菌。鉴别诊断包括引起特定系统感染的病原，特别是引起败血症、肺炎、肝炎、脑炎和小肠结肠炎的病原。

（2）沙门菌小肠结肠炎　这是沙门菌感染的主要发病类型，多发生于刚断奶到 4 月龄的幼猪，通常由鼠伤寒沙门菌引起，间或也可由猪霍乱沙门菌引发。最主要的症状是下痢，临床症状可是急性的，也可是慢性的。

① 临床症状　开始时的症状为水样黄色腹泻或排出灰黄、黄绿、灰绿或污黑稀粪，初期无血液或黏液。此病可迅速传播，在几天内可使整栏猪感染发病。第一次腹泻持续 3～7 天，但典型的症状是腹泻复发 2～3 次，病情时轻时重，病程长达几周。粪便中可见有散在的少量出血。病猪肛门失禁，行走、吃食或躺卧等随时可出现下痢，尾部及后躯沾污稀粪，个别的病猪出现肺炎症状，咳嗽、呼吸困难。病的后期，病猪极度消瘦、衰弱、行走摇晃，衰竭而死。少数不死亡的慢性病猪，生长发育停滞，成为僵猪。

② 大体病变　死于腹泻的猪，主要病变是局灶性或弥散性坏死小肠炎、结肠炎或盲肠炎。病变可见肿胀的螺旋状结肠、盲肠或回肠的红色粗糙黏膜表面上，黏附有灰黄色的细胞残骸及糠麸样坏死物。结肠和盲肠内容物被少量胆汁所染色，混有黑色或沙子样坚硬物质，也可引起融合性结肠溃疡。还有一个较为特征性的病理变化是：盲肠、结肠黏膜局灶性或弥漫性坏死和溃疡，肠壁增厚，黏膜上覆盖一层灰黄色、黄绿色、灰绿色、黄褐色、暗灰黄色或污黑色麸皮样固膜，有的固膜似瓜子撒在肠黏膜上。肠系膜淋巴结，特别是回盲肠系淋巴结严重肿大、湿润。此外，个别猪表现扁桃体坏死、耳尖坏死、肺炎等。

③ 诊断　对断奶仔猪腹泻的鉴别诊断包括沙门菌病、猪痢疾和猪增生性肠病。其他能引起腹泻的病毒、细菌及寄生虫病还有轮状和冠状病毒性肠炎、断奶后大肠杆菌病、鞭虫病和球虫病。目前沙门菌病常与其他病共发。

根据病猪兴奋、排黏液性血样稀便，可区别典型的急性猪痢疾与猪沙门菌病。猪沙门菌病病猪精神沉郁、排大量黄色稀便。猪增生性肠病为急性肠出血，或急性、慢性腹泻，带有黏膜增生或坏死。剖检时鉴别此三种疾病主要是看其病变分布部位的不同，而不是其特征的不同。沙门菌病病灶常在结肠，偶尔在小肠，可为局部病灶，并总伴有标志性的肠系膜淋巴结肿胀。猪痢疾的病变是弥漫性的浅在病变，仅发生在大肠，淋巴结一般不肿大或轻微肿胀。猪增生性肠病时，回肠病变往往大于结肠病变，坏死膜下的黏膜显著增生。鞭毛虫也可引起弥漫性黏膜出血性结肠炎。

沙门菌在环境中的广泛分布使得此病的诊断无法依赖于病原分离。分离到细菌并具有相应的病变，才能诊断为沙门菌病。回肠和回盲肠淋巴结的混合样本应足以诊断出正在发病的或新近康复的病例，其他组织如扁桃体或盲肠壁也常常可分离出细菌。

5. 治疗

（1）个体治疗　注射抗菌药物，如硫酸阿米卡星、庆大霉素、卡那霉素、氟喹诺酮类药物、复方新诺明、复方磺胺嘧啶钠注射液等。对病重猪可注射地塞米松，以降低内毒素的作用；也可灌服氟哌酸。

（2）群体混饲给药　可在饲料中添加新霉素、安普霉素或含有TMP的磺胺甲基异噁唑或磺胺嘧啶。

6. 综合防控

认真执行预防为主的办法，改善饲养管理和卫生条件，避免和消除引起发病的多种应激因素，增强仔猪抵抗力。在本病常发地区，可对1月龄以上哺乳或断奶仔猪，用仔猪副伤寒冻干弱毒活疫苗（中牧生物）预防，用20%氢氧化铝生理盐水稀释，肌内注射1毫升，免疫期为9个月。口服时，按瓶签说明，服前用冷开水稀释成每头份5～10毫升，掺入少量新鲜冷饲料中，让猪自行采食。或将每1头份疫苗稀释于5～10毫升冷开水中给猪灌服。注意阅读疫苗使用说明书。

发病后的措施：①隔离病猪，及时治疗；②圈舍彻底清扫、消毒，特别是饲槽要刷洗干净，粪便堆积发酵后利用；③病死猪应深埋，决不能食用，防止人发生食物中毒事故。

第十节　猪痢疾

猪痢疾（SD）是由猪痢疾短螺旋体（曾被称为猪痢疾密螺旋体或猪痢疾蛇形螺旋体）引起的猪特有的一种主要感染生长育成猪，以消瘦、黏液性出血性结肠炎为主要特征的肠道传染病，过去也被称为猪痢疾密螺旋体病、血痢、黑痢或黏液出血性下痢等。病理学特征为卡他性、出血性、纤维素性或坏死性盲肠与结肠炎。它与称为猪结肠螺旋体病或猪肠道螺旋体病的另一种腹泻病不同，后者为一种温和型结肠炎，从中分离到的螺旋体不是猪痢疾短螺旋体而是结肠菌毛样螺旋体。

本病一旦侵入猪群，不易根除。由于死猪、生长率降低、饲料转化率差和治疗费用的开支，经济损失严重。

1. 病原学

猪痢疾短螺旋体属于螺旋体科短螺旋属，多为 4～6 个螺旋弯曲，两端尖锐，形状如双翼状，呈舒展的螺旋状；新鲜病料在暗视野显微镜下可见游蛇状运动；革兰染色呈阴性，严格厌氧；可产生溶血素，在鲜血琼脂上呈 β 型溶血。

本菌对外界环境有较强抵抗力，在 0～10℃粪便中存活 48 天，25℃只存活 7 天，37℃则不到 24 小时。对阳光照射、热、干燥、氧敏感。对一般消毒剂也敏感，普通浓度的过氧乙酸、氢氧化钠和来苏尔等均能迅速将其杀死。

2. 流行病学

（1）易感性　不同年龄、品种的猪均易感，其他动物不敏感。7～12 周龄的生长育成猪发病最为普遍，且日龄小的猪比大的猪发病率和病死率高。从保育舍转出后的数周发病变得特别明显，这与抗菌药物的停用是相一致的，因为断奶仔猪常频繁使用抗菌药物来控制呼吸道和肠道疾病。该病也可见于断奶仔猪，而哺乳仔猪和成年猪发病较少。

（2）传染源与传播途径　病猪和无症状的带菌猪（病后康复猪可带菌达 70 天）是主要传染源。由于带菌时间长，经常通过猪群调动和买卖猪只将病传播开。病菌随粪便排出体外，污染饲料、饮水、猪栏、食槽、用具等，健康猪吞食污染的饲料和饮水经消化道而感染。此外，还可通过污染的运输车辆、接触病猪的参观者和工作人员（不更换鞋子和衣物时）、鼠和鸟类等传播媒介而传播。

（3）流行特点　本病一般散发，无明显季节性，但 4～5 月和9～10 月发病较多。在猪群中传播缓慢，持续期长。最初在一部分猪中发病，继而同群陆续发病。病猪康复后数周仍可复发，因此本病一旦传入猪群较难清除，病原可经常不断随粪便排出，导致本病在猪群中缠绵不断，并常表现周期性，以3～4周的间隔重复出现。当饮水或饲料中不再添加治疗水平的药物时，症状通常会再次出现。

本病暴发流行时，断奶后的仔猪发病率可达70%，若不治疗，死亡率可达50%；经及时合理治疗，死亡率较低，一般约为25%。

3. 致病机理

猪痢疾的致病机理不同于产毒素大肠杆菌或沙门菌引起的腹泻，而是由于猪结肠和盲肠里的各种厌氧菌和厌氧性的猪痢疾短螺旋体一起协同作用，促进了短螺旋体与盲肠和结肠的上皮细胞紧密相连。它能产生溶血素，由于溶血素、内毒素（诱生促炎细胞因子，使结肠发生增生性病变）和脂寡糖（脂多糖的一种半粗糙形式）等毒力因子的共同作用，导致肠黏膜变性、发炎，黏膜上皮细胞过度分泌黏液，以及黏膜层表面点状出血。进一步发展，使上皮细胞脱落并侵入黏膜下层和固有层，使粪中带血。肠炎诱发了体液和电解质不平衡，结肠黏膜吸收内源性分泌液的能力下降，从而导致腹泻。急性病例常因发生进行性脱水、酸中毒和急性休克死亡。因此，口服葡萄糖-电解质或口服补液盐溶液可作为一种重要的辅助治疗手段。

4. 临床症状

潜伏期长短不一，一般为10～14天（最短的2天，长的可达3个月）。腹泻是本病最为一致的症状，但严重程度却不同。本病通常通过已感染猪群逐渐传播，每天都有新感染的病猪。群内个体和群间病程都不相同。

急性型以出血性下痢为主要症状，亚急性和慢性以黏液性腹泻为主要症状。猪群初暴发本病时，常呈急性，后逐渐缓和转为亚急性和慢性病例。

发病过程差异很大。当猪场暴发本病时，常有最急性病例突然死亡，病程仅数小时，几乎看不到明显腹泻症状。大多数病例呈急性型，最初表现为拉黄色至灰色的稀软粪便，精神沉郁，食欲减退，有些病猪体温升高至40～40.5℃。感染后几小时到几天，粪便中出现大量黏液并常带血凝块。随着腹泻的进一步发展，可见到含有血液、黏液和白色黏液纤维素性渗出物的水样粪便，呈巧克力色、红色或黑红色，气味腥臭，会阴部同时被污染。多数病猪急性期耐过后可以在几周内康复，但生长率下降。持续腹泻导致脱水，伴随渴欲增加而喜饮水。病猪拱背、被毛粗乱无光，迅速消瘦，虚弱无力，运动失调，东倒西歪，常因脱水、酸中毒和高钾血症而死亡。急性型从拉稀开始至死亡经7～10天，有的转为亚急性或慢性。慢性病例以时轻时重的黏液性下痢为主，粪便中常混有黏液和组织坏死碎片，血液较少；食欲正常或稍减退，进行性消瘦，生长迟滞；病程较长，亚急性病程2～3周，慢性为4周以上。少数猪康复后经过一段时间又复发。

5. 病理变化

病死猪通常消瘦，被毛粗乱并粘有粪便，有明显的脱水。本病的一致性特征是病变在大肠而非小肠，回盲结合处有一条明显的分界线。

急性期的典型病变是大肠的肠壁和肠系膜充血和水肿，肠系膜淋巴结可能肿大且腹腔出现少量清亮的积液。浆膜表面出现白色、稍突起的病灶，亚急性和慢性感染时尤为明显。肠黏膜充血、出血、明显肿胀，典型的皱褶消失。黏膜常覆有黏液和带血斑的纤维蛋白，结肠内容物质软或呈水样且含有渗出物，呈酱油色。

随着病程发展，大肠肠壁水肿减轻，但肠黏膜病变更加严重，可形成厚的带血的黏膜纤维素性假膜，更缓慢的病变常在黏膜表面覆盖一层薄的、致密的纤维素性渗出物，呈麸皮样，剥去假膜露出糜烂面。其他脏器常无明显变化。

6. 诊断

根据流行病学特点（7～12周龄猪多发）、临床症状（粪便带血或黏液的腹泻和脱水）和病理变化（局限于大肠的弥漫性出血性、坏死性肠炎），可做出初步诊断。

确诊需经实验室染色、镜检，或采用血清学与分子生物学诊断，如聚合酶链反应（PCR）扩增技术。

7. 鉴别诊断

许多肠道病易与猪痢疾相混淆，而且猪痢疾也经常与其他肠道病原感染同时发生。

（1）猪肠道螺旋体病/猪结肠螺旋体病（PCS）　是一种由结肠菌毛样螺旋体引起的温和型结肠炎并导致排绿色或棕色水样或黏液状粪便，有的只是软便，一般很少出现血便。主要发生于刚刚断奶仔猪和刚混群保育猪，病变局限于结肠。根据结肠损伤的严重性和程度，会出现体况变差、体重减轻、生长速度减慢。

（2）猪增生性肠炎（PE）　由胞内劳氏菌引起，是6～20周龄断奶后的生长肥育猪和后备种猪的一种常见腹泻病，病变主要在小肠。急性型通常发生于4月龄以后的后备种猪及肥育猪，首次观察到的临床症状常常是排出黑色柏油状粪便，皮肤苍白，死亡率高达50%，怀孕母猪可流产。慢性型最常见，一般发生于18～36千克体重的猪，临床症状不典型，部分猪出现腹泻时一般都是轻微的，排出正常灰绿色的疏松、稀薄直至水样粪便，出血或黏液粪便并不是慢性增生性肠炎腹泻的特征，主要是影响猪只的生长性能。剖检小肠末端50厘米处及邻近结肠上1/3处，肠壁增厚，有隆起的黏膜，导致肠管变硬，类似胶皮水管样外观。泰妙菌素、大环内酯类、林可霉素治疗有效。而对治疗猪痢疾有特效的痢菌净对本病效果不明显。确诊依赖于粪便PCR试验阳性。

（3）仔猪副伤寒　多发生于断奶后1～2个月的仔猪，病原是猪霍乱沙门菌，剖检大肠有典型的深层溃疡性、坏死性病变。还可见肝小点坏死，脾肿大，其他实质性器官和淋巴结出血、坏死，并能分离到沙门菌，其确诊在于大肠黏膜无短螺旋体存在。

此外，还应注意做好与猪传染性胃肠炎、猪流行性腹泻、猪轮状病毒病、断奶后大肠杆菌病等腹泻病以及肠道溃疡和其他出血性疾病的鉴别诊断。

8. 治疗

患病严重的猪，可通过肌内注射进行治疗，连续3天。而对大多数病例治疗时，饮水给药5～7天是治疗急性猪痢疾的首选方法。当不能进行饮水给药时，可将药物混于饲料中饲喂7～10天，然后再以低于治疗水平的剂量，混饲给药2～4周，预防再次感染。

（1）乙酰甲喹（又名痢菌净）　对猪痢疾有独特疗效，安全性好，肌内注射、内服吸收良好，且复发率低，应为首选药。

① 肌内注射：0.5%乙酰甲喹注射液，一次量，2.5～5毫克/

千克体重，每天 2 次，连用 3～5 天。

② 内服：乙酰甲喹片或痢菌净可溶性粉或痢菌净预混剂（效价），一次量，5～10 毫克/千克体重，每天 2 次，连用 3～5 天。

③ 饮水给药：每吨水添加痢菌净（效价）50～100 克，连用 5～7 天。

④ 混饲给药：每吨饲料添加痢菌净（效价）100～200 克，连用 5～7 天。

提醒注意：当使用剂量高于临床治疗量 3～5 倍，或长时间应用会引起不良反应和中毒，甚至死亡。中毒后可用 2％硫酸新斯的明注射液抢救，用量：0.04～0.1 毫克/千克体重。

（2）乙酰异戊酰泰乐菌素预混剂（又名泰万菌素，腾骏"骏安"、伊科"爱乐新"、回盛"治嗽静"）

① 混饮：每吨水添加 50 克（效价），连用 5～7 天。

② 混饲：每吨饲料添加 100 克（效价），连用 7～10 天；然后每吨饲料添加 50 克，给药 2～4 周。

（3）泰乐菌素

① 注射用酒石酸泰乐菌素，肌注，一次量，10 毫克/千克体重，每天 2 次，连用 3～5 天。

② 酒石酸泰乐菌素可溶性粉，混饮，5～10 毫克/千克体重，或每升水添加 50 毫克，连用 5～7 天。

③ 磷酸泰乐菌素预混剂，混饲，每吨饲料 100 克（效价），给药 2～4 周。

（4）多黏菌素

① 混饮：8 毫克/千克体重，连用 5～7 天。

② 混饲：每吨饲料添加 100 克（效价），连用 5～7 天；然后改为每吨饲料添加 50 克（效价），给药 2～4 周。

（5）林可霉素

① 盐酸林可霉素注射液，肌注，一次量，10 毫克/千克体重，每天 2 次，连用 3～5 天。

② 盐酸林可霉素可溶性粉，混饮，8 毫克/千克体重，或每升水添加 40～70 毫克，用药 5～7 天。

③ 盐酸林可霉素预混剂，混饲，每吨饲料添加 100 克（效

价），连用 5～7 天；然后每吨饲料添加 50 克（效价），给药 2～4 周。

其他许多抗菌药物，如泰妙菌素、替米考星、庆大霉素、二甲硝咪唑等也可酌情使用。

9. 综合防治

本病预防无有效疫苗，须采用综合防制措施。

（1）一旦发现本病，要对猪场及圈舍彻底清扫和消毒，对感染猪群实行药物治疗，无病猪群实行药物预防，经常消毒，严格控制本病的传播，并做好粪便无害化处理，严防通过粪便或传播媒介（鼠、鸟粪）、鞋、器具、车辆等传播。

（2）建立在批次间进行彻底清洁和消毒的"全进全出"管理制度。

（3）坚持自繁自养。由于病猪和康复带菌猪是传染源，因此不要从发病猪场引种，外地引进种猪需至少隔离 3 周以上，健康者方可混群。在隔离期间，对新引进的猪进行药物治疗，以清除肠道中的短螺旋体。控制及治疗猪痢疾必须采取全群给药，疗程足够，方可达到较好的效果。同时要注意药物不能长期使用，以免产生耐药菌株。

（4）加强饲养管理和兽医卫生措施，定期灭鼠，对蚊、蝇滋生场所进行喷杀处理。减少拥挤、饲料改变、恶劣天气等各种应激。

（5）除了应用药物外，添加微生态活菌制剂是防制猪痢疾的有效方法之一。微生态活菌制剂以活菌的形式在养殖环境和猪消化道中存在，通过有益菌群的生物夺氧、生物屏障效应，在肠道产生有益代谢产物及刺激肠道局部淋巴组织，增强机体非特异性免疫力等作用，调整和维持肠道内微生物菌群平衡，降低养殖环境和肠道中致病微生物的数量，补充肠道内所缺乏的正常微生物，促进营养物质的消化吸收，增强机体免疫的功能。

第十一节　仔猪渗出性皮炎

猪渗出性皮炎（EE）又称渗出性表皮炎、皮脂溢性皮炎，俗称油脂猪病、猪油皮病，是由能产生表皮脱落毒素的猪葡萄球菌引起的哺乳仔猪和刚断奶仔猪的一种急性和超急性接触传染性皮肤病，一般呈散发性，但对个别猪群可造成很大损失。特征为患猪出现全身油脂样渗出性皮炎，呈现油腻、黏湿、污秽、棕色痂皮的皮肤，但无瘙痒症状，严重影响猪只的生长发育，甚至成为僵猪，重者可导致脱水和败血症而死亡。近年来，随着生产规模化、早期断奶以及密度大、空气污浊、卫生状况差等原因，本病的发病率逐年增高。目前不少人对它缺乏认识，更多的人往往将其误诊为猪疥癣、皮炎及肾病综合征、猪痘、湿疹、缺锌症等其他一些皮肤疾患，延误了治疗时机，影响了防治效果。为此，对本病应有充分的认识并引起足够重视，严加防范。

1. 病原学

猪葡萄球菌猪亚种（不是金黄色葡萄球菌）是仔猪渗出性皮炎的病原，是一种革兰阳性球菌，因能产生表皮脱落毒素故毒力强。可从健康猪鼻黏膜、结膜、耳或鼻部皮肤以及母猪阴道中分离到。该菌具有很强的抵抗力，在尘埃中能存活几个月，在猪舍设施和地面能存活数周。在感染猪舍的空气中浓度可达 2.5×10^4 个/米^3，这表明该菌可能经空气传播。为此，彻底而有效的消毒，减少病原菌的数量，有非常重要的决定作用。该菌对龙胆紫、青霉素、庆大霉素等敏感。

2. 流行病学

（1）传染源 病猪和带菌猪是主要传染源。猪葡萄球菌可以直接穿透表皮造成感染。

（2）易感动物 本病最易感猪群为 5～35 日龄的哺乳仔猪和刚断奶仔猪，尤以 15～20 日龄仔猪多发，呈现突然发病的特征，且多表现为急性型，死亡率较高。随着年龄的增长而产生抵抗力。断奶仔猪发病可呈亚急性或慢性，主要影响生长，较少死亡。成年猪发病很少，且症状轻微。

（3）传播途径 主要为接触感染或创伤性感染，传播迅速，同一窝仔猪可在短时间内相继感染发病。破损的皮肤、黏膜是主要入侵门户。由于争奶打斗咬伤皮肤、吃奶时前肢被粗糙地面磨伤、不整齐的牙齿、卧床上的毛刺刮伤及患疥癣剧痒擦伤；接生时用未经消毒的反复使用的又脏又硬的抹布或用很粗糙的猪饲料擦吸初生仔猪的羊水等均可使娇嫩的皮肤造成伤害；仔猪吃奶时额头不停地摩擦母猪乳房、相互嬉闹啃咬；仔猪断脐、剪牙、断尾、打耳号、阉割、注射疫苗或药物时消毒不严等，均可导致擦伤皮肤，真皮暴露而造成感染。仔猪在通过产道时可发生感染，哺乳母猪常感染吃奶的仔猪。

（4）流行特点　本病无明显季节性，但高温高湿时节多发。密度大、圈舍低矮潮湿、通风不良、卫生条件不好时多发。本病发病率无规律，一般为 10%～70%，有全身性病变的死亡率通常可达 20%～40%。一些猪群的各窝仔猪间呈低发病率的散发，在另一些猪群中则可呈高发病率的流行性发生，感染所有窝的仔猪。不同窝的仔猪发病率也不一样，有的一窝只 1 头或几头发病，也见有一窝中绝大多数猪都发病，这说明，免疫力在个体和群体发病过程中有重要作用。

3. 致病机理

本病多因创伤性感染而发病，最早的眼观变化为皮肤变红，同时伴有细菌在皮肤表面增殖，并在表皮的角质细胞之间生长和形成小菌落。炎症、角质层明显增生和中性粒细胞浸润使表皮增厚，随后皮肤糜烂。表皮生发层结构破坏，变得不规则并深入到真皮中。当皮肤上的细菌数量超过 10^5 个/厘米^2 时，仔猪便会发生临床症状。

发病机理中最重要的因素是因为猪葡萄球菌能产生表皮脱落毒素，毒素使表皮中的细胞分离，从而使细菌在表皮内迅速增殖扩散，导致局部或全身性的表皮脱落，炎性细胞外渗，并排出大量皮脂性分泌物和浆液渗出物，形成结痂。猪葡萄球菌在皮肤里大量存在，并可从血液和淋巴结中分离到，由于败血症或脱水而致死。存活者在晚期，可见棘皮症（表皮增生）。

4. 临床症状

本病有急性、亚急性和慢性之分。急性型常侵害哺乳仔猪并可导致脱水、败血症和死亡。亚急性或慢性型则多见于 6 周龄以后断奶仔猪。

哺乳仔猪感染后一般经 4～6 天发病。在急性期，病初皮肤病变常出现于皮肤损伤处或口唇、鼻部、眼和肛门周围、耳廓、额头、面颊、腹下等无毛或少毛皮肤处，出现红褐色斑点和丘疹，后斑点变大，皮肤变红色或紫红色（铜色），继而形成米粒大小的小水疱或小脓疱，经 10～15 小时迅速破溃，出现薄的、灰棕色片状渗出物，此过程不易观察到，常被忽视而错过最佳治疗时机。经 3～5 天，不断蔓延，病变逐渐扩大，严重者可殃及腋下、股内侧、四肢下部等全身各处。表皮脱落、糜烂，伴有大量黄褐色油脂样皮脂分泌物和浆液渗出物（有的渗出物粘到眼睑毛上），其颜色很快变暗，体表变得黏湿及呈油脂状。有的可延及蹄枕和蹄冠部，甚至蹄壳脱落、跛行，还可出现口腔溃疡。触摸患猪皮肤黏手，皮肤温度增高，被毛粗乱。严重感染的仔猪，被毛成簇矗立、腹泻、消瘦或出现伴有脱水症状的败血症而死亡。侥幸存活者随着病程的延长，渗出物与皮屑、尘埃、粪便、泥土等污垢混合粘在感染皮肤上，凝固干燥后而致患猪皮肤覆盖一层厚的、特有的棕色鳞片状痂皮（揭痂现红色烂斑），油腻并有难闻的臭味。随后皮肤变干增厚、龟裂、皱褶，尤其集中在颈及脊背上方，此时虽然容易被发现，但为时过晚，治愈难度加大，疗效欠佳。在恢复期，持续数天到数周后厚痂皮可脱落。

同一窝仔猪患病的严重程度度也不同，可见到不同的皮肤病变阶段，有的耳朵、鼻端、四肢及其他部位可布满红棕色斑点，有些仔猪仅较少面积的皮肤被感染而呈慢性疾病。轻度感染猪皮肤黄色，被毛较多，只在腋下或肋部或靠近面部擦伤、腿部损伤处，以及靠近咬合不好的牙齿地方出现少数渗出物斑块，有些病猪则体表覆盖一层厚的、油腻并有臭味的棕褐色鳞片状痂皮。

本病的其他症状是精神沉郁、食欲不振、渴欲增加，体温一般不高（个别有继发感染的严重病例，病初体温可达 40～41℃，病猪不安及发抖），不呈现瘙痒症状。病情进一步发展，废食、迅速消瘦、脱水和濒于死亡。此病日龄越小，病情越严重，病程越短促，死亡率越高。

最急性型，全身皮脂渗出、湿润，体重迅速减轻并在 24 小时内死亡，也有的可拖到 2～3 天内死亡。急性型，发生稍慢，皮肤形成水疱及脓疱，破裂后流出渗出液和皮脂，发生糜烂、消瘦、厌食、脱水，多数在 4～10 天内衰竭死亡，若能及时正确治疗则有治愈的可能。亚急性或慢性型，病猪的日龄较大，病变相同，发展缓慢，病程较长，死亡率较低，一般经 20～30 天可逐渐康复。耐过猪生长缓慢，有的可能成为僵猪。

5. 病理变化

因患 EE 而死亡的仔猪，尸体脱水并消瘦。早期皮肤病变包括皮肤变红和出现清亮的渗出物，轻刮腹部的皮肤即可剥离。后期病例由于污垢粘在皮肤上而致患猪全身覆盖一层坚硬、厚的、红棕色或棕褐色、油腻并有异味的痂皮，痂皮与猪毛粘连在一起，强行剥离往往露出暗红色创面。外周淋巴结通常水肿和肿大，胃肠空虚，有的可能出现肾炎。其他内脏无相关病变。

6. 诊断

通常依据病史、流行病学特点、临床症状和肉眼病变，即可对仔猪做出诊断。哺乳仔猪（最早可在出生后 5 天就发病）和刚断奶仔猪最多发病，成年猪不易发生。病猪不发热、无瘙痒，病变全身化，以及同一窝仔猪中外观表现的严重程度也不同，这些都是该病的特征。并应与猪疥癣、猪痘、湿疹、猪皮炎及肾病综合征、缺锌症（皮肤角化不全症）等其他皮肤疾病做好鉴别诊断。

7. 治疗

（1）治疗原则

① 应尽早发现、早确诊、早治疗，越早越好。本病无特效疗法，治疗效果不一。大多数抗菌药物可抑制致病菌，早期肌内注射对猪葡萄球菌敏感的抗菌药物效果较好，治疗必须持续 5 天以上。轻症猪愈后良好，但对严重感染或后期病例，许多治疗方法（包括大剂量的抗菌药物）均不能达到理想的治疗效果。即使治愈也多半形成僵猪，并可成为传染源，应尽早淘汰。

② 发现病猪应立即隔离治疗，防止互相传播。严重暴发时，曾与病猪接触过的同窝或同群猪也应连续注射 3 天以上的抗菌药物。

③ 要采用内外兼治、全身治疗与局部治疗相结合的综合治疗措施。先清洗除去痂皮，然后注射和涂擦抗菌药物。要确保充足的饮水，对严重病例还要灌服口服补液盐或腹腔补液，防止脱水死亡。

④ 对群发且症状较重的断奶仔猪，也可隔离集中饲养，局部进行外科处理，在料中加喂70%阿莫西林300克/吨，连用1周。

（2）全身治疗

① 肌注大剂量的青霉素类或头孢类药物，如注射用青霉素钠，5万单位/千克体重，2～3次/天；注射用氨苄西林钠，20毫克/千克体重，2～3次/天；注射用舒巴坦钠·氨苄西林钠，10毫克/千克体重，2次/天；阿莫西林·克拉维酸钾注射液，1毫升/10千克体重，1次/天；头孢噻呋钠，10毫克/千克体重，1次/天。如再配合地塞米松磷酸钠注射液，0.2毫克/千克体重，1次/天，效果更好。

② 林可霉素注射液，15毫克/千克体重，早晚各肌注一次；中午肌注庆大霉素注射液，8毫克/千克体重；再配合地塞米松磷酸钠注射液，0.2毫克/千克体重，1次/天。

③ 氟喹诺酮类药物，如恩诺沙星、氧氟沙星、沙拉沙星等注射液，2.5～5毫克/千克体重，2次/天。

④ 复方磺胺对甲氧嘧啶钠注射液，肌内注射，一次量，15～20毫克/千克体重，1～2次/天。

以上各类药物，均要连续注射5天以上至痊愈，以防复发。

（3）局部治疗　可加速康复和防止感染扩散。早期涂擦紫药水，较重者可用温热的消毒剂，如0.2%高锰酸钾或洗必泰、碘伏、百毒杀或双链季铵盐-碘消毒剂等浸泡5～10分钟，待干固的痂皮发软后用毛刷擦洗，去掉痂皮，擦干后涂紫药水。也可涂擦自制的林可霉素软膏（林可霉素粉5克，加入鱼肝油或香油100毫升，混合均匀）或人用红霉素眼膏，2～3次/天，至痊愈。

8. 预防

本病主要是因皮肤损伤引起的，防止外伤是关键。要彻底净化并防止本病，应从环境卫生、控制母猪疥癣、减少仔猪创伤感染等方面入手，采取如下综合防治措施。

（1）母猪应确保无疥癣。产房要加强消毒，保持清洁干燥，减少病原菌的污染。母猪进产房前应彻底清洗、消毒，并重视母猪产后乳房的消毒。

（2）确保卧床、围栏表面光滑，用齿轮打光毛刺。地面不可太粗糙，可铺垫锯屑或碎草。

（3）初乳的被动免疫有重要保护作用，要尽快吃足初乳。吃足初乳后，要尽早将 8 枚犬齿剪掉 2/3 并修平，防止争夺奶头时互相咬伤。

（4）断脐、打耳号、断尾、剪齿、去势、注射等要严格消毒。外伤处要及时涂擦碘酊或紫药水。

（5）发现病猪应立即隔离治疗，并严格消毒，防止进一步传播。个别严重感染或久治不愈的仔猪，实践证明疗效不佳，建议尽早淘汰，减少环境污染。

（6）及时防治猪疥癣，皮肤损伤很多情况是由疥癣引发剧痒而导致的。

（7）仔猪好动，经常相互啃咬头部，为此可放一些铁链、胶管等玩具，分散注意力，减少啃咬。

（8）搞好平日的带猪消毒，选择毒性低、刺激性小的消毒药物，如新型的"威"牌复合碘、百毒杀、双链季铵盐-碘消毒剂、卫康、喜爱迪-20、安灭杀、百胜-30，对母猪、仔猪喷雾带猪消毒，每 2 天消毒一次，以减少环境中的病菌数量。

第十二节　猪衣原体病

衣原体病是一种人、畜共患传染病。猪衣原体病是由鹦鹉热衣原体、沙眼衣原体和反刍动物衣原体等至少三个种的衣原体感染引起的一类多症状性传染病。

由于衣原体的种类和毒株毒力以及猪性别、年龄、抵抗力和环境不同，感染猪群引起的临床综合征多种多样。鹦鹉热衣原体是猪衣原体病的主要病原，主要临床特征是引起繁殖障碍，妊娠母猪表现为流产及产死胎、木乃伊胎、弱仔和围产期新生仔猪大批死亡及传染性不孕；公猪发生睾丸炎、附睾炎、阴茎炎、尿道炎；仔猪发生肺炎、肠炎；各年龄段猪发生肺炎、肠炎、多发性关节炎、心包炎、结膜角膜炎、脑脊髓炎等。沙眼衣原体感染猪群可引起仔猪肠炎和角膜结膜炎，但也是引起人类眼疾和性病的重要病原。猪肉产品与人类的生活密切相关，具有重要的公共卫生学意义，应予关注。反刍动物衣原体能引起牛羊多发性关节炎、结膜炎等，如果和沙眼衣原体混合感染怀孕母猪可致流产。

猪衣原体病在我国许多规模化猪场流行比较普遍，不同年龄、不同品种的猪群均可感染本病，尤其怀孕母猪和新生仔猪更为敏感。由于大批怀孕母猪流产、产死胎和新生仔猪死亡，以及适繁母猪群不育、空怀等，给规模化猪场造成严重的经济损失。此外，鹦鹉热衣原体引起人的严重感染，表现发热、头痛、肺炎等，甚至致死；沙眼衣原体能致人沙眼、结膜炎、泌尿生殖道疾病和性传播疾病，应执行必要的个人安全防护措施。

1. 病原学

衣原体是介于细菌和病毒之间的一种细小的微生物，含有DNA和RNA，专性细胞内寄生，呈球状、有细胞壁，革兰染色阴性。有特殊的繁殖周期，以二分裂而繁殖。在高倍显微镜下观察，衣原体有大、小两种形态颗粒。一种是小而致密的原体，也称原生小体，呈球形，直径200～500纳米，在细胞外有高度的传染性，但无繁殖能力；另一种是大而疏松的繁殖体，称为始体，呈圆形或椭圆形，直径800～1200纳米，无传染性。原体进入胞浆后，发育增大变成始体。始体通过二分裂方式反复分裂，在宿主细胞浆内形成包含体，继续分裂变成大量新的原体。原体发育成熟，导致宿主细胞破裂，新的原体从细胞浆内释放出来，再感染其他细胞。

衣原体不能在人工培养基上生长，只能在6～8日龄鸡胚和易感的脊椎动物细胞内生长繁殖，依靠于宿主的传代。衣原体对热敏感，对脂溶剂、去污剂及常用的消毒药液也十分敏感。在低温下则可存活较长时间，如4℃可存活5天，0℃可存活数周。对青霉素、四环素类、氯霉素类、大环内酯类等敏感，但对链霉素、卡那霉素、庆大霉素、新霉素、杆菌肽等有抵抗力（沙眼衣原体对磺胺类药仍敏感）。

2. 流行病学

（1）易感性　衣原体具有众多的宿主，鸟类、人类及哺乳动物都有易感性。不同年龄、性别及品种的猪均可感染，其症状表现不一，但以妊娠母猪和幼龄仔猪最易感。

（2）传染源与传播途径　病猪（禽）和潜伏感染的带菌者是本

病的主要传染源。可由粪便、尿、乳汁以及流产的胎儿、胎衣和羊水排出病原菌，污染水源和饲料等，经消化道感染，也可通过感染性气溶胶和污染的尘埃经呼吸道或眼结膜感染。病猪交配或用病公猪精液人工授精也能感染，子宫内感染也有可能。蝇、蜱可传播本病。

（3）流行特点　本病常呈散发、地方流行性。一般呈慢性经过，但在一定条件下也会急性暴发，表现为急性经过。本病无明显季节性，可因购入病猪及康复猪带入本病。卫生条件差、饲养密度过高、通风不良、潮湿阴冷、营养不全、饲养管理不良、运输等多种应激因素常诱发本病。

3. 致病机理

衣原体的原生小体由呼吸道、口腔或生殖道进入猪体后，在上皮细胞内增殖或被吞噬细胞吞噬后带到淋巴结。病原可在侵入部位形成局部感染，可引起局部性炎症。如结膜炎、肺炎、肠炎、生殖障碍等，也可形成全身感染。带菌的精液通过生殖道感染的母猪将生下体弱的小猪，并不断排毒达 20 个月。

4. 临床症状

本病主要通过消化道及呼吸道感染，患病器官不同表现症状各异。呼吸道和全身感染往往有 3～11 天的潜伏期。

（1）母猪流产　多发生在初产母猪，流产率可达 40% 以上。妊娠母猪感染衣原体后一般不表现出其他异常变化，只是在怀孕后期突然发生流产、早产、产死胎或产弱仔。流产多在临产前几周发生（妊娠 92～105 天），流产前无任何表现，体温正常，很少拒食或产后有不良病症。感染母猪有的整窝产出死胎，有的间隔地产出活仔和死胎；产弱仔猪体弱，初生重小（450～700 克），拱奶无力，多在产后数小时至 1～2 天内死亡。有的表现为胎衣不下或不孕症等证候。曾感染过本病的经产怀孕母猪发病率较低，但是种公猪感染上本病并从精液传播，使用这样的公猪配种后，经产母猪群仍会再次发生流产。

（2）种公猪泌尿生殖道感染　种公猪患本病多表现为尿道炎、睾丸炎、附睾炎、龟头包皮炎及附属腺体的炎症。配种时，排出带血的分泌物，精液品质差，精子活力明显下降，母猪受胎率下降，即使受孕，流产、死胎率明显升高。

（3）肺炎　多见于断奶前后的仔猪。患猪表现体温上升（可达41℃），无精神，颤抖，干咳，呼吸急促，从鼻孔流出浆液性分泌物，进食较差，生长发育不良，死亡率高，病程4～8天。

（4）肠炎　多见于断奶前后的仔猪。临床表现腹泻、脱水、吮乳无力，死亡率高。

（5）多发性关节炎　多见于架子猪。病猪表现关节肿大，跛行，患关节触诊敏感，有的体温升高。

（6）脑炎　各年龄段的猪有时出现神经症状，表现兴奋、尖叫，盲目冲撞或转圈运动，倒地后四肢呈现游泳状划动，不久死亡。青霉素配合磺胺嘧啶钠（不能混合，要分别肌注）和地塞米松治疗有效。

（7）结膜炎　多见于饲养密度大、2～8周龄仔猪和架子猪。临床表现畏光、流泪，视诊结膜充血，俗称"红眼病"，眼角分泌物增多，内眼角形成泪痕，有的角膜浑浊。

5. 病理变化

（1）流产母猪主要是子宫炎，子宫内膜水肿、充血、出血，有大小不一的坏死灶（斑），胎衣有弥漫性出血斑点；流产或早产胎儿全身水肿，头颈、胸、肩和四肢皮肤有出血点或出血斑；肝充血、出血和肿大；心、脾常有出血；肺充血水肿呈卡他性肺炎。

（2）患病公猪睾丸变硬，有的腹股沟淋巴结肿大。输精管出血，阴茎水肿、出血或坏死。

（3）肺炎猪剖检，可见肺肿大，肺部症灶多分布在肺后部膈叶中，有时在心叶、尖叶出现肺炎斑，有紫红色至灰色的、界限明显的实变区，呈不规则形、凸起，质硬连片，往往扩展到组织深部。病变严重的肺中出现脓肿。在气管、支气管内有多量分泌物，支气管淋巴结肿大。

（4）肠炎仔猪尸检，可见肠系膜淋巴结充血、水肿，肠黏膜充血、出血，肠内容物稀薄，有的红染，肝、脾肿大。

（5）多发性关节炎病例局部剖检，可见关节周围组织水肿、充血或出血，关节腔内渗出物增多。

6. 诊断

猪衣原体病是一种多症状性传染病，所以对其诊断除了要根据流行病学、临床症状和病变特征外，主要依据实验室的检查（特异性血清抗体检测和病原分离鉴定）结果予以确诊。可无菌采集新鲜病料，主要包括流产母猪的有病变的胎衣，流产胎儿的肝、脾、肺及胃液，公猪精液，肺炎病例的肺、气管分泌物，肠炎病例的粪便及内脏，结膜炎病例眼分泌物棉拭子，脑炎病例的大脑，各类病猪血清，并及时送到有条件的兽医诊断实验室检查。主要是病原学分离、镜检，血清学酶联免疫吸附试验（ELISA）及聚合酶链反应（PCR），其中 PCR 诊断方法快速、可靠。

7. 药物预防和治疗

首选四环素类抗生素（强力霉素、金霉素、土霉素）进行预防和治疗。为了完全排除或抑制潜伏性感染，公母猪在配种前 1～2 周，应按治疗水平通过饮水或混饲，连续给药 2～3 周，治疗不充分时可引起复发。对怀孕母猪在产前 2～3 周混饲 10～15 天以预防新生仔猪感染本病。也可选用青霉素、氟苯尼考、大环内酯类（泰乐菌素、乙酰异戊酰泰乐菌素）等抗菌药物。在流行期，也可每吨饲料添加 15% 金霉素预混剂 2000 克或强力霉素 150 克（效价），母猪群体预防。为了防止出现耐药性，要合理交替用药。对出现临床症状的猪，可肌内注射辉瑞"得米先"（20% 长效土霉素注射液），每 10 千克体重肌注 1 毫升，每 3 天 1 次，连用 3 次；或土霉素注射液，20 毫升/千克体重，每天 1 次，连续治疗 5～7 天；或肌注强力霉素注射液，3 毫克/千克体重，每天 1 次，连用 5 天。

8. 综合防控

（1）建立封闭的种猪群饲养系统　由于衣原体拥有广泛宿主，采用封闭饲养系统可有效防止其他动物（如猫、野鼠、狗、野鸟、家禽、牛、羊等）携带的疫源性衣原体的侵入和感染猪群。要灭鼠、蝇和蜱。猪场不得饲养鸽子、鹦鹉、家禽、牛、羊、猫。坚持自繁自养，做好从外引种的检疫，防止将病猪购入。

（2）建立生物安全体系和严格的兽医卫生消毒制度　严格把好生产区大门通道消毒、产房消毒、圈舍消毒、场区环境消毒的质量，以有效控制发生衣原体接触传染的机会。对流产胎儿、死胎、胎衣要集中深埋进行无害化处理，同时用2‰~5‰来苏尔或3‰苛性钠等有效消毒剂进行严格消毒，加强产房卫生工作，以防新生仔猪感染本病。

（3）建立和实施猪群的衣原体疫苗免疫计划

① 对血清学检查为阴性的种猪场，要给适繁母猪在配种前注射兰州兽医研究所研制的猪衣原体流产油佐剂灭活苗，以防感染，确保向商品猪场或市场提供无衣原体感染的健康种猪。在阳性猪场，对确诊感染了衣原体的种公猪和母猪予以淘汰，其所产仔猪不能作为种猪；未感染的种公猪和母猪应及时接种衣原体疫苗。

② 商品猪场要对繁殖母猪群用猪衣原体流产灭活苗在每次配种前1个月或配种后1个月免疫1次，种公猪每年免疫2次，每次皮下注射2毫升，连用2~3年。淘汰发病种公猪。

（4）病原监测

① 对新引进的猪要隔离检疫，观察是否感染衣原体，阳性者不得混群饲养。

② 在种猪群发现疑似衣原体病病例，要及时采病料冷冻送有条件的兽医诊断实验室做病原诊断，对确诊的阳性种公猪和母猪要及时淘汰处理，其后代要跟踪监测，不宜作为种用。

通过两个以上产仔期观察，母猪群无衣原体引起的流产、死胎、产弱仔及新生仔猪围产期死亡发生，断奶仔猪群和育成猪群无衣原体引起的肺炎、肠炎、多发性关节炎、角膜结膜炎等病发生，可以初步认为以上实施的防制措施是有效的。

第十三节　猪附红细胞体病

猪附红细胞体病（EH，简称猪附红体病）是由附红细胞体寄生于动物或人的红细胞表面、血浆等部位而引起的一种人畜共患传染病。猪附红细胞体病临床上主要特征为发热、贫血、溶血性黄疸、呼吸困难、虚弱，怀孕母猪流产、产死胎等。俗称"猪红皮病"、"血虫病"、"贫血性黄疸病"。

现在猪附红细胞体病流行情况发生了新的变化，猪场大规模暴发附红细胞体病较少，多呈零星发生，对成年猪致病率不高，多呈隐性感染，但往往与猪瘟、猪蓝耳病、弓形体病等混合感染，因而对养猪业造成一定的危害。

1. 病原学

过去曾将猪附红细胞体列为立克次体目、无浆体科、附红细胞体属。但近几年，对病原的基因测序与种系遗传分析认为附红细胞体与支原体相似，无细胞壁，无鞭毛，对青霉素类不敏感，而对强力霉素等四环素类抗生素敏感，故将其更名为猪嗜血支原体。

附红细胞体大小直径约 1 微米，最大 2.5 微米，呈环形、球形、椭圆形、杆状、月牙状等多形性。虫体多单独或是长链状依附在红细胞表面，呈芒刺状，红细胞如星状，少数游离于血浆中。

附红细胞体在红细胞上以直接分裂及出芽方式进行裂殖，目前还不能用无细胞培养基培养，也不能在血液外组织繁殖。对各种消毒剂及干燥的抵抗力极弱，在抗凝的血液中置 4℃ 条件下可保存 15 天。但对低温的抵抗力强，一般常用的消毒药均能将其杀死。

2. 流行病学

（1）易感动物　不同年龄的猪均有易感性，近几年主要是围产期母猪和仔猪发病率相对较高，被阉割后几周的仔猪更易发病。

（2）传染源　患病猪和隐性感染带菌猪是最重要的传染源，吸血昆虫、老鼠等可携带附红细胞体。

（3）传播媒介及途径

① 直接传播：可通过舔食断尾的伤口、相互咬斗或喝被血污染的尿和脏水或采食被污染的饲料、血粉、胎衣等经消化道感染。

② 间接传播：可通过蚊子、疥螨、虱子等吸血昆虫和老鼠传播。

③ 血源传播：被污染的注射器、针头、阉割刀、剪尾钳、耳号钳等也能传播。

④ 垂直传播：可经患病母猪的胎盘感染胎儿，此外配种也可传播该病。

（4）流行特点　该病一年四季均可发生，但高温高湿的季节多发。附红细胞体病是由多种因素引发的疾病，常在受到强烈应激和机体抗病力降低的情况下才会出现明显的临床症状，如贫血、发热，有时也可见黄疸。饲养管理不良、天气突变、突然换料、更换圈舍、密度过大、争斗、分娩等应激因素或患猪瘟、猪蓝耳病、圆环病毒病、传染性胸膜肺炎、猪链球菌病、副猪嗜血杆病等疾病时，最易并发和继发附红细胞体病。

3. 致病机理

猪附红细胞体会改变红细胞的表面结构，使其变形，变形的红细胞影响血液流动性和对渗透压的抵抗力，经过脾脏时被清除，并发生溶血，致使猪只在急性感染阶段，可发生广泛的溶血性贫血。在猪附红细胞体与红细胞膜相互作用的过程中，红细胞膜受到不同程度的破坏，从而导致抗原暴露出来，这些抗原被自身免疫系统视为异物，猪体产生自身抗体，从而使被感染猪的红细胞发生溶血现象。此外，猪附红细胞体感染时，红细胞大量崩解破坏，也可引起贫血、溶血，致使血液稀薄，还会引起严重的酸中毒、低糖血症等。由于消耗性血凝固病理作用，使血凝时间延长，血栓数量增加，引起机体出血。

猪附红细胞体可通过降低辅助性 T 细胞的功能，导致 B 细胞数量和各种免疫球蛋白的产生量减少，从而间接地抑制了机体的体液免疫应答。在当前的养猪业生产中，一方面，大量附红细胞体感染引起猪群的免疫抑制，增加了其他病原体（细菌、病毒、寄生原虫）感染的可能性；另一方面，猪群流行的一些免疫抑制性疾病，如猪圆环病毒、猪蓝耳病病毒、伪狂犬病病毒的感染，可成为猪发生附红细胞体病的一个重要诱因。两者之间在疾病发生上常互为因果关系，使感染猪的症状加剧，对养猪业的危害加重。

4. 临床症状

由于本病是多因素疾病，在清洁、正常饲养条件及机体防御机能健全的情况下，多为隐性感染，感染附红细胞体后，一般不会发生急性病例，或不表现临床症状。但是，当发生其他疾病（尤其是猪蓝耳病、温和型猪瘟等）、应激、营养缺乏、不良环境等因素引起的机体抵抗力下降时，便引起发病。临床症状表现为贫血、黄疸、体温升高、厌食、耳廓边缘发绀，仔猪高死亡率，母猪出现繁殖障碍。

本病的潜伏期为 3～20 天，平均为 7 天。

（1）仔猪症状 主要发生在被阉割后几周的仔猪阶段，急性期间的临床症状是：开始皮肤发红，指压褪色，故有"红皮病"之称；四肢末端、臀、尾及腹内侧皮肤发绀，特别是耳廓边缘发绀呈蓝紫色（时间久者耳部可发生坏死）是其特征性症状，这些区域的温度比身体中心的温度要低；此外，高热达 40.5～42℃，呈稽留热、精神沉郁、厌食、扎堆、发抖，呼吸困难、反应迟钝，中后期行走不稳、下痢、贫血，皮肤和黏膜苍白，有时有黄疸。急性病例发病后 1 天至数日死亡，多数病程 1 周以上。死亡率高达 5%～20%。急性阶段后自然恢复而存活的猪生长缓慢，成为僵猪。慢性病例，主要表现为持续性贫血、消瘦、苍白，有的可见皮疹和腹部皮肤出血点。

（2）育成育肥猪症状　贫血症状不明显，表现为典型的溶血性黄疸，体温升高至 40℃以上，精神不振，食欲下降，常见皮肤发红、末梢发绀，毛孔处有小的铁锈色红斑，尤以头颈部皮肤明显；生长发育不良、消瘦，易感染其他病原如体外寄生虫，育肥猪发病后死亡较少。

（3）母猪症状　可分为急性与慢性两种。

① 急性感染：常在临产时或分娩后 3～4 天出现临床症状。表现为厌食、持续高热（40～42℃），有的乳房或外阴水肿 1～3 天，产奶量下降，缺乏母性。易发生乳房炎。个别母猪发生流产或早产，产死胎或弱仔。

② 慢性感染：患猪体温在 39.5℃左右，食欲不佳，主要表现为持续性贫血和黄疸，全身苍白，黄疸程度不一，耳尖放血稀薄，所生仔猪往往因过度贫血而死亡。母猪常出现流产、不发情或屡配不孕、窝仔数少、产弱仔、断奶至发情延期、繁殖率低等繁殖障碍。如伴有其他疾病或营养不良，可使症状加重甚至死亡。

5. 病理变化

主要变化为贫血及黄疸。皮肤及黏膜苍白，血液稀薄如水，凝固不全；全身肌肉色淡；全身性黄疸，皮下脂肪、腹腔脂肪和脏器黄染；肝胆大，脂肪变性呈黄棕色，胆囊充满浓明胶样胆汁；脾肿大变软；肾肿大，苍白或土黄色，有出血斑；肺淤血、水肿；10天左右病程的猪，可见心肌苍白、松弛，冠状沟脂肪消失呈胶冻样；有时胸腔、腹腔及心包积液，全身淋巴结肿大，尤其是腹股沟和肠系膜淋巴结黄染呈铁锈色。

6. 血液学变化

从发热病猪采集的血液稀薄，呈水样或清漆样，不黏附试管壁。将收集在含抗凝剂试管中的血液冷却到室温倒出来，可见试管壁有黏状的微凝血，这对附红细胞体病是有特异性的，将血液冷却时这种现象更明显，当血液加热到37℃时，这种现象几乎消失。

7. 诊断

根据流行特点（各种年龄的猪均可发病，仔猪发病多，死亡率高；临产母猪和产后数天母猪多发；温热、潮湿多雨季节及寒冷易变的冬春季多发；发病有应激因素存在）、临床症状（仔猪发病呈现急性经过，体温升高、贫血、黄疸；育肥猪黄疸多见，贫血少见；耳部、全身皮肤发红或紫红色，即所谓"红皮猪"症状；母猪有全身症状及繁殖障碍）及剖检病变（全身皮肤、黏膜、脂肪黄染；内脏器官肿大、黄染；胸、腹腔及心包积液）可做出初步诊断。实验室可进行血液压片和涂片镜下检查病原。最好的办法是采用血样PCR检测，此法快速、敏感、特异性强，尤其适用于诊断血液中虫体很少的慢性感染猪。

在急性发热期间进行病原的显微镜检查可采用鲜血压片法，但要正确制作血液涂片。细微的采样和制备高质量的涂片是在光镜下查到附红细胞体的前提。在制备血涂片前必须将血液加温到38℃。在红细胞的表面可见到卵圆形至圆形的环形附红细胞体，或完全将红细胞包围的链状附红细胞体，平均直径为0.2～2微米。红细胞与附红细胞体之间的大小比例如同篮球与乒乓球。特别提示：镜下病原体的检查结论要严谨、科学，避免误诊和夸大，造成不必要的损失。

应注意与温和型猪瘟、猪蓝耳病、链球菌病、猪流行性感冒、黄曲霉中毒、弓形体病、硒-维生素E缺乏症以及其他引起繁殖障碍和泌乳障碍的疾病等进行鉴别诊断。日龄较大的病猪，症状与猪流感相似，但猪流感用一般抗生素和退热药治疗有较好疗效，而附红细胞体病使用以上药物无效。附红细胞体病发病后期易与猪瘟相混淆，但猪瘟无贫血和黄疸症状，且表现为多发性败血症变化。附红细胞体病血液稀薄，有伤口会流血不止，且血液呈淡红色或水样。猪附红细胞体病某些症状与猪蓝耳病相似，但猪蓝耳病表现为呼吸困难，耳朵发紫，死胎较多，容易产木乃伊胎；而附红细胞体病则主要表现为呼吸频率增加，全身先发红后苍白。

因为附红细胞体病在临床上很难做出准确的诊断，该病与上述这些猪病有着极相似的外观表现，而且有时本病很容易与上述疾病中的一种或数种混合感染，因此不要将附红细胞体病人为地扩大化。

8. 综合防治

（1）对本病要早发现、早确诊、早用药、用对药。

（2）急性感染时，可肌注烟台绿叶"炎沙"注射液（20%长效土霉素），每千克体重 0.1 毫升，隔日一次，连用 2～3 次，重症每天一次；或辉瑞"得米仙"；也可肌注 5% 强力霉素注射液，每千克体重 0.2 毫升，每天 1 次，连用 3～5 天。

（3）对发病初生不久的贫血仔猪，可注射铁制剂"牲血素"1毫升，至 2 周龄时再注射"牲血素"2 毫升。对慢性病例，也要补铁，依体重大小肌注"牲血素"2～3 毫升。

（4）在常发地区和流行时节，对病猪群饲料中添加四环素类抗生素或砷制剂预防。如每吨饲料中添加 15% 金霉素预混剂 2000 克或回盛生物的"附红特乐"（有效成分盐酸多西环素及增效剂）1000克，或强力霉素可溶性粉 150 克（效价）＋磺胺增效剂（TMP）20克，连用 7～10 天；也可每吨饲料中添加阿散酸 180 克，连用 1周，以后改为 90 克，连用 15 天。

（5）为阻断疥螨、虱等的传播途径和防止再感染的发生，病猪可皮下注射 1% "绿伊素"（长效复方伊维菌素）注射液，每 10 千克体重 0.3 毫升（且莫盲目加量），10 天后同等剂量补注一次。同时用 20% 速灭丁（杀灭菊酯）250 倍液或 2% 敌百虫液喷洒猪舍地面、墙壁下部和围栏，以杀灭环境中的螨虫，防止体外寄生虫的反复感染，从而有助于控制本病的发生。

（6）在进行免疫接种和药物注射时，每头猪都要更换 1 个针头。阉割、断尾、去犬齿、打耳号等所用器械要严格消毒，防止血源性感染。加强生物风险管理和兽医卫生，及时杀灭蚊蝇等吸血昆虫；加强饲养管理，减少各种应激。

第九章

猪寄生虫病

猪疥螨病，俗称猪疥癣、癞，是由猪疥螨虫寄生在皮肤内而引起的猪最常见的外寄生虫性皮肤病，对猪的危害极大，在我国养猪场几乎都有猪疥螨感染。因处于持续性的剧痒应激状态，使种猪消瘦，商品猪生长缓慢，降低饲料转化率，重者光吃不长，逐渐消瘦，甚至死亡。由于呈现一种慢性、消耗性的过程，没有造成明显的大量死亡，所以对其引起的损失往往被忽视，而使大多数猪场蒙受巨大损失，是影响猪场效益的重要因素之一。

猪疥螨病的最常见症状是瘙痒，依据临床表现可分为两个类型。一种为过敏反应型，最为常见，又最容易被忽视。主要见于断奶后的生长猪，由于螨虫在猪皮肤内打隧道并在内产卵、吸吮淋巴液、分泌毒素，会引起猪局部不适，出现早期瘙痒。感染螨虫3周后皮肤出现病变，常起自头部，特别是耳朵、眼、鼻周围出现小痂皮，随后蔓延至整个体表、尾部和四肢，出现红斑、丘疹，并引发迟发型和速发型超敏反应，造成强烈痒感，作为疥螨感染的指征，瘙痒比发现螨虫更可靠。由于过度挠搔及擦痒，使皮肤变红；由于组织液渗出，干涸后形成痂皮。另一种为角化过度型，过去教科书和报刊所描述的疥螨主要指此型，有皮肤病变，并可分离到螨虫，有时称为慢性疥螨病，多见于经产母猪、种公猪和成年猪。随着病程的发展和过敏反应的消退（一般是几个月后），皮肤出现过度角质化和结缔组织增生，可见皮肤变厚，形成大的皮肤皱褶、龟裂、脱毛，被毛粗糙多屑，常见于成年猪耳廓内侧、颈部周围、肢下部，尤其是踝关节处形成灰色、松动的厚痂。经产母猪及种公猪过度角化的耳部是猪场内螨虫的主要传染源，仔猪常常在吃奶时受到感染。猪患疥螨病怎么办？现将笔者多年临床实践体会介绍如下。

1. 立即对有瘙痒临床表现的病猪隔离治疗

可选用下面 3 种方法中的一种。

① 皮下注射杀螨制剂，选用法国施维雅"伊能净"（1%伊维菌素注射液），或美国辉瑞"通灭"（1%多拉菌素注射液），每 10 千克体重 0.3 毫升。

② 药浴或喷洒疗法，20%杀灭菊酯（速灭杀丁）乳油，300 倍稀释，全身药浴或喷雾治疗。注意：必须全身都喷到，并用该药液喷洒圈舍地面、猪栏及近地面之墙壁，以消灭散落的虫体。药浴或喷雾治疗后，再在耳廓内侧涂擦自配软膏（杀灭菊酯与凡士林，按 1∶100 的比例配制）。因此药无杀卵作用，根据疥螨的生活发育史，在第一次用药后 7～10 天要接着进行第 2 次同样的治疗，以消灭孵化出的螨虫。

③ 饲料中添加 0.6%伊维菌素预混剂（中美合资中佳大地、诺华生产），每吨饲料添加本品 300 克，连用 7 天。或每吨饲料添加大北农"帝诺芬"（0.2%伊维菌素预混剂）1000 克，连用 7 天。

2. 要杀灭环境中的螨虫

在驱虫过程中，大家往往忽视一个非常重要的环节，那就是环境的驱虫以及猪使用驱虫药后 7～10 天内对环境的净化。很多杀螨药能将猪体的寄生虫杀灭而不能杀灭虫卵或幼虫，环境中的疥螨虫和虫卵也是一个十分重要的传染源。原猪体上的虫卵或幼虫成长成为具有致病作用的成虫又回到环境中，只有此次再对环境进行一次净化，才能达到较好的驱虫效果。可用 1∶300 的杀灭菊酯溶液或 2%敌百虫溶液，彻底消毒猪舍和用具，以消灭散落的虫体。同时，对粪便和排泄物等采用堆积高温发酵杀灭。

3. 加强防控与净化

猪疥螨病是一种具有高度接触传染性的外寄生虫病，患病公猪通过交配传给母猪，患病母猪又将其传给哺乳仔猪，转群后断奶仔猪之间又互相接触传染。如此，形成恶性循环，永无休止。此外，病猪搔痒脱落在外界环境中的疥螨虫体和虫卵污染的栏舍、用具等也是重要传染源。因此简单地用药治疗患病个体，不能从根本上解决问题。另外，疥螨病在多数猪场得不到很好控制的主要原因，在于对其危害性认识不足，在某种程度上，由于对该病的隐性感染和流行病学缺乏了解，饲养人员缺乏对猪耳损伤的检查，又常把生长猪过敏反应型螨病所致瘙痒这一主要症状，当作一种正常现象而不以为然，既忽视治疗，又忽视防控和净化，从而难以控制本病的发生和流行。

本病比较有效的控制方法和措施是：病猪隔离治疗与全场猪只预防结合起来，治疗预防与环境杀虫结合起来，才能收到事半功倍的效果。

（1）皮下注射"伊能净"

① 妊娠母猪分娩前 10～15 天皮下注射一次，种公猪必须每年至少注射两次，或全场一年两次全面注射（种公、母猪，春秋各一次）。

② 后备母猪转入种猪舍或配种前 10～15 天注射一次。

③ 仔猪：断奶后进入育肥舍前注射一次。

④ 生长育肥猪：转栏前注射一次。

⑤ 外购的商品猪或种猪，当日注射一次。注射用药见效快、效果好，但操作有一定难度，有注射应激。

（2）饲料中添加"伊力坦"（0.6％伊维菌素预混剂） 每吨饲料添加本品 300 克，连用 7 天。适用于上述各阶段猪。优点是使用方便，无应激。

（3）环境杀螨消毒 见本节"要杀灭环境中的螨虫"。

以上措施各场可依据具体情况灵活选用。

第二节　仔猪球虫病

猪球虫病是由猪等孢球虫寄生于猪小肠上皮细胞而引起的一种原虫病，呈全球性分布，主要危害集约化猪场 8～15 日龄仔猪群，以腹泻（排淡黄色糊状稀粪）、脱水、体重下降和死亡为主要特征，故又称"十日龄腹泻"。抗生素治疗无效，在临床上易与仔猪黄痢、白痢和轮状病毒等引起的仔猪腹泻相混淆，常造成误诊，延误了治疗时机，影响仔猪群整齐度、断奶体重、断奶成活率、饲料成本、断奶时间等指标，给养猪生产造成严重的经济损失。

为什么在使用了大量抗生素后，仔猪腹泻仍得不到有效控制？原因是人们找错了引起仔猪腹泻的罪魁祸首，仔猪球虫病作为引起仔猪腹泻的主要原因之一，至今往往被忽视。为此，要引起足够重视。

1. 病原学及猪球虫的生活史

球虫是寄生于细胞内的原虫，猪等孢球虫属于真球虫目、艾美耳科、等孢球虫，在自然感染条件下，对仔猪的致病性最强，是引起新生仔猪腹泻的主要病原。感染引起的球虫病，通常发生于8～15日龄的仔猪。仔猪球虫病的流行比人们想象的要常见得多。

猪等孢球虫在动物宿主和环境中完成其生活史的各发育阶段，它的靶器官是小肠，在黏膜组织内进行内生发育，内生发育阶段产生的虫卵通过显微镜可以见到，称作卵囊。卵囊随粪便排出体外。猪球虫卵囊在恶劣环境条件和消毒剂的影响下具有很强的存活力，卵囊在土壤中可存活4～9个月，且卵囊发育时间较短，在适当的温度、湿度和氧气条件下进行发育，在1～3天内形成孢子化卵囊（孢子化卵囊才能感染其他猪）。孢子化卵囊被猪吞食后，孢子在消化道释出，侵入肠上皮细胞，经裂殖生殖和配子生殖后，形成新的卵囊，脱离肠上皮细胞，随猪粪排出体外，从而导致产房内仔猪的反复感染。

2. 流行病学及感染途径

（1）易感动物及受感染的年龄群　球虫病主要感染哺乳仔猪，发病率高，容易继发大肠杆菌和轮状病毒，死亡率高。8～15日龄的感染仔猪出现典型的腹泻，所以也把该病称作"十日龄腹泻"。有时腹泻可能出现得更早（从6日龄始）或更晚（直到3周龄）。在3周龄之后，虽然在粪便中仍可能检测到猪等孢球虫，但临床症状不明显，多为带虫感染。

（2）传染源与感染途径　病仔猪和带虫母猪是主要传染源。在仔猪直接接触的环境中，卵囊可能无处不在，如在圈舍的地板上或黏附在母猪的乳头上。仔猪出生后的最初几天内，经口摄入孢子化的感染性卵囊，从而发生感染。在人工感染模型中，猪饲养在适宜的管理条件下（即圈舍气候、卫生、饲料），每头仔猪仅接种10^4

个卵囊即可引起感染。而在感染仔猪的环境中，1克粪便中可能含有 10^5 或更多的卵囊。1个完整的发育史即从虫体侵入到发育感染阶段仅需几天时间，因此出生后的最初 10~14 天内，产仔舍中的感染机会可能会快速发展。

（3）流行特点　仔猪发生球虫病主要是由于接触分娩舍地板、器具上残留的球虫卵囊而感染，母猪粪便中的卵囊也可能引起仔猪发病。潮湿有利于球虫的发育和生存，故多发生于潮湿多雨季节。特别是没有漏缝地板的分娩舍，猪球虫病的发病率相对较高。缺乏经验的兽医经常误诊为细菌性腹泻，因应用抗生素治疗无效而延误治疗时机，造成损失。一般来说，猪场饲养管理不良，猪舍阴暗、潮湿、通风不良、卫生条件差，仔猪球虫病的发病率较高，并且一年四季均可发生。如果混合感染细菌性和病毒性疾病，损失更为严重。

3. 临床症状

患病仔猪初期出现精神沉郁、怕冷、食欲下降，主要临床症状是腹泻，病初排出黏稠伴有强烈酸奶味呈奶油状的糊状粪便，1~2 天后逐渐发展为水样腹泻。腹泻的严重程度各有差异，腹泻的颜色从白色到黄色，形状可从糊状到水样，但不出现血便。全窝腹泻多在 8~10 日龄，发病率 50%~70%。腹泻可持续 4~6 天，部分仔猪能自行康复。患病较严重的仔猪精神沉郁、吸乳减少，病猪因脱水而消瘦，皮肤及黏膜苍白，但仍哺乳。一般能自行耐过逐渐恢复，但生长迟缓，同窝仔猪生长发育不均。因球虫造成的死亡率一般为中等程度，但下痢严重或继发感染时使病情加重，死亡率达 20%。如果同时感染大肠杆菌、轮状病毒或冠状病毒等，临床症状则更为严重，可出现相关症状。

4. 病理变化

剖检病变主要在小肠，可见空肠、回肠有急性炎症，肠黏膜上皮细胞坏死脱落，肠壁变厚，浆膜表面不透明，肠道黏膜肿胀变性甚至糜烂坏死，常有似撒糠样的异物覆盖。肠系膜淋巴结有时充血、肿大，未见其他脏器有明显病理变化。

5. 诊断

根据流行病学、临床症状、病理变化和抗生素治疗无效等特点可做出初步诊断。取腹泻 2～3 天的病猪新鲜粪便用饱和盐水漂浮法集虫，或取病猪病变肠黏膜直接涂片镜检。若发现大量近乎圆形的淡黄褐色等孢球虫卵囊以及裂殖体和裂殖子等可确诊。

6. 治疗

本病很难根治，而且用于防治的药物并不多。病猪口服"百球清"，每千克体重 20～30 毫克；或托曲珠利溶液（南京金盾"艾美青"），一次 1 毫升；或口服盐酸氨丙啉，每千克体重 25～40 毫升，每天 1 次，连用 5～6 天，有一定效果。也可试用口服甲氧苄啶/磺胺二甲嘧啶，每千克体重 0.1 克，每天 1 次，连用 5～7 天。

7. 防制措施

（1）搞好分娩舍的清洁卫生工作，消除猪舍内的感染性卵囊，使猪群生活在清洁干燥的环境中。采用高床分娩栏，并及时清除母猪的粪便，尽量减少仔猪接触母猪粪便的机会；减少仔猪的寄养，避免交叉感染；保持饲粮新鲜、饮水洁净，减少寄生虫繁殖的机会，从而减少球虫病的发生。

（2）分娩舍污染是仔猪感染球虫的主要途径，应采用"全进全出"的饲养方式，减少同一分娩栏球虫病的连续传播。分娩舍地板、栏架和各种用具必须严格消毒，由于普通消毒剂不能杀死球虫卵囊，应选用对球虫有强杀灭作用的消毒药，尤其是以戊二醛为基础的复合型消毒剂，如腾骏复合醛、安灭杀等，可有效杀死球虫卵囊，明显降低猪球虫病的发病率。

（3）猪粪应集中堆积、发酵处理，以杀灭猪球虫等寄生虫虫卵，做好杀虫灭蝇工作，减少球虫病的传播。

（4）虽然母猪体内的球虫不是引起仔猪球虫病的主要原因，但也不能忽视。针对目前猪场存在多种寄生虫危害的实际情况，应选用能同时驱除猪体内外寄生虫的复方驱虫药物，有效地控制猪球虫和其他寄生虫对猪群的危害。猪场技术人员在选择驱虫药物时应考虑以下三个方面的问题：①单纯使用伊维菌素、阿维菌素对疥螨等寄生虫驱除效果较好，但对球虫无效，对猪体内移行期的蛔虫幼虫等效果也较差；②阿苯达唑、芬苯达唑等对蛔虫、鞭虫、结节虫等线虫及移行期的幼虫、虫卵都有较强的驱杀或抑制作用，但对猪球虫无效；③地克珠利、盐酸氨丙啉和一些磺胺类药物对球虫效果较好。

(5) 在仔猪球虫病发病严重的猪场，在仔猪 3～6 日龄（5 日龄最佳）时使用"百球清"或磺胺二甲氧嘧啶和泰乐菌素复方制剂溶液或 5% 的三嗪酮悬液，对小猪进行灌服，有一定预防效果。当怀疑仔猪发生球虫病时，用同样方法进行治疗，连用 5 天，患病仔猪应同时灌服口服补液盐，防止脱水死亡。

第三节　猪弓形虫病

猪弓形虫病（又称弓形体病或弓浆虫病）是由龚地弓形虫引起的一种人畜共患的能感染多种动物的原虫病。猫是唯一的终末宿主，中间宿主包括人、猪、牛、羊、兔、犬、鹿等 45 种哺乳动物和鸡、鸽等 70 种鸟类和 5 种冷血动物，人也可感染弓形虫。

1. 病原体与生活史

弓形虫在整个发育过程中分 5 种类型，即滋养体（又称速殖子）、包囊、裂殖体、配子体和卵囊。其中滋养体和包囊是在中间宿主体内形成的，急性感染时出现的虫体叫滋养体，为一端稍钝的月牙形或香蕉状，寄生于细胞内，以出芽方式反复进行二分裂，终于使细胞崩解，再侵入其他细胞内。如转为慢性感染时，细胞内虫体增殖很缓慢，形成以被膜覆盖的包囊，略成球形，在内部含有数十至千个慢增体。慢增体比滋养体稍小而细，主要寄生在骨骼肌、脑、眼球视网膜内、子宫等处。裂殖体、配子体和卵囊是在终末宿主（猫）体内形成的。其中滋养体、包囊和感染性卵囊，这 3 种类型都具感染能力。当人和动物摄食含有包囊或滋养体的肉食和被感染性卵囊污染的食物、饲料、饮水而经口感染侵入体内，滋养体还可经口腔、鼻腔、呼吸道黏膜、眼结膜和皮肤感染，母猪还可通过胎盘感染胎儿。

当人和其他中间宿主的包囊被猫吃后便在肠壁开始进行裂殖生殖，其中一部分虫体在小肠内进行大量有性繁殖，最后变为大配子体和小配子体。大配子体产生雌配子，小配子体产生雄配子，雌配子和雄配子结合为合子，约经 24 天合子再发育成抵抗力强的孢子化卵囊随猫粪排出，并污染土壤，长期存在于自然界，成为人和各种动物的重要传染源。当人、猪或其他动物吃进卵囊后，就会引起弓形虫病，如此在终末宿主和中间宿主之间反复循环感染。

2. 流行病学

（1）易感动物　我国猪弓形虫病多发生在 25 千克以上的架子猪，尤以乳猪可见，3～5 月龄猪发病严重。

（2）传染来源与途径　家猫及野猫排出的弓形虫卵囊和被卵囊污染的土壤，是感染中间宿主的重要传染来源外，中间宿主之间相互感染也是主要形式。动物之间互相扑食或人吃未煮熟的肉类即可被感染，中间宿主的滋养体和包囊也可以感染。

（3）流行特点　本病在 5～11 月份温暖季节发病较多，猪感染后呈散发或暴发性的急性发病，也可呈隐性感染，并且隐性感染占绝大多数。本病暴发时可在短时间内使整个猪场的大部分猪或几幢猪舍的大部分猪发病。散发性病例则零星发生。

3. 致病机理

孢子化卵囊被猪吞食侵入机体后，卵囊和孢子囊即被消化，子孢子随淋巴、血液循环散布于脑、心、肺、肝、淋巴结和肌肉等全身多种器官和组织，并在细胞中寄生和繁殖，形成包囊（内有滋养体），致使脏器和组织细胞遭到破坏，同时由于毒素作用，引起各脏器和神经、肌肉等组织水肿出血、坏死等变化。

4. 临床症状

本病主要引起神经、呼吸及消化系统的综合征，此外还有流产和死胎。

（1）急性感染　潜伏期 3～7 天，病初体温升高至 40.5～42.9℃，高热稽留热型，持续 3～10 天或更长时间，食欲逐渐减退而至废绝，精神沉郁，结膜发绀；尿液呈橘黄色，粪便多数干燥。断奶仔猪有时出现肠炎及神经症状，水样腹泻，粪便不恶臭；呼吸困难，呼吸次数每分钟可达 60～80 次，常呈腹式或犬坐姿势呼吸，有的出现咳嗽，鼻常流出水样或黏性鼻液，由于发烧而干燥，使鼻盘周边污染；腹股沟淋巴结明显肿大，发黑；腹部、股内侧、颈部、鼻端和耳部出现紫红色血斑块，病猪耳形成痂皮，重则发生干性坏死。此外，也有的可见到癫痫样发作、呕吐、全身不适、震颤、麻痹、不能站立等神经症状。病重者一般经 1 周左右死亡，或者耐过急性期后，体温下降，食欲逐渐恢复，转为慢性，生长不良，往往形成僵猪，并长期带虫。成年猪虽然也可感染，但多数无症状。

急性感染多发生于初产怀孕母猪，高热（41℃以上）、废食、昏睡，可发生流产、早产或产出发育不全的仔猪（弱仔多在3~5天死亡）、死胎、木乃伊胎或空怀等繁殖障碍，有的于短期内死亡或失明或后躯运动失调等，也有的病猪常在分娩或流产后自愈。

（2）亚急性感染　有的表现咳嗽和呼吸困难，有的癫痫样的痉挛发作，运动障碍、后躯麻痹不能站立和斜项等脑神经症状，有的病猪出现视网膜脉络膜炎甚至失明。一般发病后10~14天或更长，弓形体在组织器官内的发育增殖受到阻抑或被杀灭，使病情慢慢恢复，体温逐渐下降，食欲逐渐恢复。

5. 剖检病变

急性死亡病例，全身淋巴结肿大、出血、有小点坏死灶；肺高度水肿，小叶间质增宽，其间充满半透明胶冻样渗出物；有的并发肺炎；脾肿大，棕红色；肝脏呈灰红色，散在有小点坏死；肾有不同程度的出血点；肠系膜淋巴结肿大。

6. 诊断

根据流行特点、临床症状及剖检病变可初步诊断，确诊需进行实验室检查。在剖检急性病例时取肝、脾、肺和淋巴结等做抹片，用姬姆莎或瑞氏染色，在油镜下可见月牙形或梭形的虫体，核为红色、细胞质为蓝色即为弓形虫。

7. 防制

早期治疗均能收到较好效果，如用药较晚，虽可使临床症状消失，但不能抑制虫体进入组织形成包囊，从而使病猪成为带虫猪。

（1）对全场的病猪使用磺胺-6-甲氧嘧啶，按50毫克/千克体重进行肌内注射，每天1次，连用3~5天。

（2）对全场未发病猪可选用拜耳"利好"（20%磺胺间甲氧嘧啶/TMP），混饲治疗，每吨饲料加本品，首次量2000克，饲喂1天后，改为维持量1000克，再喂6天。也可选用磺胺甲基异噁唑（SMZ），100毫克/千克体重，每天内服一次，连用5~7天。

（3）病死猪一律焚烧深埋处理。病猪舍用苛性钠液消毒，并用百毒杀喷洒消毒 1~2 次，防止疫情扩散。

（4）扑杀全场的犬、猫，并严禁外来犬、猫进入养殖场，禁止养猫，并防野猫进入猪舍，要灭鼠，不给猪喂食生的碎肉。

（5）最重要的传染源是不显性或慢性感染动物肌肉中的包囊和从猫肠道排出的卵囊，为此，饲养人员不得与猫接触，以防误食猫排出的卵囊，人也不能食用未经煮熟的肉食以防感染；人感染弓形虫后，可引起反复发热、癫痫、产畸形胎和弱智胎儿等，严重的可造成死亡。

第十章

母猪疾病

第一节 产后泌乳障碍综合征

产后泌乳障碍综合征（PPDS）是指母猪在分娩出第一头仔猪后72小时内，泌乳量下降或无乳的疾病。病因与乳腺生长发育不良、激素、泌乳机能扰乱，营养不良，患全身性热性病及泌尿生殖系统疾病等有关，遭受应激等也可抑制或反射性影响泌乳机能。以前本病多被称为乳腺炎-子宫炎-无乳综合征（MMA），或围产期少乳、围产期母猪泌乳不足、母猪无乳综合征、泌乳衰竭综合征、毒血症性无乳症、产褥热等，是一个遍及全球的疾病，也是产后母猪常发病之一。近年来，尤其在规模化猪场，本病更加多发，有流行蔓延之势。有一些患PPDS的母猪，表现有临床症状，母猪发烧，呈病态，少乳或无乳，厌食或不食，无力，便秘，精神沉郁、昏睡；有的乳腺红、肿、热、胀、痛、乳汁异样；有的尿频尿急、尿液血色；也有的恶露不尽，自阴道不断排出脓性红褐色恶臭液体；普遍对仔猪感情淡漠等。但大部分母猪看起来都正常，没有明显的临床症状，乳房美观、饱满或充胀不足而松软，都没有炎症，就是无乳或少乳。暴发本病时，无乳（少见），如不将仔猪寄养或人工喂养，整窝仔猪都可能死亡；少乳（多见），仔猪常因急性饥饿而死亡，或得不到初乳中母源抗体的保护易感染下痢等传染病，或造成仔猪低血糖、消瘦衰竭、被母猪踩压，死亡率升高，有的生长缓慢，成为僵猪。虽经及时治疗，3～4天后可以恢复泌乳，但仔猪多已饿死，损失惨重。为此应引起高度重视，采取综合防控措施，防患于未然。

乳腺炎-子宫炎-无乳综合征（MMA）是以前对本病的最常使

用和最习惯的称呼，是根据母猪产后最明显的临床症状来命名的。但目前看来，这个病名有些不妥，属于用词不当，会给人造成一些误解，好像这3个症状在同一病例中会同时发生，但事实并非如此。临床上虽然部分无乳或少乳的母猪与肉眼可见的乳腺炎有关，但许多PPDS病猪乳腺无炎症，却因为乳腺组织没有功能而不能分泌大量乳汁。同样，子宫炎也是偶尔可见，临床上发现许多泌乳失败的母猪并不发生子宫炎，大量阴道分泌物在产后1～3天的正常母猪中常可观察到。因此，乳腺炎-子宫炎-无乳综合征（MMA）这个病名不太确切，还是称泌乳障碍综合征（PPDS）为好。

1. 正常的泌乳机理及过程

泌乳是母猪产后为哺乳仔猪而出现的一种生理活动，包括乳的分泌和排出两个独立而相互联系的过程。乳腺细胞能从血液中摄取营养物质生成乳分泌到乳腺泡腔中，这一过程称乳的分泌。乳汁从腺泡和导管系统排出需要仔猪吮吸乳头，诱导母猪神经内分泌的反射活动。仔猪吮吸乳头刺激了乳头上的神经受体，不仅刺激脑垂体前叶释放催乳素（催乳素是具有维持乳腺细胞合成乳汁和促进乳汁分泌的激素），同时还能诱导垂体后叶释放催产素。催产素刺激腺泡腔周围的肌上皮细胞收缩，压迫乳汁通过导管系统流向乳头，这一过程称为排乳或放乳，俗称"来奶经"。这两种过程都受神经和体液调节。

2. 病因学及致病机理

本病是一种病因非常复杂的综合征，最主要的有3个重要的病理性因素。一是乳腺发育不良，泌乳细胞数量少；二是泌乳细胞合成乳汁的能力不足；三是其他器官和系统提供乳腺泌乳所需营养及其他相关物质不足。PPDS的潜在病因多种多样，多达30多种，各种因素之间相互作用会增加PPDS的发生率，而其中以传染性因素、遭受应激、激素失调和营养管理失误四大因素为主。

（1）传染性因素

① 全身或局部细菌性感染　由于饲养环境肮脏，产房没有清洁及消毒、产道损伤、胎衣碎片滞留，或乳房、外阴消毒不严格，乳头被咬伤等原因，发生细菌性乳腺炎、膀胱炎-肾盂肾炎综合征、子宫内膜炎及产后败血症（产褥热）等各种热性病，局部感染最终

可影响全身。

② 严重的病毒性全身性疾病 如繁殖与呼吸障碍综合征（PRRS，俗称蓝耳病）、传染性胃肠炎（TGE）、猪流感（SI）、猪伪狂犬病（PR）、口蹄疫（FMD）、繁殖障碍型猪瘟（CSF）等。其他如猪附红细胞体病和一些热性病。

③ 内毒素血症 能引起乳腺炎、子宫炎、泌尿道或肠道感染的大肠杆菌和克雷伯菌等革兰阴性（G^-）菌能产生内毒素，被机体吸收后（可从乳腺或子宫吸收）造成内毒素血症（约有近1/3的PPDS患猪，其血液中内毒素呈阳性），通过垂体前叶抑制催乳素的产生，严重降低血浆中催乳素水平而导致本病。

④ 亚临床感染 一些PPDS是由前面所提疾病的亚临床感染造成的，虽然母猪不表现出明显的临床症状，但能引起内毒素血症而发生泌乳障碍。

（2）非传染性因素

① 分娩前后遭受各种应激，抑制或反射性影响泌乳机能 应激系指机体受到各种强烈或有害刺激后出现的非特异性防御反应。应激时机体出现一系列的神经和内分泌反应，并由此而引起功能和代谢的改变。常见的应激因素有：a. 分娩时产房及环境卫生条件差、噪声过高、突然受惊吓、难产、产程过长、创伤出血、胎猪滞留、分娩过程中过多地干扰母猪、仔猪相互争斗、疥螨严重感染、蚊蝇叮咬等；b. 乳头被产床毛刺划伤或被未剪齿的仔猪咬伤造成疼痛；c. 上产床过晚，未能尽快适应新环境；d. 突然更换饲料、饥渴、地面太滑、粗暴驱赶与追捕等；e. 温度、湿度剧烈变化，尤其是夏天产房温度过高，造成热应激；f. 注射应激反应大的疫苗、药物。应激导致垂体后叶分泌催产素（OT）受阻，没有催产素的释放，则可抑制或反射性影响泌乳机能，即不来"奶经"。这也是为什么注射催产素治疗泌乳障碍有效的理论依据。

② 神经内分泌失调，激素水平低 内分泌对乳产量起重要调控作用，许多不是因传染性病而发生泌乳障碍的母猪是因为产后血浆中催乳素水平非常低。此外，谷物被麦角菌污染，也抑制催乳素的释放。怀孕后期为保胎注射黄体酮，过量使用催产素而引起泌乳障碍的事例也时有发生。

③ 营养不当，管理失误

a. 妊娠期间饲料搭配不合理，营养水平过高或过低，饲喂过多或不足，造成母猪过肥或过瘦，影响卵巢、甲状腺、肾上腺功能及乳腺的发育和乳汁分泌。乳腺的发育与乳腺细胞的数量有关。乳腺的快速生长发生于妊娠的后 1/3 阶段和哺乳期，尤其是妊娠后 75～100 天，这是乳腺发育的关键时间，也是实行限饲的重要时期，这一时期过量摄入能量，体况过肥，会增加脂肪沉积从而减少乳腺细胞的数量，导致乳腺发育不良，虽然外观饱满，但泌乳性能差。反之，妊娠 100～112 天，如果营养供给（采食量）不足，母猪瘦弱，乳腺膨胀程度很差而干瘪。

b. 乳汁产量依赖高水平的能量、氨基酸及水的供应，合成乳汁用的氨基酸，主要是赖氨酸、缬氨酸、异亮氨酸的需要量较高，营养供应不足，必将导致缺乳。

c. 饮水不足将导致泌乳障碍。

d. 便秘的母猪，泌乳力差或停止泌乳。

e. 维生素、微量元素和矿物质缺乏，特别是维生素 E 和硒等缺乏，将降低机体抗应激能力和抵抗力。血浆中的钙和镁浓度过低，二价离子的平衡调节不当。

f. 饲料霉变，霉菌毒素引起内分泌紊乱，乳腺水肿。

g. 分娩前突然变更饲料，饲喂程序紊乱，大量饲喂磨得过细的饲料。

h. 产后加料过急，饲喂过量或吞食胎衣，引起肠道壅滞或便秘，造成产后不食或少食。

i. 产房拥挤、地面潮湿、光照不足、通风不良、温度过高等。

④ 乳腺发育不良，乳汁合成能力不足

a. 与泌乳相关的遗传、品种因素。杜洛克猪的泌乳能力相对差，如果选择"杜长大"商品猪或泌乳性能差的母猪的女儿或乳腺发育不良的后备母猪留作种用，发生泌乳障碍概率大。

b. 后备母猪配种过早，乳腺发育尚未完善。

c. 年老体弱，胎次过高，乳腺退化。

d. 乳房水肿。

e. 乳头管狭窄或闭锁，或被"乳头塞"堵住。

f. 先天性乳头异常，如乳头内翻、瞎乳头或其他畸形。

⑤ 其他相关问题

a. 有些母猪，特别是初产，由于分娩处于紧张及恐惧而有攻击性，将仔猪一生出来就咬死或踩死，有的不让仔猪接近其乳房，乳房因缺少仔猪吸吮或按摩刺激，使催乳素分泌活动停止而无乳或少乳。最好的办法是注射氯丙嗪等镇静剂配合催产素。

b. 产仔过少或弱仔过多，或仔猪患病，不能对乳头造成足够刺激而不能正常放乳，或因种种原因（如仔猪因腹泻或寒冷引起虚弱），仔猪不能吃尽所有的乳汁，过剩的乳汁压迫乳腺造成乳腺内压升高而"回奶"，应适当调整并保证一定的哺乳仔猪头数。

3. 流行病学特点

本病几乎都发生于产后 2～3 天内，呈散发，无传染性，四季都可发生，以盛夏多见。既可单发，亦可群发。发病率不等，一般约 10%，这种病主要是在第 2 胎或第 3 胎母猪中较为流行，但也会感染初产母猪，过肥母猪和带有杜洛克血缘的老龄体弱母猪有多发倾向，后部乳房有多发倾向。为此，要特别注意观察产后头 3 天内的仔猪及母猪的临床表现并及时测母猪体温，早发现早采取补救措施。对易发猪群必须未雨绸缪，提前预防。

4. 临床表现

主要临床表现是仔猪生长缓慢和死亡率升高。母猪常常在分娩期间或分娩后不久还有奶，仔猪哺乳正常，一般在分娩后第 2～3 天，泌乳减少或完全无乳。

（1）仔猪的临床表现　正常情况下，在产后头几天内，仔猪不是吃奶就是睡觉，健康活泼地吸奶、嬉闹和休息。当发生此病时，仔猪不断拱动奶头，就是不见母猪放奶；仔猪持续拱奶时间长，但吮奶时间很短，"奶经"很快过去了；仔猪吃奶次数增加，但吃不饱，吃奶后不能很快安定下来，总围绕母猪乱跑，追赶母猪吮乳；仔猪吸吮乳头无乳后，便抢吸其他乳头，长时间争斗咬架；有的仔猪因饥饿显得焦躁不安，不停尖叫；有的到处寻找食物，饮水增多，可能会饮地面的脏水或尿，往往全窝仔猪突然发生腹泻；仔猪消瘦露脊背，不活泼，皮肤苍白不红润，被毛不紧贴皮肤而逆立、粗乱无光泽；许多仔猪因饥饿和低血糖，很容易被压死或踩死。

（2）传染性因素引起的有临床症状的母猪表现

① 由蓝耳病、传染性胃肠炎、猪伪狂犬病、猪流感等病毒引起的 PPDS，都有原发病特征性症状，在此不再赘述。

② 由泌尿道感染、乳腺炎、子宫内膜炎等引起的 PPDS，约半数以上的感染母猪于 24 小时内就表现出泌乳减少的临床症状。临床检查的最佳时间是给仔猪哺乳时，感染母猪的排乳过程及维持时间短暂或缺如。主要临床症状是发热（产后 24 小时以后的直肠温度高于 40℃），精神差，厌食或不食，还有各自的特征性症状。

a. 急性乳腺炎：一个或多个乳腺有炎性病灶，乳腺发热、肿胀，重症整个乳腺复合组织变硬，指压留痕。患病乳腺乳汁量少甚至无乳，乳汁异常，色黄浓稠，含有脓样絮状物或血，有的稀薄如水样，对仔猪感情淡漠，对仔猪的尖叫和哺乳要求没有反应，有的母猪常趴卧不让仔猪吮乳。

b. 膀胱炎-肾盂肾炎综合征：多数病例呈亚临床感染，体温、食欲、精神、尿液均无明显异常，但排尿次数增多，每次排尿量减少，尿液排完后，排尿动作仍持续，有没尿尽的感觉。少数典型病例表现厌食，排尿频繁或排尿困难，血尿、脓尿。尿液一般呈血色或红棕色、浑浊，氨气味浓。

c. 子宫内膜炎：阴门红肿，不断从阴道排出黏性或脓性污、红色、腥臭、污浊液体，母猪常见努责做排尿姿势，不愿哺乳仔猪。

（3）传染性因素引起的亚临床感染的母猪表现　亚临床感染乳腺炎、膀胱炎-肾盂肾炎综合征、子宫炎、肠炎等的母猪，没有明显的可见临床症状，常因临床症状不明显而容易被忽视。对这种亚临床感染的母猪，笔者在生产实践中使用庆大霉素配合催产素和非甾体类抗炎药福乃达（或地塞米松），疗效良好。

（4）非传染性因素引起泌乳障碍的母猪表现　内分泌失调、激素不足、各种应激及营养等因素引起的泌乳障碍，除泌乳少或无乳外，其他临床症状都不明显。乳房外观无明显变化，乳房坚实并充满乳汁，乳汁也无变化，但是没有泌乳。有时可见母猪体质瘦弱，乳房不膨大而松弛，乳头不下垂，用手按摩后挤压不出乳汁或量很少，最好的办法是多次少量注射催产素。依据中兽医的理论，是因为饲料粗劣、营养不全，乳汁无生化之源，年老体弱、气虚血衰、气血不畅，或气血壅滞于乳腺，经络阻塞，乳汁不通或内分泌失调所致，治则为益气养血、理气活血、疏通经络。

5. 诊断

本病多在产后 3 天内无乳或少乳，仔猪生长缓慢和死亡率升高。早期诊断 PPDS 较为困难，因此时大部分母猪不表现任何明显的临床症状，而密切观察仔猪的行为变化是早期诊断的较好方法之一，比如，仔猪长时间的争斗、瘦弱，非哺乳时紧挨母猪不离开，在乳房下寻找乳汁，相当数量的仔猪被压死等，这些都是泌乳异常的表现。由传染性因素引起的泌乳障碍，母猪发烧（高于 40℃）、食欲减退、便秘、乳房肿胀、触痛，或尿频尿急、尿中带血，或阴道不断流出污红色腥臭液体等。根据仔猪的临床异常表现和行为变化，部分母猪的临床症状，母猪与仔猪之间的相互关系，以及仔猪生长缓慢和死亡率升高来综合分析，结合流行病学特点可做出诊断。

6. 治疗及处置

目前尚无特效药物治疗本病，处置的主要目的是尽量避免更多的仔猪死亡。应加强产后监管，仔细观察症状，勤测体温，做到早发现。一旦发生本病，应先分析原因加以改正，同时快速鉴别临床表现的母猪和无临床表现的母猪，区别是母猪泌乳、排乳障碍还是仔猪吮吸不足引起的，然后依据不同病因和症状辨证施治，及时确定针对性的治疗方案，采取病因及对症治疗、中西医结合的综合疗法，确保乳腺功能恢复使其尽快再泌乳。一时不能奏效，可寄养、分批喂奶、人工哺乳。以下几种常规疗法可供选择。

（1）抗菌药物疗法 对有临床症状的，由大肠杆菌等 G^- 菌和葡萄球菌、链球菌等 G^+ 菌引起的乳腺炎、膀胱炎、肾盂肾炎、子宫内膜炎、产后败血症等患病母猪，应采用抗生素疗法。有条件的应做药敏试验。也可选用对 G^+ 菌敏感的青霉素类、第 4 代头孢菌素——头孢喹诺、大环内酯类抗生素和对 G^- 菌敏感的氨基糖苷类，采用联合用药方式（如青霉素＋链霉素或青霉素＋庆大霉素）或使用广谱抗菌药物，如法国施维雅"新素易康"（长效土霉素）或氟喹诺酮类。每头用量：青霉素 400 万～600 万单位，链霉素

200 万～300 万单位，法国施美芬（2.5％头孢喹诺）10～15 毫升，4％庆大霉素 10～20 毫升，新索易康 10～20 毫升。氧氟沙星或恩诺沙星 20 毫升。对无明显临床症状的亚临床感染者，多由 G⁻ 菌产生的内毒素引起，应首选庆大霉素。以上药物 3～5 天为一疗程。

（2）非甾体类（非类固醇）抗炎药（NSAID）疗法　用于 PPDS 的预防和辅助治疗。先灵葆雅品牌产品福乃达，具有解热、镇痛、抗炎、抗应激和抗内毒素作用，本品可缓解和消除各种原因引起的发炎和发热症状，同抗生素配合使用，对于控制上述细菌性感染有很好的辅助治疗作用，肌注用量是每 50 千克体重 2 毫升，有时需要在第 2 天再次使用。另外产后立即注射福乃达 6～8 毫升，可降低 PPDS 的发病率，其机制是能抑制 G⁻ 菌菌体破碎而产生的内毒素血症和抵抗由于饲养管理不善及环境不良因素造成的应激。

（3）糖皮质激素抗炎疗法　对严重的感染性疾病，在应用足量、有效抗菌药物的前提下，也可配合使用地塞米松作辅助治疗，肌注，一日量：15～20 毫克，利用其抗炎和抗毒素作用，以迅速缓解病情。使用时要注意，尽量应用较小剂量，病情控制后应减量或停药，用药时间不宜过长。

（4）催产素（OT，商品名为缩宫素）疗法　重复使用催产素是目前最常用的刺激母猪乳汁生成的方法。催产素能促进乳腺腺细胞和乳腺导管周围的肌上皮细胞收缩，松弛大的乳导管的平滑肌，使乳腺胞腔的乳汁迅速进入乳导管而诱导排乳，所以也称"排乳激素"。但使用要妥当。一是用量要小，每次皮下或肌注 20 单位足够。二是最可靠的方法是静注，10 单位即可，也可于阴唇内侧或外侧注射 10 单位，比肌注效果好。三是由于催产素的半衰期极短，因此应间隔 2 小时注射一次，至少连用 6 次，或每天 3～4 次，连用 2 天。四是不要把催产素作为常规使用，在正常分娩的母猪中不提倡使用催产素。那种产后一律注射一针大剂量催产素，希望产后胎衣排除干净的做法，笔者认为不妥，一是因注射后乳汁往往会不自禁地射出，造成大量的初乳被糟蹋；二是过量使用反而导致以后排乳障碍。

（5）催产素刺激物疗法　对于因应激和攻击行为造成的泌乳障碍，可使用氯丙嗪一类镇静剂，一是能消除不安和攻击行为，二是能增加催乳素的分泌，特别适用于产后有攻击行为的初产母猪。肌注一次量：盐酸氯丙嗪2毫克/千克体重；马来酸乙酰丙嗪1毫克/千克体重。注射氯丙嗪后再注射催产素，可提高治愈率。

（6）中药疗法　对于由非传染性因素引起产后气血亏虚、乳少、无乳、乳汁不通，可选用催乳药。

① 人用药"通乳颗粒"，每次10包，或"妈妈多"、"催乳灵"、"复方王不留行"片，每次20片，2次/天，连用2～3天。

② 肌注5%催奶灵注射液10～20毫升，或肌注母猪增乳注射液，2次/天，连用3～4天。

③ 甘草、王不留行25克，通草15克，路路通、漏芦、丝瓜络、陈皮、大枣、白芍、黄芪、当归、川芎、熟地、党参各20克，共研末或煎汤调在饲料中喂给。

④ 兽用中成药"下乳涌泉散"，每次喂3包，一次/天，连喂3天。

（7）仔猪护养及支持疗法　为防止更多的仔猪被饿死，可利用牛奶、羊奶或奶粉配制代乳品进行人工哺乳，每1～2小时喂一次。病情严重的无乳病例所生初生重小的仔猪，需尽早找"奶妈"寄养。

（8）其他疗法

① 病因不明时，常用的药物治疗方法为间隔12小时，重复使用抗生素＋催产素＋福乃达（或地塞米松）。

② 肌注亚硒酸钠维生素E 10～15毫升，只注一次。

③ 新鲜胎衣洗净后煮汤喂母猪。或海带50克，泡软切碎，加猪蹄2个（或猪大油100克）炖煮喂猪，或小鱼虾（最好是鲫鱼）煮汤拌入饲料中，或藕节100克捣烂拌食。2次/天，连服2～3天。

7. 综合防控策略及措施

要深入贯彻"养重于防、防重于治"的理念，要勤观察、测体温、查寻病因，克服和纠正各种致病因素，并采取如下六项措施。

（1）产后注射前列腺素类激素　分娩后12小时内用40毫米针头深部肌注（最好大腿内侧）辉瑞律胎素2毫升（或前列腺素F2a注射液10毫克）或先灵葆雅卜安得2毫升（或氯前列醇钠0.2～

0.3 毫克）。如果用 12 毫米针头阴户注射，其用量可减半，但禁止静注。使用上述两种激素药物，它们可彻底溶解残留的妊娠黄体，终止内源性孕酮分泌，使催乳素浓度升高而有效保证泌乳，降低PPDS 的发生率。但不能与非类固醇类抗炎药物如福乃达同时应用。

（2）预防传染性因素引起的 PPDS

① 产后立即或最迟 8 小时内，对所有的母猪全身使用抗生素，如肌注青霉素 400 万～600 万单位＋链霉素 200 万～300 万单位，2次/天，连用 2 天；或一次肌注新素易康 10～20 毫升（或施美芬10 毫升），1 次/天，连用 2 天。有条件的也可配合使用非甾体类抗炎药——福乃达进行全身治疗，这是目前产房常用的措施。

② 产前 5～7 天至产后 7 天，每吨饲料中添加如下抗菌药物：辉瑞"利高霉素-44"1.5 千克，或"金西林"1.25 千克，或加康400 克，或 80%枝原净（80%泰妙菌素）125 克＋15%金霉素 2000克，或泰乐菌素 110 克＋SM_2 110 克，或爱乐新 1.5 千克。

（3）诱导母猪提前分娩　有条件的，配种记录完整而准确的，为降低本病发生率，可使用引产剂诱导母猪提前分娩。方法是在妊娠第 112 天，上午 8～10 时，肌注律胎素 2 毫升（或前列腺素 F2a10 毫克）或卜安得 2 毫升（或氯前列醇钠 0.2 毫克），阴户注射剂量减半，一般 24 小时后于白天较短时间内顺利产仔，可缩短分娩时间，避免产道损伤及感染。凡产前使用本类药物，产后就不要重复注射了。

（4）加强饲养管理，减少围产期各种应激因素

① 创造良好的产房与环境条件。母猪产前 5～7 天进产房，以适应新环境。产房要安静，减少噪声。加强生物安全，定期清洗、消毒，减少各种传染性因素。要通风良好，温度以 18～25℃ 为宜，不可过高。夏天要用湿帘、滴水法或风扇防暑降温，防止热应激。取暖灯不要直接对着母猪和乳房。产前要用杜邦卫可、0.1%高锰酸钾、百毒杀或聚维酮碘溶液等消毒外阴和乳房，用手挤掉乳头的"乳头塞"及头 1～2 滴奶，使顺利排乳。分娩过程中不要过多干扰，助产时要严格消毒。待吃足初乳后，用电工钳将仔猪上下左右8 枚犬齿剪平，防咬伤奶头和相互啃咬。产房地面不能太粗糙，产床不能有毛刺，否则将造成乳头损伤；也不能太滑，否则将降低活

动量、饮水和采食量。

②精心喂养围产期母猪，临产前不换料，一般在产前 3 天，开始适当减料，分娩前一天降到 1 千克，分娩当天不喂料，但绝对不能缺水（最好饮麸皮盐水），产后第 2 天喂 1 千克，以后逐渐加料，每天可增加 1 千克，一周后敞开喂，能吃多少喂多少，切忌分娩后第 1～2 天过量喂，加料过急易造成产后不食，导致泌乳减少。

③改善妊娠饲养管理，给予全价营养，采取前低后高的方式。应按体况评分标准，随时按照体况调整喂量，使大群母猪都处于良好的体况。一般配种后限饲 7 天，每天饲喂 1.8 千克，怀孕 75 天前每天喂 1.8～2.5 千克，目测分保持 2.5～3 分的中等体况，75～100 天，可增到每天 2.5～2.8 千克，100～112 天增至每天 2.8～3.5 千克为宜，尽量使其达到 5 分制中的 3～3.5 分，为产后泌乳提供足够的营养储备，防止过肥和过瘦。

④保证产前产后充足饮水，水流量每分钟至少 1.5 升。

⑤临产前防止母猪便秘和乳房水肿，要适当喂含粗纤维较多的饲料，最好是青绿饲料。地面要防滑，增加活动量。可添加台湾达邦"活力素"、台湾派斯得"泌乳进"或北京艾地"泌乐多"或腾骏"通用型乳乐健"。或每吨饲料添加 6.5 千克含 10 个水的结晶硫酸钠。或每头猪一次喂结晶硫酸钠 25～50 克（无水干燥硫酸钠，用量均减半），或人工盐 50～100 克，要保证大量饮水，可起缓泻作用。对乳房水肿，可喂服"泌乳进"、"乳乐健"，但禁止穿刺排液。

⑥分娩前 1 天至分娩后 2～3 天，每天早晚两次测母猪直肠温度，及早观察发现病猪。如果分娩 24 小时后，体温高于 40℃，应进行预防性治疗。

⑦严把饲料原料关，不喂霉变饲料，适当添加霉菌毒素吸附剂，如西班牙"艾可肥去霉益生素"、"霉卫宝"、霉可吸、霉消安、脱霉素等。

⑧临产前 15～30 天，给母猪肌注亚硒酸钠维生素 E 注射液 10～15 毫升，对内毒素有一定保护作用。患疥螨的，可皮下注射伊能净（1%伊维菌素），3 毫升/100 千克体重。对有附红细胞体威胁的，产前可注射一次新素易康或长效土霉素，10 毫升/头，以减

少病原数量。

（5）加强母猪科学选种与选配

① 挑选泌乳力强、哺乳性能好的优良品种作基础群。

② 严格选留后备母猪，至少要有 12 个发育完好的、均匀分布、功能完好的乳头，不具有足够功能性乳腺的母猪应被淘汰。

③ 不宜过早配种，外来品种以 230 日龄（至少 190 日龄）、体重 120 千克、P2 背膘 16～18 毫米、第 2～3 次发情配种为好，第 1 次发情不要急于配种。

④ 保证母猪群合理的胎龄结构，及时淘汰乳头内翻、瞎奶头、产奶量非常差、7 胎以上及乳房炎、子宫炎严重的个体。

（6）加强兽医卫生和生物安全　选用杜邦卫可、农福、先灵宝雅"安灭杀"等消毒剂定期消毒，特别抓好配种前和分娩前后的消毒工作，防止有关疾病的发生。认真做好猪瘟、伪狂犬、传染性胃肠炎、蓝耳病、口蹄疫等几种主要传染病的免疫接种。

以上措施可结合本场实际，参考选用。

第二节　母猪繁殖障碍性疾病

母猪繁殖障碍性疾病又称母猪繁殖障碍综合征，是特指由各种病因导致的妊娠母猪发生流产、早产、产死胎、产木乃伊胎、产无活力的弱仔、畸形胎、少仔和不发情、屡配不孕等为主要特征的一类疾病。此类疾病已成为大中型猪场最重要的疾病之一，造成巨大经济损失，因此应未雨绸缪，采取综合防控措施，防患于未然。

1. 母猪繁殖障碍综合征的指征

繁殖母猪凡出现下列一种或一种以上临床表现者，即可认为患有繁殖障碍综合征。

（1）流产　是指未满怀孕期的任何阶段妊娠过程中断，胚胎不能生长发育到足月者，即胎儿未完成发育前产出，产出的胎儿死亡或产后不久死亡。母猪流产前多无任何表现或有短时间的体温升高、食欲消失等症状，但很快恢复。早期流产（在妊娠 30 天以前流产）如猪细小病毒、猪瘟病毒等早期感染，胚胎会被吸收而出现不规则的重新发情。经典型蓝耳病在妊娠后期（107～112 天）引起晚期流产。延期流产指超出预产期若干天产出已死胎儿。

（2）早产　指提前 15 天以上产出不足月活仔猪者。一般早产的胎儿表现体重小、营养状况欠佳、活力差。

（3）弱仔　母猪分娩正常，但往往有部分或全部新生仔猪活力甚弱，不吃奶或拱奶无力，不能站立或呆立、哀鸣、发抖，有的腹泻、体温正常或稍低，常于出生 1～3 天后死亡。

（4）死胎　胎儿在子宫内已完成发育，已接近怀孕足期或怀孕期满或推迟若干天产出的已死胎儿。一般常于产出前几天死亡，故其大小与同窝的活仔猪相同，眼睛下陷。由于从未呼吸过，所以肺组织在水中下沉。有的产前 10 多天已无胎动。一般分娩顺利。在产出活仔过程中，交替产出死亡的仔猪或产出的全部是死亡仔猪。

（5）胎儿干尸化（木乃伊胎）　母猪妊娠期正常，分娩顺利。在产活仔或死胎过程中，伴随有一具或数具干尸化胎儿，有的全部是干尸胎儿。胎儿肢体干缩，但形体可辨，呈棕黄、棕褐或灰黑色，胎膜污灰色，常有腐臭味。有的母猪妊娠期大大超过仍无分娩迹象。胎儿干尸化产生的原因是因为胎儿开始形成钙质以后（35天以后）的任何阶段造成死亡后，胎儿因被母体吸收脱水而形成木乃伊。

（6）死胚　在怀孕 35 天之内，胚胎骨骼未形成钙质前死亡，它们可能完全流产。如在受孕后 10 天之内，在胚胎定植于子宫之前完全死亡，母猪则在正常发情期稍后几天重新发情。

（7）产仔不足　母猪妊娠正常，但产仔数在 5 头以下，多为胚胎于早期（妊娠 35 天以前）感染死亡后被母体吸收所致。

（8）畸形胎儿　母猪产出形体异常的仔猪，多已死亡。也较常见到个体较正常大 1～2 倍者，多见于乙脑、猪瘟等。

（9）发情异常或屡配不孕　母猪在繁殖年龄内数月不发情，发情周期紊乱，或按正常周期发情，即使在专职有经验人员指导下，屡次配种不能受孕者。如为病毒性病因所致，常因胎儿骨骼已钙化后的任何阶段受感染而全部致死，既不产出，也不能完全吸收，这样会造成母猪持久不孕。细菌性病因引起流产的母猪，有些病例因胎衣不下而致子宫炎，结果也造成不孕。另外，如母猪过肥、缺乏运动、营养失调、雌激素分泌不足、霉菌毒素中毒等也导致不发情或不排卵。

（10）滞后产　怀孕期满而不产仔，或延长数天或 10 多天产仔，常见乙脑等病。

（11）假妊娠　配种后不再发情，乳房膨胀，乳汁也泌出，过预产期若干天也不见分娩。常见玉米赤霉烯酮中毒或注射雌激素等。

2. 病因

繁殖障碍是一个综合症状，其病因非常复杂，可分为传染性因素（感染病原体）和非传染性因素两大类。在传染性因素中有病毒、细菌和寄生虫等，当前主要由病毒引起。非传染性因素中，既有母猪遗传性疾病或母猪生殖器官发育不全等先天原因，也有后天疾病或营养失调、管理不善等造成的子宫内膜炎、难产、肢蹄病、应激类疾病、断奶后不发情、配种后不受胎等，此外，由于霉菌毒素中毒、某些维生素和微量元素缺乏、饲喂冰冻饲料、机械性损伤、妊娠期间药物使用不当或药物中毒等也都能引起母猪繁殖障碍。

（1）病毒性繁殖障碍

① 猪繁殖与呼吸障碍综合征（PRRS）　俗称猪蓝耳病，有高致病性蓝耳病与经典型蓝耳病之分，具有高度传染性，大批发病母猪出现 41℃以上持续高热、厌食、流产（流产率可达 30％以上）、多产死胎、木乃伊胎、弱仔等，重者可引起母猪死亡。发病猪不分年龄段均出现急性死亡。仔猪出现呼吸系统症状和高发病率、高死亡率。发病率可达 100％，死亡率可达 50％以上。死亡仔猪主要病变为间质性肺炎。此病还是一种免疫抑制性疾病，猪场一旦出现该病的流行，猪群的死淘率会出现明显上升。

② 猪伪狂犬病（PR）　各种家畜和野生动物均可感染发病，以发热、脑脊髓炎为主要症状。怀孕母猪感染后，病毒穿过胚胎传染并致死胚胎和胎儿，出现流产和产死胎、木乃伊胎，尤其以产死胎（大小相差不显著、较新鲜、无畸形胎）较为多见。不论初产母猪还是经产母猪均可发生，流产率达 20％～50％。仔猪感染后可表现有明显的神经症状，呼吸困难、体温升高、下痢等。两周龄内仔猪感染后死亡率高达 100％。

③ 猪流行性乙型脑炎　俗称"乙脑"，由蚊虫叮咬传播，有明显的季节性（7～10月）。初产母猪多发，除怀孕母猪流产和产死胎外，公猪睾丸肿大。死亡的胎儿大小形态各异，个别的也有正常的活仔混合存在。最大特点是死亡胎儿脑组织液化，脑腔有积水，俗称"空脑"。

④ 繁殖障碍型猪瘟（CSF）　又称"带毒母猪综合征"，一般指怀孕母猪感染低毒力和中等毒力猪瘟病毒后，能引起潜伏性感染，自身不表现出临床症状，但病毒可通过胎盘感染胎儿。这种先天性感染经常导致母猪流产或产死胎、滞留胎、木乃伊胎、畸形胎、弱仔或震颤的仔猪，弱仔多在2～3天死亡。同窝貌似"健康"的先天性感染幸存哺育仔猪常发生腹泻、呼吸困难、死亡率上升，多在15～30日龄发生急性猪瘟死亡。感染仔猪出现皮肤水肿、出血、头部肿大、腿关节肿大、畸形等。剖检可见腹腔积液，全身淋巴结边缘出血，切面呈大理石样；肾针点状出血；脾脏边缘有梗死。

⑤ 细小病毒病（PP）　细小病毒病呈广泛地方性流行，多发生于初产母猪，无季节性。母猪没有明显的征兆而出现流产、早产、产死胎、产木乃伊胎和不孕等。细小病毒通过损害胎盘和一些组织影响胚体，随着子宫内病毒的进一步传播，发生转移性感染，表现为不同日龄的木乃伊胎为主要特点，流产的胎儿大小差异显著。公猪一般没有明显异常变化。

⑥ 猪2型圆环病毒（PCV-2）　是断奶后多系统衰竭综合征（PMWS）的主要病原体，可引起延期流产和增加死胎率或产震颤仔。

⑦ 猪流行性感冒（SI）　引起流产或产死胎及弱仔，是由于发热而影响胎儿。

⑧ 其他病毒感染　如肠病毒、脑心肌炎病毒、巨细胞病毒、牛病毒性腹泻病毒、呼肠弧病毒等，也可引起胚胎死亡，产各种日龄的木乃伊胎、死胎和弱仔。

（2）细菌性繁殖障碍

① 衣原体病　多种动物和人均可感染，大多数猪呈隐性感染。临床上怀孕母猪可发生延期流产、死胎或产瘦小弱仔，有的胎衣不

下，初产母猪的发病率可达90%。患病母猪流产前大多数无任何先兆，此点与细小病毒病有相似之处。公猪感染可出现睾丸炎、附睾炎等症状。仔猪发病表现为结膜炎（俗称红眼病）、肺炎或伴发有多发性关节炎、腹泻等。病料涂片、染色、镜检，在细胞内可见到衣原体的包含体。

② 钩端螺旋体病　母猪表现为发热、黄疸、血红蛋白尿、流产（流产的仔猪通常为同一日龄，是由于在子宫内呈水平传播）、产死胎或带有弱仔，弱仔多在1~2天死亡。也有的因子宫感染导致胚胎存活率下降而重新返情。

③ 附红细胞体病　母猪的感染有急性型和慢性型。急性型厌食，体温升高达40~41.7℃，偶尔出现乳房和外阴水肿，受胎率明显降低。慢性型逐渐衰弱，皮肤苍白和黄疸。母猪常流产、产死胎和弱仔、不发情或无规律的发情周期或发情后屡配不孕。

④ 布鲁杆菌病　感染猪大多呈隐性感染，由于布氏杆菌能引起严重胚胎炎和生殖器官感染，少数出现典型症状，表现为不孕，在妊娠任何时期引起流产或产弱仔，特点是死胎无木乃伊胎，无季节性。公猪睾丸炎。采取血清做布氏杆菌凝集试验呈阳性反应。

⑤ 其他普通细菌感染　引起发热或通过传染胚胎而诱发流产，胚胎通常都是相同日龄且不表现明显的损伤（如猪丹毒、李氏杆菌病、传染性胸膜肺炎、放线杆菌病和回肠炎）。此外，由大肠杆菌、链球菌、铜绿假单胞菌、化脓隐秘杆菌、变形杆菌等引起的黏液性或化脓性子宫膜炎，通常表现为规律性返情或屡配不孕。

（3）寄生虫性繁殖障碍

① 弓形虫病　怀孕母猪感染弓形虫病，往往出现流产或死胎。

② 猪冠尾线虫（肾虫）病　母猪可出现乏情、不孕或流产等多种繁殖障碍表现。公猪性欲减退，甚至失去配种能力。

（4）霉菌毒素性繁殖障碍　发霉的玉米、麸皮等含玉米赤霉烯酮，会使母猪无规律地重新进入发情期，或长期不发情或假妊娠，弱仔率和死胎率增加。

（5）妊娠期用药不当性繁殖障碍　如注射前列腺素、氯前列烯醇、普鲁卡因青霉素、替米考星、地塞米松等药物。怀孕后饲喂利巴韦林、氟苯尼考或妊娠忌服的中草药等，造成妊娠中断和死胎。

（6）营养性繁殖障碍　怀孕期饲料中缺少维生素 A、维生素 E、维生素 D，缺乏锌、硒、铜和碘等微量元素，都可使死胎率增加。

3. 综合防控

（1）切实做好必须免疫疫苗的接种　对于预防繁殖障碍性疫病免疫效果好、没有争议的疫苗，尤其是猪瘟、猪伪狂犬病病毒、细小病毒、乙脑疫苗，一定要按合理的、规范化的免疫程序，使用质量过关的疫苗，把接种做扎实。而且要注意细节及操作规程。对于后备母猪一定要在配种前做好这四种疫苗的注射。此外不要在妊娠期接种猪瘟疫苗，失真空或接近失效期的疫苗不能用。乙脑要选弱毒苗，用专用稀释液稀释，而不要使用灭活苗，两胎以上可不接种。细小病毒尽可能使用灭活苗。这两种苗首免要在 150 日龄以上，间隔 2～3 周，加强免疫一次效果更佳。商品猪场伪狂犬病可使用全病毒灭活苗，种猪场可选用基因缺失弱毒苗。

（2）早期正确诊断是关键　在疫病多发而复杂的情况下，正确诊断是预防和控制繁殖障碍病的关键。当前母猪繁殖障碍性疾病的流行和发病特点是多因素的，传染性和非传染性的交织在一起，病毒与病毒、病毒与细菌、细菌与细菌、细菌或病毒与寄生虫等混合感染和继发感染十分严重，多病原混合感染和继发感染普遍存在，很难找到单一病原，因此，应通过流行病学特点、临床症状、剖检变化等综合分析，做出初步诊断，结合实验室检测结果最后确诊。对于没有治疗价值的病残猪，应及时淘汰。

（3）搞好种群净化　要搞好疫病监测，坚决淘汰阳性种猪，最好每半年对种公、母猪病毒性繁殖障碍性疫病的免疫抗体水平进行一次检测，淘汰和消除亚临床感染或隐性感染猪。对于猪瘟和伪狂犬病，有条件的可采取活体猪扁桃体荧光抗体试验，检查出阳性（带毒）猪，一律立即淘汰，每 6 个月进行一次，大约 3～4 次净化后，猪瘟、伪狂犬病可得到完全控制。伪狂犬病还可通过种猪接种基因缺失弱毒苗后，配合使用鉴别诊断 ELISA 试剂盒，定期对种猪群进行监测，野毒感染阳性者做淘汰处理。

（4）严格检疫　要从知名度高的种猪场引种，避免引进带毒阳性种猪。引进种猪后，应严格隔离饲养和检疫，45 天后方可与本场猪混养，进行风土驯化，适应本场细菌谱。

（5）加强生物安全措施和兽医卫生　定期消毒、定期驱虫、灭鼠、防雀、灭蚊蝇、不养犬猫，对于流产的胎儿和胎衣要深埋，进行无害化处理，并再进行一次彻底消毒。因一般消毒剂对圆环病毒无效，应选含有戊二醛的消毒剂，如腾骏"威牌"复合醛。

（6）精心饲养管理猪群　避免给猪造成各种应激，提高营养，饲喂全价优质饲料，不饲喂霉变饲料，发现小猪外阴部红肿时，应添加质量好的脱霉剂，如腾骏"霉消安"等。

第三节　母猪产后泌尿生殖系统疾病

猪产后最容易患急性乳腺炎、子宫内膜炎、膀胱炎-肾盂肾炎综合征和产褥热等泌尿生殖系统疾病，给养猪生产造成很大损失，应严加防范。

1. 临床症状

约半数以上的感染母猪于 24 小时内就表现出产后泌乳障碍综合征（PPDS）的临床症状，泌乳量显著减少或完全无乳。临床检查的最佳时间是给仔猪哺乳时，感染母猪的排乳过程及维持时间短暂或缺如。主要临床症状是发热（产后 24 小时以后的直肠温度高于 40℃），若直肠温度高于 40.5℃，往往随后出现严重的败血症或脓毒血症。提请注意，健康哺乳母猪在第 1 头仔猪出生后、分娩后 12 小时、分娩后 24 小时的正常直肠温度分别为 39.4℃±0.3℃、39.7℃±0.3℃、40.0℃±0.3℃，这是一种生理性现象，并非病理性发热。若所产仔猪生长速度快、死亡率较低，就不能仅凭体温变化这一点认为母猪发生 PPDS。患 PPDS 的母猪精神差、厌食或不食，发生便秘。此外，还有如下各自的特征性症状。

（1）急性乳腺炎（中兽医称乳痈、奶癀）　由大肠杆菌、葡萄球菌、链球菌等感染引起，主要症状是一个或多个乳腺有炎性病灶，乳腺发热、肿胀；急性和严重的乳腺炎出现坏死和化脓性炎症；重症患猪整个乳腺复合组织变硬，指压留痕。患病母猪乳腺乳汁量少甚至无乳，乳汁异常，色黄浓稠，含有脓样絮状物或血，有的稀薄如水样。还有一个重要的临床症状，就是母猪对仔猪感情淡漠，对仔猪的尖叫和哺乳要求没有反应，有的母猪常趴卧不让仔猪吮乳。毒血型或坏疽性乳腺炎，乳区全部肿胀，皮肤出现紫红斑、坏死，多预后不良，严重病例常造成死亡。

（2）膀胱炎-肾盂肾炎综合征　由大肠杆菌、化脓性隐秘杆菌、链球菌、葡萄球菌、猪放线杆菌等感染引起，临床症状依病情、病程而异。多数病例母猪呈亚临床感染，体温、食欲、精神、尿液均无明显异常，但排尿次数增多（1天多于4次），每次排尿量减少（每次少于1升），尿液排完后，排尿动作仍持续，有没尿尽的感觉。少数典型病例表现厌食、排尿频繁或排尿困难（用尽力气才能排出少量尿液）、血尿、脓尿。尿液一般呈血色或红棕色、浑浊，尿中含有黏液、血液及脓汁，氨气味浓。通常在排尿的后期可见带血或不带血的脓性阴道排出物。

（3）子宫内膜炎（中兽医称恶露不尽）　病因是母猪难产、产道损伤、助产时消毒不严、分娩时间过长、死胎及胎衣碎片滞留、胎衣不下等引起感染。致病菌包括大肠杆菌、链球菌、葡萄球菌、变形杆菌、克雷伯杆菌等。表现为阴门红肿，不断从阴道排出黏性或脓性的红褐色、腥臭、污浊液体，先稀薄而后稠厚；常见母猪努责做排尿姿势，不愿哺乳仔猪。若及时治疗，1周内可治愈；若拖延可转为慢性，导致发情失常、屡配不孕。值得一提的是，产后最初1～3天常见阴道分泌水样的清亮至发白液体，即恶露，是正常情况，通常与子宫内膜炎无关。

（4）产褥热（产后败血症）　母猪患上述疾病时，由于治疗不及时，致病菌及其毒素进入血液，为严重的全身性疾病。特点是高热稽留（41～41.5℃）、委靡、战栗、食欲废绝、泌乳量骤减或无乳、磨牙、耳尖及肢端厥冷、呼吸急促，多数从阴门排出恶臭、红褐色污物，有的关节热痛，难于行走，极度衰竭或昏迷状。

2. 常规治疗方法

（1）抗菌药物疗法　对有临床症状的，由大肠杆菌等革兰阴性菌（G⁻菌）和葡萄球菌、链球菌等革兰阳性菌（G⁺菌）引起的乳腺炎、膀胱炎、肾盂肾炎、子宫内膜炎、产褥热等患病母猪，应采用抗生素疗法。有条件的应做药敏试验。也可选用对G⁺菌敏感的青霉素类、第1代头孢菌素、大环内酯类抗生素和对G⁻菌敏感的氨基糖苷类抗生素，采用联合用药方式（如青霉素G＋链霉素或青霉素G＋庆大霉素）或使用广谱抗菌药物，如得米先（长效土霉素）或氟喹诺酮类。每头每次肌注用量：青霉素G 400万单位，链霉素150万～200万单位，4％庆大霉素10～20毫升，得米先10～20毫升，2.5％氧氟沙星或0.5％恩诺沙星20毫升，以上药物每天两次，3～5天为一疗程。

（2）非甾体类（非类固醇）抗炎药（NSAID）疗法　用于PPDS的预防和辅助治疗。海正"氟欣安"或先灵葆雅"福乃达"（5％氟尼辛葡甲胺注射液）是动物专用的解热、镇痛、抗炎、抗应激和抗内毒素药物，可缓解和消除各种原因引起的发炎和发热症状，同抗生素配合使用，对于控制细菌性感染有很好的辅助治疗作用，肌注用量是每50千克体重2毫升，对重症病例有时需要在第2天再次使用。另外产后立即注射氟欣安或福乃达6～8毫升，可降低PPDS的发病率，其机制是能抑制G⁻菌菌体破碎而产生的内毒素血症和抵抗由于饲养管理不善及环境不良因素造成的应激。

（3）糖皮质激素抗炎疗法　对严重的感染性疾病，在应用足量有效抗菌药物的前提下，也可配合使用地塞米松作辅助治疗，肌注一日量：15～20毫克，利用其抗炎作用（缓解炎症局部的红肿、热、痛等症状）和抗毒素作用（能提高机体抗应激能力，对抗细菌内毒素对机体的损害，对感染毒血症的高热猪有退热作用），迅速缓解病情，度过危险期。此外，地塞米松对治疗乳房水肿也有效（孕猪禁用）。使用地塞米松时要注意，尽量应用较小剂量，病情控制后应减量或停药，用药时间不宜过长，大剂量连续用药超过1周时，应逐渐减量，缓慢停药，切不可突然停药，以免复发或出现肾上腺皮质机能不足。

3. 具体治疗方法

（1）乳腺炎的治疗

① 应先冷敷后温敷，每天用温肥皂水毛巾按摩乳房3～5次，每次10～20分钟，并用手或吸奶器每隔几小时挤奶10～15分钟，排净残乳有助于消除肿胀和炎症，缓解疼痛。但坏疽性或化脓性乳房炎严禁按摩与热敷。

② 肌注抗菌药物：a. 青霉素G 400万单位＋链霉素150万～

200万单位＋地塞米松10毫克＋催产素20单位，2次/天，连用3～5天；b. 环丙沙星10毫克/千克，1次/天，连用3～5天；c. 氨苄西林20毫克/千克，2次/天，连用3～5天；d. 注射用阿莫西林·克拉维酸钾7毫克/千克（以阿莫西林计），2次/天，连用3～5天。

③ 乳房基底部普鲁卡因封闭疗法：青霉素G 320万单位，0.5%盐酸普鲁卡因40毫升，乳房基底部封闭注射，即在乳房实质与腹壁之间的空隙，用封闭针头平行刺入4～8厘米后注入，或分6～8个点注入乳房基底部周围，1次/天，连用3～5天。

④ 对症疗法：病情严重有全身症状的，除用抗生素配合地塞米松的病因治疗外，还要强心补液，解除酸中毒、退烧等对症治疗。笔者试用下面验方效果较好：2.5%氧氟沙星20毫升，地塞米松25毫克，5%葡萄糖氯化钠注射液500毫升，混合静脉滴注，同时，每6小时外阴内侧注射催产素10单位，连用4次，可促使乳中病菌及毒素排出，提高疗效。并经常引导仔猪去拱母猪乳房并吸吮乳头。

（2）膀胱炎-肾盂肾炎综合征的治疗

① 有条件的，对首发病例的尿液做药敏试验对指导用药极为重要。

② 庆大霉素、青霉素G、头孢菌素类、大环内酯类、四环素类抗生素或氟苯尼考，连续肌注5天，有较好疗效。

③ 但对一些混合感染病例，青霉素类或头孢菌素类与氨基糖苷类联用仍是首选。

（3）子宫内膜炎的治疗

① 抗生素疗法＋抗炎疗法＋催产素疗法。

② 5%碘酊5～10毫升溶于500毫升生理盐水后灌入子宫冲洗（不要用高锰酸钾），冲洗后及时注射催产素20～30单位，促进子宫炎性分泌物排出，最后用20～40毫升注射用水稀释青霉素G、链霉素各200万单位或强效阿莫西林2克，灌入子宫。

（4）产后败血症的治疗 全身应用大剂量的抗菌药物，补液时加入5%碳酸氢钠注射液或维生素C注射液，防止酸中毒。还可应用安钠咖、樟脑磺酸钠等强心剂及子宫收缩剂；加用钙剂可改善全身状况，增强心脏活动。

4. 预防措施

要深入贯彻"养重于防、防重于治"的理念，要勤观察猪群健康状态并测体温，查寻病因以克服和纠正各种致病因素，并采取如下措施。

（1）药物预防

① 产后立即或最迟 8 小时内，对母猪全身使用抗生素，如肌注青霉素 G 400 万单位＋链霉素 200 万单位，2 次/天，连用 2 天；或一次肌注"易速达"（头孢噻呋）10 毫升；或"得米先"（长效土霉素）15 毫升，这是目前产房常用的措施。

② 产前 5 天至产后 7 天，每吨饲料中添加如下抗菌药物：辉瑞"利高霉素-44"1.5 千克，或"金西林"1.25 千克，或腾骏"加康"400 克，或酒石酸乙酰异戊酰泰乐菌素预混剂（腾骏"骏安"、荷本"万乐福欣"、伊科拜克"爱乐新"）50～70 克（效价），或诺华"枝原净"（80％泰妙菌素）125 克＋15％金霉素 2000 克，或泰乐菌素 110 克。

（2）加强饲养管理，减少围产期各种应激因素

① 创造良好的产房环境条件。加强生物安全，定期清洗、消毒，减少各种传染性因素。产前用卫康、0.1％高锰酸钾、百毒杀或聚维酮碘溶液等消毒外阴和乳房，用手挤掉乳头的"乳头塞"及第 1～2 滴奶，使母猪顺利排乳。助产时要严格消毒。产房地面不能太粗糙，产床不能有毛刺，否则将损伤乳头。

② 为预防母猪因便秘和乳房水肿引起 PPDS，提高母猪泌乳量，可添加腾骏"通用型乳乐健"，每吨饲料添加 1 千克。对乳房水肿，禁止穿刺，可加强运动，进行热敷或喂服"通用型乳乐健"，每天每头母猪添加 100 克，上午、下午各添加 50 克，拌料饲喂，充分混匀，连用 7 天。

③ 分娩前 1 天，至分娩后 2～3 天，每天早晚两次测母猪直肠温度，及早观察发现病猪。如果分娩 24 小时后，体温仍高于 40℃，应进行预防性治疗。

第十一章

其 他 疾 病

第一节　猪霉菌毒素中毒综合征

霉菌毒素是谷物或饲料中某些霉菌生长产生的有毒次级代谢产物，普遍存在于饲料原料中，毒素在谷物田间生长、收获、饲料加工、仓储及运输过程皆可产生。猪采食带有霉菌毒素的饲料后，会引起急性死亡、种猪繁殖障碍、免疫功能降低、饲料利用率降低、抗病力下降和生产性能下降等，给养猪生产造成严重的经济损失。

当前我国猪群霉菌毒素中毒综合征有四大特点：一是临床见到的是多种霉菌毒素联合致病的综合征，而不是单个霉菌毒素致病的症状；二是中毒综合征多以慢性中毒形式出现；三是出现一些未见记载的新见的临床症状，如眼结膜红肿、外翻，尿似石灰水样的尿液（尿石症）等；四是有多系统、多器官的病变。

霉菌毒素感染造成的危害不容忽视，猪场许多不明原因的疾病在很多时候都与霉菌毒素中毒有关，由于霉菌毒素所造成的危害还没有被广大养殖户所认识，加上霉菌毒素所引发的症状常与维生素、微量元素缺乏症以及一些病毒性疾病的表现相类似，临床上容易造成误诊而造成严重的损失。

免疫系统乃霉菌毒素攻击的主要目标，猪霉菌毒素中毒综合征还是一种严重的免疫抑制性疾病，有学者称它为"底色病"，在众多传染病流行中充当了"底色病"（或基础病）的角色，是我国猪群健康的第一杀手，应引起特别关注。

1. 目前霉菌毒素污染饲料谷物的情况

根据联合国粮农组织（FAO）资料，世界上约有 25% 的谷物不同程度地受到霉菌毒素的污染。据中国饲料检验中心抽样检测报道，我国的玉米、麸皮和全价饲料均有霉菌毒素污染的现象，饲料和原料中均普遍存在，霉菌毒素的检出率均为 100%，超标率在 90% 以上。国内饲料企业生产的配合饲料中，霉菌毒素污染率高达 80% 以上，在被检的饲料中，玉米赤霉烯酮（F-2 毒素）、单端孢霉烯（T-2 毒素）、黄曲霉毒素（AF）、呕吐毒素、赭曲霉毒素（OT）、烟曲霉毒素的污染最为严重。其中黄曲霉毒素严重超标，是近期出现的新现象，病猪都有肝脏肿胀、质地变硬或发黄、皮肤苍白或黄染、逐渐消瘦等症状，应引起重视。

2. 霉菌毒素对猪的危害

霉菌毒素中毒不仅直接导致生产性能与产出水平低下，而且中毒后形成的免疫抑制导致更易发生多种传染病。霉菌毒素能抑制动物消化酶的活性，干扰机体对营养物质的吸收，并降低饲料转化率，使猪场生产成本升高。霉菌毒素能导致免疫抑制，引起猪群免疫失败，注射疫苗后抗体水平仍然很低，诱发多种疾病的发生，导致疫病传播。目前猪场疾病复杂、猪群发病严重与霉菌毒素的危害有很大关系。猪霉菌毒素中毒临床症状随饲料中毒素的种类、剂量、饲喂时间、毒素间相互影响以及猪的品种、年龄、体质、饲料营养水平而不同。玉米赤霉烯酮和 T-2 毒素等霉菌毒素能导致母猪胚胎死亡，降低母猪分娩率。另外，最近多个国外研究机构已经证明，霉菌毒素是引起猪群发生皮炎及肾病综合征（PDNS）的主要病因之一。仔猪早期料中黄曲霉毒素和烟曲霉毒素的超标是引起一些猪场断奶仔猪死亡率上升的重要原因，但大部分猪场对此还未引起足够重视。一旦发病往往把注意力集中在疫苗免疫和抗菌药物保健上，应引起注意。现将几种主要霉菌毒素中毒症状介绍如下。

（1）黄曲霉毒素 仔猪、架子猪、母猪易感，一般是群发疾病。主要对肝、肾、神经系统有毒害作用，还是一种免疫抑制剂，引起肝脏、胃肠和免疫系统出现病变。肝脏肿大、硬化，乃至坏死，胆管增生，胆囊萎缩，致使肝功能下降，胆汁分泌减少，导致饲料中蛋白质和脂肪利用率下降，猪群发育不良，生长缓慢，尿液颜色加深，并出现免疫抑制。急性、亚急性中毒的症状是精神沉郁和厌食，进一步发展可引起全身黄疸、贫血和出血性腹泻，妊娠母猪流产、产死仔甚至死亡等，因奶中残留毒素可持续 5～25 天，其哺乳仔猪生长速度下降且更易患各种腹泻病。慢性中毒主要表现生长缓慢、营养不良等。

(2) 玉米赤霉烯酮 (F-2 毒素)　是由镰刀菌属产生的具有雌激素作用的霉菌毒素,初情期前的后备母猪、未孕母猪、青年公猪易感,对猪的繁殖性能影响极大。生长期小母猪出现假发情或提前发情,外阴部红肿、外阴阴道炎、脱垂、阴门分泌物增多、乳腺肿大。后备母猪和断奶后母猪黄体滞留、不发情、屡配不孕、返情严重或假妊娠、空情天数增多。种公猪包皮增大,睾丸鞘膜角质化、变小、性欲降低,有的阴茎脱出收不回去。母猪怀孕早期胚胎死亡及流产。哺乳母猪泌乳量下降或无乳。初生仔猪阴门红肿,后腿外翻呈八字腿。生长猪发生直肠脱的数量增多,母猪易患阴道脱和子宫脱。

(3) 烟曲霉毒素　玉米筛出物中含量最高,各种猪群均易感,引起肺水肿、肝损伤、胸腹腔积水、呼吸困难、发绀,2~4 小时后死亡,其发病率高达 50%,死亡率达 50%~90%,母猪还可引起流产。

(4) 单端孢霉烯 (T-2 毒素)　玉米和小麦中常见,架子猪、肥猪、母猪易感。患猪出现采食量减少或呕吐拒食,出现类似消化不良症状的腹泻。T-2 毒素可直接刺激皮肤和黏膜,引起口腔和胃溃疡、胃肠炎、皮肤红肿、瘙痒、对称性皮炎;还是免疫抑制剂,淋巴细胞、白细胞减少并能影响 T 淋巴细胞和 B 淋巴细胞的功能,降低机体的免疫应答能力。

(5) 呕吐毒素 (DON)　生长育肥猪易感。中毒症状为厌食、呕吐、脱毛和组织出血。呕吐毒素一般与玉米赤霉烯酮 (F-2 毒素) 同时存在,是一类强有力的免疫抑制剂,造成动物免疫力低下,易发生其他疾病。

(6) 赭曲霉毒素 (OT)　是一种霉菌肾毒素,各种猪群均易感。可引起烦渴、尿频,还可引起腹泻、厌食和脱水,生长迟缓,饲料利用率低,免疫抑制等,还有生殖毒性与发育毒性,引起死胎、畸形,影响早期发育的精子。重者出现胃溃疡或血尿,肾脏早期病变为肾变性肿大、苍白、花斑肾、质硬 (橡皮肾)。

(7) 麦角毒素　母猪、保育猪易感,可引起母猪子宫收缩,出现早产，母猪常出现泌乳减少或无乳，仔猪初生重下降甚至死亡，成活率低，但很少发生流产。有的猪只表现精神沉郁，采食减少，增重下降，通常出现后腿跛行，严重者尾巴、耳朵和蹄坏死。

3. 霉菌毒素的危害常被猪场管理者忽略

在猪场管理过程中，霉菌毒素的危害常被忽略。在很多时候，当猪群发病后，患病猪经多种药物治疗效果不佳，死亡率上升。几经周折最后终于明白是霉菌毒素惹的祸。

饲料中各种霉菌毒素之间有协同作用，几种霉菌毒素协同作用比任何一种霉菌毒素单独作用对动物健康和生产性能的危害都要大，而饲料原料和全价料中经常同时存在几种霉菌毒素，使猪群中毒时临床症状更为复杂。由于大部分霉菌毒素都呈慢性中毒的症状，所以有时很少能见到每种毒素的特征性临床症状，如玉米赤霉烯酮的外阴红肿、烟曲霉毒素的呼吸急促等。但各种霉菌毒素都会损害机体肝、肾的功能，从而抑制免疫系统发挥正常的作用，造成免疫失败和抵抗力下降。特别是当有细菌性因素和病毒性因素同时存在的情况下尤为突出，因而在临床症状上，多种霉菌毒素和细菌、病毒混合感染引起的猪群中毒的诊断变得更为困难。另外，长期慢性中毒，引发消化道大出血为特点的猝死型肠道传染病及其他疾病易被误诊为附红细胞体病、血痢或结肠炎等。

4. 猪群出现以下症状时应警惕

猪群采食含有黄曲霉毒素、呕吐毒素、T-2 毒素、玉米赤霉烯酮、赭曲霉毒素其中一种或多种毒素的饲料时，经常表现为食欲下降或不采食饲料，全身皮肤出现红点，阴囊部皮肤呈水浸样病变，病猪犬坐、咳嗽、气喘、包皮红肿、顽固性下痢或便秘，部分出现呕吐、直肠脱甚至阴道脱；母猪不发情，配不上种；怀孕母猪出现流产、产死胎和弱仔，或产后无乳。个别重症患猪出现瘫痪。

解剖可见有肺炎、胃炎、胃溃疡、肠炎和肾炎等病变。有些霉菌毒素能直接导致猪肺水肿而急性死亡。其他病变还有淋巴结肿大充血、胸腔积水、心包积水，心脏冠状沟脂肪呈黄色胶冻样，胃穿孔，胃内膜脱落，肠壁增厚，肠内部腐败变黑，膀胱穿孔，肝硬变，皮下脂肪黄染，血液稀薄，凝血不良，胆囊发炎，下颌淋巴结附近的结缔组织有腐烂病灶等。

5. 不同阶段猪群的临床症状

(1) 仔猪 中毒的仔猪常呈急性发作，出现中枢神经症状，头弯向一侧，头顶猪栏，数天内死亡。

(2) 生长育成猪 病程较长，一般体温正常，初期食欲减退，后期食欲废绝，呕吐、下痢或便秘，粪便中夹有黏液和血液；消瘦、被毛粗乱。猪的面部、耳、四肢内侧和腹部皮肤出现红斑或黄疸、贫血，饲料转化率下降，生长发育迟缓。由于霉菌毒素能对猪的免疫系统造成损害，使猪群出现免疫抑制而易受病原体的危害，发病率和死亡率均上升。

(3) 母猪

① 母猪霉菌毒素特别是黄曲霉毒素中毒时皮肤发黄，四肢乏力，体温正常，粪便干燥，直肠出血，尿液颜色加深，甚至呈浓茶色（血红蛋白尿）。怀孕母猪表现为死胎、木乃伊胎、流产或新生仔猪死亡率上升，以及产后发情不正常。重者母猪可造成死亡。

② 青年母猪：饲料中含 $(0.1 \sim 0.15) \times 10^{-6}$ 的玉米赤霉烯酮，即可引起青年母猪阴门红肿，子宫体积和重量增加，表现发情或临产症状。母猪外阴持续性红肿是猪群发生玉米赤霉烯酮中毒最明显的症状，这种红肿症状常被误认为是母猪发情，但出现症状的母猪却不接受公猪爬跨配种。

③ 哺乳期母猪：表现为采食量逐渐减少直至拒食，持续表现发情症状，影响哺乳期乳猪成活率。

④ 当饲料中霉菌毒素含量超过 5×10^{-6} 时，母猪会出现直肠和阴道脱出现象。

(4) 成年公猪 表现睾丸萎缩，性欲减退，阴茎收不回去。

当公、母猪和商品猪霉菌毒素中毒时，各种药物治疗无效，患猪不采食配合饲料，只吃青绿饲料，但仍需实验室对饲料原料进行检测才能确诊。

6. 预防猪霉菌毒素中毒的措施

猪霉菌毒素中毒诊断有时比较困难，中毒后的治疗效果不理想，猪场应提前采取有效措施加以预防。

(1) 预防：碎粒或有虫蚀的玉米中毒素含量最多，可对玉米进行过筛，将碎粒、有虫蚀粒的玉米去掉。

（2）采购原料一般要求玉米、小麦、高粱、稻谷、麸皮中的水分不超过14％，并应加强检查，防止发霉变质的原料入库。

（3）保持库存环境干燥并缩短饲料成品和原料的储存时间，黄曲霉毒素最容易在长期仓储的过程中产生，要严格按照"先进先出"的使用原则，并及时清理已被污染的原料。

（4）严重发霉的饲料要全部废弃，绝对禁止饲喂。中、轻度霉变可根据具体情况添加霉菌毒素吸附剂或处理剂进行脱毒处理。

（5）饲料中应添加霉菌毒素吸附剂。目前饲料中的玉米一般都在收获前已田间感染霉菌，建议公、母猪饲料中全年应加入霉菌毒素处理剂，在每年的2月至9月份，除乳猪以外的全部猪群饲料都应添加霉菌毒素处理剂或吸附剂。蒙脱石、沸石等普通的硅铝酸盐类吸附剂，呈单极性带负电荷，只能吸附带强阳性电荷的黄曲霉毒素，而且会吸附饲料中水溶性的营养物质，对玉米赤霉烯酮、T-2毒素、呕吐毒素都没有吸附效能。甘露寡糖类的产品虽能吸附黄曲霉毒素和玉米赤霉烯酮等毒素，但吸附能力有限。猪场应选择由伊利石、绿泥石等双极性改性水合硅铝酸盐、中药提取物等成分组成的霉菌毒素处理剂，不但能吸附黄曲霉毒素、呕吐毒素、玉米赤霉烯酮、T-2毒素等多种毒素，还具增强免疫力、护肝强肾等作用，而且不会吸附饲料中氨基酸、维生素、微量元素等营养成分，如广东腾骏动物药业有限公司与美国专家合作开发的"霉消安-1"，也可选用奥特奇"霉可吸"或辉瑞"霉卫宝"、加拿大"畜安生"、日本"耐尔菲"等知名品牌的产品。

（6）一些猪场虽然已经在使用霉菌毒素吸附剂或分解剂，但为了降低成本往往使用最低的预防剂量，当霉菌毒素超标严重时就无法全部吸附或分解，因此还会出现霉菌毒素中毒现象。另外霉菌毒素的危害首先表现在对肝、肾功能的损害，而大部分霉菌毒素吸附剂或分解剂都没有保护肝脏的解毒功能，所以不能促进病猪的康复。许多猪场都认为只要把好玉米进货关就可以有效地控制霉菌毒素对猪场的危害了，但检测结果显示在人们肉眼无法辨别的豆粕、膨化大豆粉、麸皮、米糠、鱼粉等原料中霉菌毒素的超标现象比玉米更加严重，因此在不能对每批原料进行霉菌毒素检测的情况下，在饲料中长期添加霉菌毒素处理剂是必要的。尤其是在母猪料和断奶仔猪料中。

7. 猪霉菌毒素中毒后的控制

（1）猪霉菌毒素中毒目前没有特效药物，当发生霉菌毒素中毒或怀疑是霉菌毒素中毒时，必须立即停用所有怀疑含有霉菌毒素的饲料原料，特别是玉米，更换饲料并在全群猪饲料中添加霉菌毒素处理剂和多种维生素，保证猪群充足的饮水供应。

（2）急性中毒引起的重症病例目前尚无效果较好的疗法，可根据临床症状，以解毒保肝、清除毒素、强心利尿、补液解毒为原则，可先内服或灌服人工盐，尽快排出胃肠道内的毒素；静脉注射 10% 葡萄糖 300～500 毫升，5% 维生素 D 5～15 毫升，保肝；同时皮下注射 20% 安钠咖 5～10 毫升（中大猪），以强心排毒、增强动物抗病力，促进毒素排除；多喂青绿饲料，提高饲料中复合维生素、硒、叶酸的添加量。

第二节 猪呼吸道病综合征

近几年来，猪呼吸道病综合征（PRDC）已成为当前猪病的重中之重。该病是一种多因子性疾病，由多种病毒、支原体、细菌等病原加上不良的饲养管理、气候环境及应激等诸多因素相互作用而引起的呼吸道疾病的总称，以保育猪发热、咳嗽和呼吸困难为主要症状，被视为断奶后多系统衰竭综合征（RMWS）的孪生病。

1. 流行概况

PRDC 几乎在所有的猪场都有发生，它除了有很高的死淘率，增加治疗成本造成直接经济损失外，更为严重的是生长受阻，明显的增重缓慢，群体整齐度下降，耗料增加，出栏期延长，并长期携带多种相关病原体，而且很难清除。因为病猪咳嗽和喷嚏，使病原体随呼吸道分泌物排到周围环境，再经呼吸道感染其他健康猪。本病多暴发于 6～10 周龄的保育猪和 13～20 周龄的生长育成猪，尤其是在冬春寒冷季节保育猪更易多发。发病率一般为 25%～50%，死淘率一般为 15%～30%。猪龄越小，死淘率越高，造成重大经济损失。

2. 主要病因

（1）传染性病原

① 病毒类　猪繁殖与呼吸障碍综合征病毒（俗称"蓝耳病"病毒，PRRSV）、猪 2 型圆环病毒（PCV-2）、猪伪狂犬病病毒（PRV）、猪流感病毒（SIV）、猪呼吸道冠状病毒（PRCV）、猪瘟病毒（CSFV）等。

② 细菌类　肺炎支原体（MH）、支气管败血波氏杆菌（BB）、多杀性巴氏杆菌（PM）、副猪嗜血杆菌（HP）、胸膜肺炎放线杆菌（APP）、猪链球菌（SS）、沙门菌（SC）、猪附红细胞体、衣原体等。

③ 寄生虫类　弓形体、肺丝虫等。

传染性病原又可分为两大类，一类是原发性感染病原，又叫钥匙病原，可以单独引起猪发病。主要有：PRRSV、PCV-2、MH、PRV、SIV、BB 等。PRRSV 是导致发生 PRDC 的关键病原体，处于塔尖的第一位置。它除破坏呼吸系统之外，还破坏免疫系统，尤其对肺泡巨噬细胞和淋巴细胞造成损伤，可使猪发生严重的免疫抑制，使其他病原体的易感性增高。另一类是继发性感染病原，是在原发性感染病原作用的前提下感染猪只，引起疾病进行性发展，使 PRDC 的病情加重。主要有 HP、APP、SS、PM、SC 等。

原发性感染病原体首先侵入呼吸道，可直接破坏呼吸道防御系统，造成呼吸道抵抗力下降。特别值得提示的是，猪肺炎支原体（感染后俗称猪气喘病或猪喘气病）既可破坏呼吸道纤毛系统，使纤毛萎缩或脱落，甚至破坏呼吸道黏膜层，从而失去清除气源性病原体、有害微粒等异物的作用，又可破坏肺巨噬细胞和淋巴细胞，降低吞噬杀菌作用，引起免疫抑制，使蓝耳病、2 型圆环病毒等病毒及 HP、PM、APP 等细菌的感染加剧。不是 PRRSV 诱发气喘病，而是气喘病诱发 PRRS。蓝耳病和气喘病具有协同作用，共同感染是 PRDC 发生的重要原因。有资料表明，肺炎支原体在 PRDC 中充当第一感染者，它打开了病原侵入的门户，并且加重了 PRRSV、PCV-2 等对机体的损害，延长了病毒持续感染的时间和病程，是引起 PRDC 的"始动因子"；继之猪体内本身携带的内源性继发病原体及存在于猪舍空气和环境中的外源性继发病原体即可长驱直入，进入呼吸道和肺脏，引起继发性混合感染，猪群即可暴发PRDC。单纯的气喘病，只是造成轻度肺炎，肺呈肉样变，无痰干咳，呼吸急促等，死亡率较低，应用敏感药物容易缓解喘气症状。但从近几年发病情况看，支原体肺炎很少单一发生，在有 PRRSV 和 PCV-2 感染的猪场，气喘病造成的损失将更惨重。所以要防制 PRDC 的发生，最关键的首要问题是一定要控制好气喘病和蓝耳病。

（2）非传染性病因

① 环境因素　有害气体，如氨气、硫化氢、二氧化碳等严重超标，空气污浊；空气中过多的飞沫、灰尘及饲料粉尘等；冬春温度过低、湿度大、贼风、昼夜温差大（超过 5℃）；饲养密度过大、拥挤、通风不良；卫生条件差，粪尿横流。

② 管理因素　生物安全措施不到位，消毒、隔离不严格；没用采用"全进全出"的饲养模式；饲养管理不规范；将不同日龄、不同来源、不同免疫水平的猪混群饲养；蚊蝇遍地、鼠害严重；饮水不足等。

③ 应激因素　断奶、并圈、转群、抓猪、去势、针疗、免疫刺激（尤其是油乳剂疫苗）等，造成免疫功能下降。

④ 营养因素　饲料质量差，营养缺乏，特别是氨基酸、维生素 A、维生素 E、微量元素硒不足，降低猪的抵抗力。

⑤ 免疫抑制因素　已知有许多可致免疫抑制的病原体，尤以病毒为主，如 PRRSV、PCV-2、SIV、CFSV 等。此外，饲料中的霉菌毒素，某些药物，如长期使用地塞米松、磺胺类药、氟苯尼考、卡那霉素等。

⑥ 各种人为因素　免疫程序不科学、免疫操作不严密、不换针头、接种疫苗的途径和方法不合理等。

3. 临床症状

本病多发生于 6～10 周龄保育猪及 13～20 周龄的生长育成猪，不同猪场可有不同的临床症状。病初主要表现为干咳、气喘，其体温一般正常，食欲和精神也变化不大，多被当作气喘病，所以易被忽视。随着病情发展，病猪出现如下症状：体温升高、怕冷；喷嚏、咳嗽、鼻腔分泌物增多，呼吸困难呈急促的腹式呼吸，有的呈犬坐姿势，有的呼吸很困难而张口喘。部分严重病例，可表现全身潮红的败血症状或因微循环障碍导致发绀，可见耳尖、腹下、前肢腋下等处皮肤发紫发乌等。结膜炎、眼睑肿胀、眼眶内侧有泪痕斑。倦怠无精神，食物减退或废绝，有的腹股沟淋巴结肿大。

急性病例无明显的临床症状，可在短时间内突然死亡。部分猪由急性转为慢性病例或在保育舍形成地方性流行，病猪咳嗽、喘气、消瘦、衰弱（爬不起来）；有的出现腹泻，有的表现关节炎，也有的表现神经症状，共济失调，后躯瘫痪，侥幸不死的所谓康复猪的生长发育明显受阻，成为"僵猪"，淘汰率增高。

哺乳仔猪多以呼吸困难和表现神经症状为主，死亡率很高；也有的母猪表现繁殖障碍，怀孕母猪发生流产、死胎、木乃伊胎、弱仔、返情率增高；公猪可能出现腹泻或睾丸炎等。

PRDC 发病期间，由于继发或混合感染造成诊断和控制的混乱，药物使用和疫苗注射常常不见明显效果，进一步加大了对PRDC 的控制难度，病程延长，短则一个月，长则 2～3 个月才能得到基本控制。

4. 剖检病变

所有猪均出现不同程度的弥漫性间质性肺炎及支气管肺炎，全身淋巴结广泛肿大或充血、出血。肺部表现各种不同类型的病理变化，包括：淤血、充血、水肿、肝变、肺出血、硬变（呈不塌陷的橡皮肺样）和花斑样病变（斑驳状到褐色）。有的肺尖叶、心叶拉长变成所谓"象鼻肺"，这是病毒性肺炎的重要特征。个别肺有脓肿、坏死性纤维素性肺炎、胸膜炎、胸腔积水等。也有部分猪出现化脓性支气管肺炎，细支气管、支气管内充满大量脓样黏液造成窒息死亡。除肺部病变外，少数猪还可见肝肿大（或萎缩），脾肿大，胃有溃疡或出血，肾有出血或白色坏死灶，心脏变形、横径增宽、松弛、冠状沟脂肪消失呈胶冻样等断奶后多系统衰竭综合征（PM-WS）的病理变化，系由 PRRSV 和 PCV-2 共同混合感染再继发多种细菌感染造成的。

5. 诊断

依据流行病学特点、临床症状及病理变化可做出初步诊断。并尽快采取病死猪的肺、肝、脾、肾等脏器，淋巴结等病料及血清送有关兽医诊断中心进行病毒学和细菌学的分离鉴定，并有针对性地做血清学检测，确诊病原，采取有针对性的防制，控制疫情，尤其不可忽视非病原体的致病因素。

6. 治疗

本着早发现、早隔离、早治疗的原则，给予病猪迅速、积极、适当的治疗。

(1) 要早发现，刚一发现症状，马上治疗，如果拖的时间太长再治疗就晚了，愈后往往不良。

(2) 要先将病猪及时隔离到专用的病猪隔离舍进行治疗。以杜绝传染。隔离舍要有优质饲料，良好的保温、饮水、通风条件，按照"三分治疗，七分护理"的要求，搞好护养。可在饮水中加入药物。

(3) 采取病因疗法与对症疗法相结合的治疗原则。通过药敏试验，有针对性选择广谱抗菌药物，通过注射途径给予治疗。比较有效和常用的抗菌消炎药物有：头孢噻呋、氟苯尼考、阿莫西林、氨苄西林、青霉素 G 钠、氟喹诺酮类、林可霉素、长效土霉素、强力霉素、泰妙菌素、泰乐菌素、丁胺卡那霉素、庆大霉素、复方磺胺嘧啶钠、复方磺胺间甲氧嘧啶等。

(4) 在掌握好配伍禁忌的前提下，可联合用药，药量适当加大，疗程要足够，一般 5～7 天，至少 3～5 天，防止症状减轻停药过早引起复发。

(5) 抗菌消炎药可结合一些抗菌、抗病毒及增强机体免疫力的药物，如黄芪多糖、鱼腥草、复方苦参、双黄连、金蛤蟆咳喘针、排疫肽、干扰素、猪转移因子等。

(6) 同时要给予对症治疗。解热镇痛可选择柴胡注射液、对乙酰氨基酚（扑热息痛）、安乃近、氨基比林等。强心补液、纠正酸中毒可选择安钠咖、樟脑磺酸钠、5%葡萄糖氯化钠注射液、10%葡萄糖及碳酸氢钠注射液。止咳平喘可选择氨茶碱、麻黄素、阿托品等。

(7) 必要时可再配合地塞米松、维生素 C、维生素 B、肌苷、三磷酸腺苷（ATP）、辅酶 A 等注射液，以增强机体抗毒素、抗休克、抗过敏功能。

(8) 对一些久治不愈的病猪、失去治疗价值的病猪、病危的病猪以及"僵猪"要当机立断，予以淘汰，否则既浪费钱财，又将成为重要的传染源，得不偿失。

7. 综合防制

现在有一个误区，就是发生 PRDC 后大家只寻找是由什么病毒或什么细菌引起的，而忽视非传染性致病因素，如猪舍卫生条件较差，粪尿不及时清除，猪舍潮湿阴冷、通风不良、空气污浊、密度过大，猪舍内漂浮大量的尘埃、粉尘及飞沫、颗粒等。PRDC 的发病原因是非常复杂的，各种因素都可造成 PRDC 的发生，而且，非传染性因素在 PRDC 的发生和危害中也占据非常重要的位置。因此，要采取综合防制措施，控制好传染性病原和非传染性病因。有效的预防和控制方法是为猪提供优良的生活环境，如保证圈舍内的空气清新、通风条件良好、环境温度及密度适宜等。

（1）坚持"自繁自养"原则。防止购入隐性感染猪。确需引进种猪时，应远离生产区至少隔离饲养 3～4 周，证明无病方可混群。同时，让后备母猪与 6～10 周龄的仔猪或其粪便接触，使其获得抗体，以保护哺乳仔猪。

（2）规模化猪场应彻底实行"全进全出"。至少要做到产房和保育舍的"全进全出"。

（3）建立健全生物安全体系。采用生物安全策略，阻止疾病的引进和传播。严格控制猪场的物流和人员，定期打扫除，将蛛网及灰尘扫除；定期严格地按程序消毒，做到规范化；及时清粪尿搞好污水处理，保证饲料和饮水卫生；及时隔离和淘汰病猪；捕杀和控制老鼠、飞鸟、蚊蝇等，一方面防止外面的疫病传入，另一方面将猪场内的病原微生物的污染降到最低，防止继发感染。因为一般的消毒剂对圆环病毒无效，所以应选择含戊二醛的消毒剂，如腾骏"威牌"复合醛。带猪消毒不要使用刺激性过强的消毒剂，可选用 50％百毒杀 1∶1000 倍＋0.2％火碱带猪消毒，每平方米 50～80 毫升为宜。消毒剂要交替使用，并要注意配伍禁忌。

（4）加强饲养管理，加强营养。不忽视每一生产环节，减少应激，提高免疫力。提供各阶段猪群的高品质饲料，保证猪群的营养水平，保证充足饮水，以提高猪群对其他病原微生物的抵抗力，从而降低继发感染。尽量减少断奶应激反应，可赶母留仔在原圈舍待一段时间再并圈。每栏仔猪最好不超过 20 头，调整饲养密度，比只用药物预防更有效。刚断奶到第四天的仔猪每天要喂四次。仔猪要提早于 4～7 日龄去势。不得将不同日龄的猪混养，尽量减少转群次数，可建转猪通道而不要用车推。尽量减少各种应激因素。要根据季节气候变化，做好小气候环境控制。分娩舍和保育舍要求猪舍内小环境保温，大环境良好通风。要防止霉菌毒素污染饲料，在小麦价格便宜时，可用小麦代替一部分玉米以稀释毒素，效果很好。可在饲料中添加保力胺或0.2%的生物活性肽，以克服断奶应激，提高免疫力。

（5）适当使用药物控制猪群细菌性继发感染。特别是首先要控制好支原体肺炎——气喘病。因为继发感染的细菌种类多，复方联合用药效果明显好于单一用药。因此建议在保育阶段及转群时连续使用10～14天，或采用用药7天、停药5天、再用药7天的"脉冲式"用药方法，以预防继发感染。现将最常用的比较有效的几种药物组合介绍如下，供参考使用，每吨饲料添加药物如下。

① 80%泰妙菌素（枝原净）125克＋15%金霉素2000克（或强力霉素150克）。

② 5%爱乐新1000克＋强力霉素150克（或15%金霉素2000克）。

③ 骏安（20%第2代替米考星——乙酰异戊酰泰乐菌素）500克＋强力霉素（效价）200克。

④ 林可霉素150克＋15%金霉素2000克。

⑤ 泰乐菌素（效价）100克＋磺胺二甲嘧啶100克＋磺胺增效剂20克。

⑥ 泰乐菌素（效价）100克＋15%金霉素2000克（或强力霉素150克）。

⑦ 10%氟苯尼考500克＋强力霉素200克＋TMP 100克。

（6）做好猪瘟、猪伪狂犬病和猪气喘病的免疫注射。

发病严重场，可试用自家组织灭活苗。也可采用血清疗法，采用本场淘汰母猪或育肥猪血分离血清，于断奶后腹腔注射5～10毫升。也可用血清对发病猪进行治疗，每头病猪腹腔或皮下注射血清10～20毫升，隔日注射一次。

第三节　猪疫苗过敏反应

随着猪疫苗接种种类和次数的增多，因注射疫苗而发生急性过敏反应屡见不鲜，严重者常因过敏性休克救治不及时而猝死，造成经济损失。

猪疫苗过敏反应是抗原-抗体反应所致的一种急性疾病，是变态反应（可分为 4 个类型）的一种，又称Ⅰ型变态反应或速发型超敏反应。在临床上，以注射猪瘟活疫苗、猪口蹄疫 O 型灭活疫苗最容易引起过敏反应，其次为猪伪狂犬病疫苗和仔猪副伤寒疫苗等，应引起特别关注。

1. 过敏反应的机理

当给猪只注射疫苗（疫苗是一种抗原）时，猪体即对这种抗原的反应性增强，而产生一种特异性的免疫应答状态。这些反应是防御性的和有益的，但有时反应强度超过正常范围呈超敏感状态，在临床上称为变态反应。当反应突然和临床表现严重时即称为过敏反应。如果非常严重，则可引起过敏性休克。

过敏反应是抗原与循环抗体或结合的细胞抗体相互作用与反应的结果。疫苗能与体内蛋白质结合形成变应原，这些变应原能刺激机体产生一种特异类型的反应素抗体 IGE，过敏抗体可通过初乳传递，这也是为什么有的初生仔猪用猪瘟细胞苗进行"乳前免疫"时会发生过敏反应的原因。它对于肥大细胞具有特殊的亲和力，能牢固地结合在这些细胞的表面，使机体处于致敏状态。当上述变应原再次进入致敏动物体内时，使与靶细胞表面 IGE 的 Fab 片段结合，释放多种活性介质，如组胺、前列腺素、激肽、过敏毒素等。它们作用于相应的效应器官，导致平滑肌收缩、毛细血管扩张及通透性增强、血压下降和腺体分泌增多等免疫病理反应即过敏反应。猪主要表现为肺的反应，引起肺充血、水肿和气肿，常因呼吸困难缺氧而死亡。

2. 过敏反应的临床表现

过敏反应的发生与个体的遗传密切相关，易发生的个体称为特应性素质或过敏体质。疫苗过敏反应的临床表现，依变应原进入途径和反应强度不同，可分为全身性过敏反应和局部性过敏反应两大类。

（1）全身性过敏反应　主要表现为全身性低血压和肺水肿引起的呼吸困难、缺氧、发绀，以及虚脱休克。

一般在注射疫苗后不久即可发生，最急性的过敏反应可在 2 分钟内表现严重的全身性休克，于 5~10 分钟内死亡。

最初的症状包括非常突然和非常严重的急性呼吸困难、心跳加快、发抖、不安、口吐泡沫，有的呕吐；全身皮肤及黏膜由于缺氧而发绀（蓝紫色），尤以鼻吻、耳部、眼圈等处较为明显；后肢站立不稳，走路摇摆，倒地四肢伸直划动；也有的因膀胱和肠道平滑肌收缩而引起频频排尿、排粪和出现胀气；严重者表现虚脱休克。

轻度的过敏反应表现为体温升高（最高可达 41.5℃）、皮肤发红、精神沉郁或不安、卧地不爱活动、食欲减少或废食 1~3 餐，一般不需要任何药物治疗，等过一段时间症状会自行消失。

（2）局部性过敏反应　视发生部位而定，如发生在皮肤可引起荨麻疹和皮肤红肿等；发生在消化道引起腹痛、下痢；发生在呼吸道则引起支气管痉挛，出现呼吸困难和哮喘等。

3. 急性过敏反应的救治

（1）立即肌注肾上腺素　0.1%盐酸肾上腺素注射液（规格为 1 毫升∶1 毫克）是救治急性过敏反应和过敏性休克的有效药物，肌内注射常立见功效。

肾上腺素的用量，各种报刊文章众说不一。《中国兽药典》"兽药使用指南"只简单地标明：皮下注射，一次量，猪 0.2~1.0 毫升。没有按体重再细分，过于笼统，不便掌握。查阅《中国药典》"临床用药须知"，成人常用量：用于抗过敏时，首次肌注 0.2~0.5 毫升，必要时可每隔 10~15 分钟重复给药 1 次，用量可逐渐增加至 1 次 1 毫升；过敏性休克，初量为 0.5 毫克，随后 0.025~0.05 毫克静脉注射，如需要可每隔 5~15 分钟重复给药 1 次。《国家基本药物处方集》中规定：常用量，皮下注射，1 次 0.25~1 毫克；极量，皮下注射，1 次 1 毫克；抢救过敏性休克，皮下注射或肌内注射 0.5~1 毫克。

笔者借鉴成人的用量，根据 50 千克猪用药量大约为成人量 2 倍的理论为指导，经过多年的临床实践，逐步探索出使用肾上腺素的经验用量。此用量安全有效，供兽医同仁及养猪朋友参考使用。肌内注射，一次量，初生仔猪 0.2 毫升，5 千克猪 0.3 毫升，10 千克猪 0.5 毫升，25 千克猪 1.0 毫升，50 千克猪最多 2 毫升，100

千克以上猪及种公、母猪最多3毫升。

（2）配合使用地塞米松　地塞米松能增强肾上腺素的作用，对于危重病例，在注射肾上腺素后，再配合肌注地塞米松磷酸钠注射液疗效更佳。每头用量：初生仔猪3毫克，5千克猪5毫克，10千克猪10毫克，25千克猪15毫克，50千克猪20毫克，100千克以上猪及种公、母猪30毫克。

（3）进行心肺复苏　在注射肾上腺素后，对严重的过敏性休克猪，可进行心肺复苏。将猪右侧卧，右手放在左手上，用手对猪的胸部左侧部位进行有节奏的按压而后立即放手，稍等片刻再按压，每分钟大约100次，这样连续2～5分钟，直至猪能哼出声、恢复呼吸为止。

如果一旦无肾上腺素可供抢救，也不要束手无策，可马上施行心肺复苏。

4. **注意事项**

（1）发病后应立即进行治疗或人工呼吸，延迟数分钟即可造成死亡。

（2）肾上腺素和地塞米松宜肌内注射而不要皮下注射，因肌内注射吸收快而完全，作用可立即显现；若皮下注射，因局部血管收缩而吸收较慢，6～15分钟后才能起效，易错过最佳抢救时机。

（3）严格掌握剂量，不要随意加大用量。若剂量过大，可引起心律失常，表现为过早搏动、心跳过速，甚至心室纤维性颤动，还可致心肌局部缺血、坏死。

（4）静脉注射时必须用0.9％氯化钠注射液作1∶10倍稀释。静脉注射剂量过大、速度过快，可使血压骤升，中枢神经系统抑制和呼吸停止。

（5）0.1％盐酸肾上腺素注射液，一般是每支1毫升（内含1毫克），为了使注射剂量更准确，可将其用注射用水作适当稀释（注射用量不足1毫升，可作1∶5稀释）。

（6）为防止因疫苗过敏救治不及时而造成猪仔猝死，在免疫过程中要注意以下两点：一是肾上腺素和注射器要随身带，防止手忙脚乱，因寻找药物而错失抢救时机；二是注射疫苗后，尤其是5分钟内，应有专人巡回密切观察，如发现过敏反应猪只，马上救治。

参 考 文 献

[1] 中国兽药典委员会编. 兽药使用指南化学药品卷（2010 年版）. 北京：中国农业出版社，2011.

[2] 国家药典委员会编. 临床用药须知化学药和生物制品卷（2005 年版）. 北京：人民卫生出版社，2005.

[3] 许恒忠等. 抗菌药物临床合理应用指南［M］. 北京：化学工业出版社，2008.

[4] ［美］斯特劳 B E 等. 猪病学［M］. 赵德明等主译. 第 9 版. 北京：中国农业大学出版社，2008.

[5] 曲万文. 现代猪场生产管理实用技术［M］. 第 2 版. 北京：中国农业出版社，2009.

[6] 陈健雄. 工厂化猪场保健与疾病实用控制技术［M］. 北京：台海出版社，2004.

[7] 文心田，罗满林主编. 现代兽医兽药大全［M］. 北京：中国农业大学出版社，2009.

[8] 甘孟侯等编著. 猪病诊治彩色图说［M］. 第 2 版. 北京：中国农业出版社，2010.

[9] 吕惠序. 产后泌乳障碍综合征的病因及诊治［C］326～332，养猪场如何合理使用抗菌药物［C］395～402. 中国畜牧兽医学会养猪学分会 2009 学术年会论文集. 安徽合肥：2009.

[10] 吕惠序. 母猪繁殖障碍性疾病的病因及综合防控［C］336～340，中国畜牧兽医学会养猪学分会第五次全国会员代表大会暨养猪业创新发展论坛论文集. 广西桂林：2010.

[11] 吕惠序. 产后泌乳障碍综合征的病因及诊治［C］14～17，养猪合理使用兽药十要点［C］100～107. 中国农机学会机械化养猪协会全国规模化养猪论文大赛优秀论文集. 2011.

[12] 吕惠序. 养猪科学使用兽药十要点［J］. 养猪杂志，2008，（4）：41-47.

[13] 吕惠序. 产后泌乳障碍综合征的病因及诊治［J］. 养猪杂志，2009，（5）：60-63.

[14] 吕惠序. 养猪场如何合理应用抗菌药物［J］. 养猪杂志，2010，（1）：59-64.

[15] 吕惠序. 对猪瘟的再认识［J］. 养猪杂志，2006，（6）：89-92.